21 世纪本科院校电气信息类创新型应用人才培养规划教材

数字信号处理

主　编　王震宇　张培珍
副主编　李灿苹　孙国玺　赵桂艳
　　　　李　颖　杜彦蕊

内 容 简 介

本书系统地讲述了数字信号处理的基本概念、基本理论、基本算法和分析方法。本书共分 11 章,内容涵盖了信号处理的基础知识、离散时间信号与系统、z 变换、离散傅里叶变换、多种快速傅里叶变换算法以及数字滤波器的结构、理论和设计方法。配合正文,在适当的章节引入 MATLAB 进行分析和仿真,每章都有理论应用于实践的介绍、丰富的例题和习题。

本书适用于普通高等院校电气、电子、通信、自控等强、弱电类专业本科教学使用,也可供相关科技人员参考。

图书在版编目(CIP)数据

数字信号处理/王震宇,张培珍主编. —北京:北京大学出版社,2010.2
(21 世纪本科院校电气信息类创新型应用人才培养规划教材)
ISBN 978-7-301-16076-3

Ⅰ. 数… Ⅱ. ①王…②张… Ⅲ. 数字信号—信号处理—高等学校—教材 Ⅳ. TN911.72

中国版本图书馆 CIP 数据核字(2009)第 197549 号

书　　　　名:	数字信号处理
著作责任者:	王震宇　张培珍　主编
责任编辑:	刘　丽
标准书号:	ISBN 978-7-301-16076-3/TN・0054
出　版　者:	北京大学出版社
地　　　址:	北京市海淀区成府路 205 号　　100871
网　　　址:	http://www.pup.cn　　http://www.pup6.com
电　　　话:	邮购部 010-62752015　发行部 010-62750672　编辑部 010-62750667
电子邮箱:	pup_6@163.com
印　刷　者:	北京虎彩文化传播有限公司
发　行　者:	北京大学出版社
经　销　者:	新华书店
	787 毫米×1092 毫米　16 开本　20 印张　462 千字
	2010 年 2 月第 1 版　2023 年 7 月第 7 次印刷
定　　　价:	32.00 元

未经许可,不得以任何方式复制或抄袭本书之部分或全部内容。
版权所有,侵权必究　　举报电话:010-62752024
　　　　　　　　　　　电子邮箱:fd@pup.pku.edu.cn

前　言

数字信号处理是普通高等院校电气信息类及相关专业开设的重要的专业技术课程之一。虽然其基本理论已非常成熟，但随着近代信号处理理论的不断发展、为其辅助的计算和仿真工具不断更新以及当今新的学科领域和分支的相继涌现，相关专业的知识结构和相应的学时产生了变化。因此，有必要调整传统的教材内容，以适应新的教学大纲和教学要求。

本书内容尽力兼顾强、弱电专业，力图紧密联系信息技术，并体现信息学科的特色。本书包括3部分，共11章内容，第一部分包括第1～4章，阐述数字信号处理的基础理论；第二部分由第5～9章组成，重点讲述数字滤波器的基本理论和设计方法，是数字信号处理研究的重要内容；第三部分包括第10、11章，包括上机实验和理论应用，目的是应用MATLAB掌握信号处理的复杂算法，有利于读者进一步加深对理论的理解。

本书以掌握数字信号处理的基本算法为宗旨。在正文部分全面讲述数字信号处理知识，并根据需要适当地引入MATLAB进行仿真。同时，本书还强调将所学理论应用于实践，在大部分章节后面都有"综合实例"，以便读者了解实际应用中的数字信号处理理论，虽不能以偏概全，但希望可以激发读者对数字信号处理理论应用的兴趣，以便能在今后设计出更有实用价值的算法。另外，根据不同专业的要求，教学内容和教学学时也是不同的，本书带有"＊"标识的章节，在讲授和学习过程中可以视情况进行取舍。本书电子课件、全部仿真程序和习题参考答案可从www.pup6.com网站上下载。

学习本书要求具备必要的数学基础和信号系统知识。但为了避免和信号与系统课程的内容大量重复，本书在内容的取舍方面结合数字信号处理技术的发展进行了精心安排，保证了课程的完整性和可扩展性，扩大了应用专业的范围。

本书经过集体讨论，分工执笔。王震宇编写第1、5、6章，张培珍编写第7、8章，李灿苹编写第4、9章，赵桂艳编写第10章，李颖编写第11章，孙国玺、张涛、张静和杜彦蕊共同编写第2、3章，王震宇和张培珍担任主编，并负责本书的修改、统稿和定稿工作。本书的习题参考答案由张培珍制作。

本书建议教学参考学时为48～56学时，具体安排如下。

第1章　绪论为1学时，第2章　离散时间信号与离散时间系统为1～3学时，第3章　z变换及离散系统的频域分析为2～4学时，第4章　离散傅里叶变换及其快速算法为6学时，第5章　模拟滤波器的设计为2～4学时，第6章　IIR数字滤波器的设计为6～8学时，第7章　FIR数字滤波器的设计为6学时，第8章　数字滤波系统的网络结构与分析为8学时，第9章　数字信号处理中的有限字长效应为4学时，第10章　数字信号处理的应用为2学时，第11章　上机与实验为10学时。教师可根据具体情况适当调整学时。

在本书出版之际，对众多同事、同行以及参考文献中的作者，谨表谢忱，普铭高谊。限于编者水平，书中不当之处在所难免，诚望读者和专家指正。

编　者

2010年1月

目 录

第1章 绪论 ………………………………… 1
1.1 数字信号处理的发展历史 …………… 2
1.2 数字信号处理系统的基本组成 ……… 4
1.3 数字信号处理的简要特点 …………… 4
1.4 数字信号处理的应用领域 …………… 5
1.5 数字信号处理与MATLAB的关系 …… 6
小结 ………………………………………… 6
习题 ………………………………………… 7

第2章 离散时间信号与离散时间系统 …… 8
2.1 离散时间信号 ………………………… 10
 2.1.1 离散时间信号的数学表示 … 10
 2.1.2 典型的离散时间信号
   ——序列 ……………………… 10
2.2 离散时间信号的运算 ………………… 14
2.3 离散时间系统 ………………………… 16
 2.3.1 离散时间系统的线性 ……… 16
 2.3.2 离散时间系统的时不变性 … 17
 2.3.3 离散时间系统的因果性
   和稳定性 …………………… 17
2.4 离散时间系统分析——差分方程 …… 18
 2.4.1 离散时间系统的描述 ……… 18
 2.4.2 常系数线性差分方程的
   求解方法 …………………… 19
2.5 综合实例 ……………………………… 22
小结 ………………………………………… 26
习题 ………………………………………… 26

第3章 z变换及离散系统的频域分析 …… 29
3.1 z变换 ………………………………… 31
 3.1.1 z变换的定义 ……………… 31
 3.1.2 z变换的收敛域 …………… 31
3.2 z反变换 ……………………………… 36
 3.2.1 留数法 ……………………… 36
 3.2.2 幂级数法 …………………… 39
 3.2.3 部分分式法 ………………… 40
3.3 z变换的性质和定理 ………………… 42

3.4 z变换与拉普拉斯变换和
 傅里叶变换的关系 …………………… 47
 3.4.1 z变换与拉普拉斯
   变换的关系 ………………… 47
 3.4.2 z变换与傅里叶变换的关系 … 48
3.5 序列的傅里叶变换及性质 …………… 48
 3.5.1 序列的傅里叶变换 ………… 48
 3.5.2 序列傅里叶变换的性质 …… 49
 3.5.3 序列傅里叶变换的对称性 … 51
3.6 离散系统的频域分析 ………………… 54
 3.6.1 系统函数 …………………… 54
 3.6.2 系统函数和差分方程 ……… 54
 3.6.3 因果稳定系统 ……………… 55
 3.6.4 系统频率响应的几何
   确定法 ……………………… 56
3.7 综合实例 ……………………………… 58
小结 ………………………………………… 60
习题 ………………………………………… 60

第4章 离散傅里叶变换及其快速算法 …… 64
4.1 傅里叶变换的几种形式 ……………… 66
 4.1.1 连续非周期时间信号的
   傅里叶变换 ………………… 66
 4.1.2 连续周期时间信号的
   傅里叶变换 ………………… 67
 4.1.3 离散非周期时间信号的
   傅里叶变换 ………………… 67
 4.1.4 离散周期时间信号的
   傅里叶变换 ………………… 68
4.2 周期序列的离散傅里叶级数 ………… 69
 4.2.1 离散傅里叶级数的导出 …… 69
 4.2.2 离散傅里叶级数的性质 …… 72
4.3 离散傅里叶变换 ……………………… 76
4.4 离散傅里叶变换的性质 ……………… 79
 4.4.1 线性 ………………………… 79
 4.4.2 循环移位 …………………… 80
 4.4.3 循环卷积 …………………… 82

4.4.4	线性卷积与循环卷积之间的关系 ……………	85
4.4.5	共轭对称性 ……………	87
4.4.6	DFT 与 z 变换的关系 ……	89
4.4.7	DFT 形式下的帕斯瓦尔定理 ……………	89
4.5	利用 DFT 对连续信号进行谱分析 ……	90
4.6	快速傅里叶变换 ……………	91
4.6.1	直接计算 DFT 的运算量	91
4.6.2	改进途径 ……………	92
4.6.3	按时间抽取的基−2FFT 算法 ……………	92
4.6.4	按频率抽取的基−2FFT 算法 ……………	99
4.6.5*	N 为组合数的 FFT 和基−4FFT ……………	102
4.6.6*	Chirp−z 变换 ……………	107
4.7	FFT 的应用 ……………	112
4.7.1	用 FFT 计算 IDFT ………	112
4.7.2	实数序列的 FFT ……	112
4.7.3	线性卷积的 FFT 算法 ……	113
4.7.4	用 FFT 计算相关函数 ……	118
4.8	综合实例 ……………	120
小结	……………	123
习题	……………	123

第 5 章 模拟滤波器的设计 …………… 126

5.1	模拟滤波器的逼近 ……………	129
5.2	巴特沃斯滤波器 ……………	131
5.3	切比雪夫滤波器 ……………	137
5.4	椭圆滤波器 ……………	141
5.5	综合实例 ……………	143
小结	……………	146
习题	……………	146

第 6 章 IIR 数字滤波器的设计 …… 148

6.1	根据模拟滤波器设计 IIR 数字滤波器 ……………	152
6.1.1	脉冲响应不变法 ……	152
6.1.2	双线性变换法 ……	158
6.2	IIR 数字滤波器的最优化设计法 …	168

6.3	设计 IIR 数字滤波器的频率变换法 ……………	169
6.3.1	低通变换 ……………	170
6.3.2	高通变换 ……………	175
6.3.3	带通变换 ……………	179
6.3.4	带阻变换 ……………	183
6.4	综合实例 ……………	186
小结	……………	189
习题	……………	190

第 7 章 FIR 数字滤波器的设计 …… 192

7.1	FIR 数字滤波器的线性相位特性 …	194
7.1.1	线性相位的定义 ……	194
7.1.2	线性相位的条件 ……	194
7.2	幅度特性 ……………	197
7.2.1	$h(n)$ 偶对称，N 为奇数 …	197
7.2.2	$h(n)$ 偶对称，N 为偶数 …	199
7.2.3	$h(n)$ 奇对称，N 为奇数 …	201
7.2.4	$h(n)$ 奇对称，N 为偶数 …	202
7.3	零点特性 ……………	204
7.3.1	零点的对称性 ……	204
7.3.2	零点对称的 4 种情况 …	205
7.4	窗口函数法设计 FIR 数字滤波器 …	207
7.4.1	窗函数法设计 FIR 数字滤波器的基本思想 ……	207
7.4.2	常用的窗函数 ……	212
7.5	频率采样法 ……………	218
7.5.1	频率采样法的基本原理 …	219
7.5.2	用频率采样法设计线性相位滤波器的约束条件 …	220
7.6	IIR 和 FIR 数字滤波器的性能综合比较 ……………	221
7.7	综合实例 ……………	222
小结	……………	226
习题	……………	226

第 8 章 数字滤波系统的网络结构与分析 …………… 228

8.1	数字滤波器的结构表示 ……………	230
8.2	FIR 数字滤波器的网络结构形式 …	231
8.2.1	直接型 ……………	231
8.2.2	级联型 ……………	232
8.2.3	线性相位型 ……………	234

    8.2.4 频率采样型 …………… 236
8.3 IIR 数字滤波器的结构 …………… 241
    8.3.1 IIR 数字滤波器的特点 … 241
    8.3.2 直接 I 型 …………………… 241
    8.3.3 直接 II 型 ………………… 242
    8.3.4 级联型 ……………………… 243
    8.3.5 并联型 ……………………… 245
8.4* 数字滤波器的格型结构 …………… 247
    8.4.1 全零点滤波器的格型
          结构 …………………… 247
    8.4.2 全极点滤波器的格型
          结构 …………………… 248
    8.4.3 零极点滤波器的格型
          结构 …………………… 249
8.5 综合实例 ……………………………… 250
小结 ……………………………………… 252
习题 ……………………………………… 252

第 9 章 数字信号处理中的
有限字长效应 ……………… 255

9.1* 二进制的表示及其对量化的
    影响 …………………………… 257
    9.1.1 定点二进制数 ……………… 257
    9.1.2 浮点二进制数 ……………… 258
    9.1.3 定点制的量化误差 ………… 259
9.2 A/D 转换的量化效应 …………… 261
    9.2.1 量化效应的统计分析 …… 261
    9.2.2 量化信噪比与所需字长的
          关系 …………………… 263
    9.2.3 量化噪声通过线性系统 … 263
9.3 数字滤波器的系数量化效应 …… 265
9.4 数字滤波器运算中的有限字长
    效应 …………………………… 265
    9.4.1 IIR 数字滤波器的有限
          字长效应 ……………… 266
    9.4.2 FIR 数字滤波器的有限
          字长效应 ……………… 269
9.5 FFT 算法的有限字长效应 …… 270
小结 ……………………………………… 274
习题 ……………………………………… 274

第 10 章 数字信号处理的应用 …… 276

10.1 数字语音信号处理 ………………… 277

    10.1.1 语音信号的数字化 …… 277
    10.1.2 数字化语音信号的存储
           及加窗 ………………… 278
    10.1.3 语音信号数字处理中的
           短时分析技术 ………… 278
    10.1.4 语音合成 …………………… 279
    10.1.5 语音识别 …………………… 279
10.2 数字图像处理 ………………………… 280
    10.2.1 数字图像处理基础 …… 280
    10.2.2 图像增强 …………………… 281
10.3 综合实例 ……………………………… 286
小结 ……………………………………… 289
习题 ……………………………………… 289

第 11 章 上机与实验 ……………… 290

11.1 MATLAB 基本操作 ………………… 290
    11.1.1 实验目的 …………………… 290
    11.1.2 实验原理 …………………… 290
    11.1.3 实验内容 …………………… 291
    11.1.4 实验分析 …………………… 292
    11.1.5 实验总结 …………………… 292
11.2 典型离散信号及其
    MATLAB 实现 ………………… 292
    11.2.1 实验目的 …………………… 292
    11.2.2 实验原理 …………………… 292
    11.2.3 实验内容 …………………… 293
    11.2.4 实验分析 …………………… 294
    11.2.5 实验总结 …………………… 294
11.3 离散时间信号和离散时间系统 … 294
    11.3.1 实验目的 …………………… 294
    11.3.2 实验原理 …………………… 294
    11.3.3 实验内容 …………………… 295
    11.3.4 实验分析 …………………… 297
    11.3.5 实验总结 …………………… 297
11.4 离散时间信号的频域分析 ……… 297
    11.4.1 实验目的 …………………… 297
    11.4.2 实验原理 …………………… 297
    11.4.3 实验内容 …………………… 298
    11.4.4 实验分析 …………………… 300
    11.4.5 实验总结 …………………… 300
11.5 离散傅里叶变换及其快速算法 … 300
    11.5.1 实验目的 …………………… 300
    11.5.2 实验原理 …………………… 300

- 11.5.3 实验内容 …………… 300
- 11.5.4 实验分析 …………… 302
- 11.5.5 实验总结 …………… 302
- 11.6 IIR 数字滤波器的设计 …………… 302
  - 11.6.1 实验目的 …………… 302
  - 11.6.2 实验原理 …………… 303
  - 11.6.3 实验内容 …………… 303
  - 11.6.4 实验分析 …………… 304
  - 11.6.5 实验总结 …………… 304
- 11.7 FIR 数字滤波器的设计 …………… 304
  - 11.7.1 实验目的 …………… 304
  - 11.7.2 实验原理 …………… 304
  - 11.7.3 设计指标 …………… 305
  - 11.7.4 实验要求 …………… 305
  - 11.7.5 调试及结果测试 …………… 306
  - 11.7.6 实验报告要求 …………… 306
  - 11.7.7 思考题 …………… 306

参考文献 …………… 307

第1章 绪 论

教学目标与要求

(1) 了解数字信号处理的发展概况。
(2) 了解数字信号处理的简要特点。
(3) 了解数字信号处理的应用领域。
(4) 理解数字信号处理系统的组成。

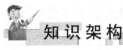

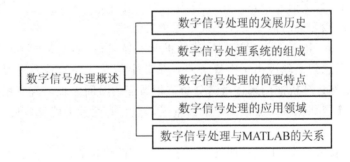

▶ 导入实例

  在1991年的海湾战争中,美军在信息化作战理论的研究方面积累了一定的经验,应用数字信号处理技术使其战术技术的运用更加灵活。美军很早就制订了"海湾地区国防通信计划"(DCS—CA),部署了十几颗侦察卫星,同时与多国部队依靠由23颗侦察卫星、130多架侦察和预警飞机、39个地面监听站和大量战场电视监视系统组成了战场认知系统,应用先进的遥感、遥测和图像处理技术建立了陆、海、空多层次的立体侦察监视体系,广泛收集阿拉伯国家的战略战役和战术情报,尤其是伊拉克的指挥、情报、通信、控制系统和重要的武器系统信息,使得伊拉克处于信息战的劣势地位。
  据统计,海湾战争中精确制导武器的使用约占弹药消耗总量的8%,1995年北约空袭波黑塞族为60%,1998年"沙漠之狐"行动占70%,1999年科索沃战争为90%左右。这正是因为广泛应用了遥感、

遥测、高速信号处理、自动控制和推进理论等技术,并使其逐步向多功能、通用化、模块化、智能化和灵巧化方向发展,才使得集可靠性和易操作性的高技术武器装备[1]得到了广泛应用。

在心电图、脑电图、脑诱发电位理论被广泛应用的今天,以脑电波测试为例,应用数字相机获取测试图像,然后对测试点电极信息进行计算机图像提取和分离处理,再采用数据查询对比与线性拟合近似实现三维重构,这一"无接触式图像处理"新方法,其80%的测试点都能满足精度要求,正是得益于"以软代硬"的传感智能化的有益尝试[2]。这一新方法是针对生物医学中典型的数字信号测量与处理。

数字信号处理是利用计算机或专用处理设备,以数字形式对信号进行采集、变换、滤波、估值、增强、压缩、识别等处理的理论与技术,以得到符合需要的信号形式。数字信号处理(Digital Signal Processing,DSP)与模拟信号处理(Analog Signal Processing,ASP)是信号处理的子集。这一章将简述数字信号处理的发展历史、简要特点、应用领域以及数字信号处理系统的基本组成。

1.1 数字信号处理的发展历史

一般认为,16世纪发展起来的经典数值分析方法和18世纪拉普拉斯变换引申的z变换是数字信号处理的数学理论基础。直到1937年Mason与Sykes发表了阐述滤波器的论文,成为影像阻抗、影像相位和衰减函数的起源。1947年,Hurwicz发表了关于抽样数据控制系统的第一篇近代论文。

第二次世界大战后不久,数字元件被用于构成数字滤波器。但就成本、体积和可靠性来说,还远不如模拟滤波器和模拟谱分析。到了20世纪50年代,采样的概念及频谱效应已被充分了解,z变换理论已普及到电子工程领域。1958年,Ragazzini等人编写的$Sampled-Data\ Control\ Systems$,是第一本有关数字信号处理的近代著作,由于受到当时工艺水平的限制,只能对一些低频控制或地震信号的数字处理问题做实践性的尝试。20世纪60年代中期,数字信号处理理论才较为定型。此时,集成电路工艺的不断提高,使得用数字元件构成较完善的信号处理系统是完全可能的。

1965年,Cooley和Tukey发表的快速傅里叶变换(Fast Fourier Transform,FFT)使数字信号处理从概念到实现迈出了重要一步,是数字信号处理的重大进展之一。在20世纪60年代初,虽然计算机被用来进行谱分析,但所需的时间太长,且应用还有许多困难。而快速傅里叶变换使计算时间缩短了两个数量级,运算时间大大降低,使数字信号处理技术得以成功应用。

20世纪60年代末至70年代初期又出现了一些新的快速算法。先后由Rader、Agarwal和Burrus等人提出了用数论变换进行卷积运算的方法,比FFT卷积运算速度更高,且由于是采用整数模运算,因而不存在运算误差。1975年后,Winograd等人又提出了比FFT更快的另一种算法——WFTA(Winograd Fourier Transform Algorithm)算法,该算法具有与FFT一样的物理意义。20世纪60年代,又根据沃尔什函数发展为沃尔什变换(WHF)及其快速算法(FWHT),并很快在通信和图像处理中得以应用。

数字信号处理发展过程中的另一个重大里程碑是有限冲激响应(FIR)和无限冲激响应(IIR)数字滤波器地位的相对变化。最初,IIR数字滤波器通常被认为比FIR数字滤波器优越。随着信息理论的发展,信号的相位被认识到与幅度一样也包含着信息。为了得到更多的信息,需要同时提取包含在幅度与相位中的信息,因此相位失真就应该在信号处理过程中减少到最小。从性能上来说，IIR 数字滤波器传输函数的极点可位于单位圆内的任何地方，因此可用较低的阶数获得高的选择性，所用的存储单元少，经济性好，而且效率高。但是这个高效率是以相位的非线性为代价的，因为选择性越好，相位非线性越严重。FIR 数字滤波器却可以得到严格的线性相位，然而由于 FIR 数字滤波器传输函数的极点固定在原点，所以只能用较高的阶数达到高的选择性。对于同样的滤波器设计指标，FIR 数字滤波器所要求的阶数可以比 IIR 数字滤波器高 5~10 倍，结果是成本较高，信号延时也较大；如果按相同的选择性和相同的线性要求来说，则 IIR 数字滤波器就必须加全通网络进行相位较正，同样要增加滤波器的节数和复杂性。从结构上来说，IIR 数字滤波器必须采用递归结构，极点位置必须在单位圆内，否则系统将不稳定。另外，由于 IIR 数字滤波器运算过程中对序列的舍入处理，这种有限字长效应有时会引入寄生振荡。而 FIR 数字滤波器主要采用非递归结构，不论在理论上还是在实际的有限精度运算中都不存在稳定性问题，运算误差也较小。此外，FIR 数字滤波器可以采用快速傅里叶变换算法，在相同阶数的条件下，运算速度可以快得多。后来一种应用快速傅里叶变换进行卷积运算的方法被提出，就不再一概而论地认为 IIR 数字滤波器比 FIR 数字滤波器更优越了，而是视应用场合加以选择，这加速了对 FIR 数字滤波器的进一步研究。20 世纪 70 年代以来，数字信号处理中的有限字长效应的分析与研究，解释了数字信号处理中出现的许多现象，使数字信号处理的基本理论进入了基本成熟的阶段。1975 年，Oppenheim 与 Schafer 所著的《数字信号处理》一书是数字信号处理理论的代表作。

数字信号处理是一种软硬结合的技术。在其实现方面，大规模集成电路技术的提高是推动数字信号处理技术飞速发展的重要因素。世界上第一个单片 DSP 芯片是 1978 年 AMI 公司推出的 S2811。1979 年，Intel 公司发布的商用可编程 2920 是 DSP 芯片的一个主要里程碑。1980 年，NEC 公司推出的 μPD7720 是第一个具有乘法器的商用 DSP 芯片。1982 年，Hitachi 公司第一个采用 CMOS 工艺生产浮点 DSP 芯片。1983 年，Fujitsu 公司推出的 MB8764，其指令周期为 120 ns，且具有双内部总线，从而处理的吞吐量发生了一个大的飞跃。第一个高性能的浮点 DSP 芯片是 AT&T 公司于 1984 年推出的 DSP32。

在运算速度方面，MAC(乘法并累加)时间已从 20 世纪 80 年代的 400 ns 降低到目前 40 ns 以下，数据处理能力提高了几十倍。MIPS (每秒执行百万条指令) 从 20 世纪 80 年代初的 5 MIPs 增加到现在的 40 MIPs 以上。DSP 芯片内部关键的乘法器部件从 1980 年占模区的 40 左右下降到 5 以下，片内 RAM 增加一个数量级以上。

在制造工艺方面，1980 年采用 4 μm 的 N 沟道 MOS 工艺，现在普遍采用亚微米 CMOS 工艺。DSP 芯片的引脚数量从 1980 年的最多 64 个增加到现在的 200 个以上，从某种角度来说较多的引脚数，将增强结构灵活性。此外，DSP 芯片的发展还使得 DSP 系统的成本、体积、重量和功耗都有很大程度的下降。

在其开发系统方面，软硬件开发工具不断完善。目前某些芯片具有相应的集成开发环境，不但支持断点的设置和程序存储器、数据存储器和 DMA 的访问及程序的单步运行和跟踪等，还可以采用高级语言编程，有些厂家和一些软件开发商为 DSP 应用软件的开发准备了通用的函数库及各种算法子程序和各种接口程序，使得应用软件开发更为方便，开发时间大大缩短，提高了产品开发的效率。

1.2 数字信号处理系统的基本组成

数字信号处理系统的基本组成框图及各部分处理波形图如图 1.1 所示。

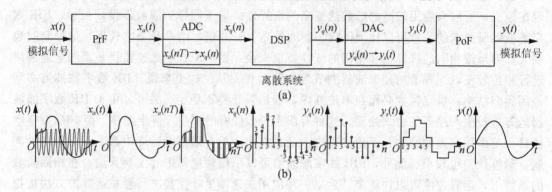

图 1.1 数字信号处理系统的基本组成与各部分处理波形示意图
(a) 数字信号处理系统的基本组成示意图；(b) 数字信号处理系统的各部分处理波形示意图

PrF 是低通滤波器，也可以称为前置滤波器或抗混叠滤波器，它用于滤掉截止频率以上的信号，以免在采样过程中引起混叠。

ADC 是一个模拟—数字转换器，用来从模拟信号产生一串二进制数值流。

DSP 是核心部分，可以代表一台通用计算机，或一种专用处理器，或数字信号处理硬件等。

DAC 称为数字—模拟转换器，就是 ADC 的逆操作，它从一串二进制数的序列中产生一种阶梯形波形，这是产生一个模拟信号的第一步。

PoF 是一个后置滤波器，用于将阶梯波形平滑为所期望的模拟信号。

模拟信号进行数字化处理的过程简而言之，就是首先把模拟信号变换为数字信号，然后用数字技术进行处理，最后再还原成模拟信号。输入模拟信号 $x(t)$，首先经过 PrF，将 $x(t)$ 中高于某一频率的分量滤除后，形成准备处理的模拟信号 $x_a(t)$。然后在 ADC 中每 T 秒取出一次 $x_a(t)$ 的幅度（称为采样），采样后的信号称为离散时间信号 $x_a(nT)$，它表示一些离散时间点 $0, T, 2T, 3T, \cdots, nT$ 上的信号值 $x_a(0), x_a(T), x_a(2T), x_a(3T), \cdots, x_a(nT)$。随后在 ADC 的抽样保持电路中转换为数字信号 $x_q(n)$，这一过程一般称为量化。为形象起见，用一条顶端带有圆圈的垂直线段表示 $x_q(n)$ 的数值大小。在通过数字信号处理系统的核心部分 DSP 时，按照指令的要求进行数值处理，得到输出数字信号 $y_q(n)$。之后经过 DAC，将 $y_q(n)$ 变换成模拟信号 $y_s(t)$，其特点是在时间点 $0, T, 2T, 3T, \cdots, nT$ 上的幅度与 $y_q(n)$ 的数值是吻合的。最后经过 PoF，形成平滑的模拟输出信号 $y(t)$。

1.3 数字信号处理的简要特点

模拟信号处理在完成复杂信号处理应用中的有限能力是其重要缺陷，这决定了在处理中的非柔性与系统设计中的复杂性，也必将导致产品价格的不菲。然而利用数字信号处理，完全可以将一台廉价的 PC 转换为一台功能强大的信号处理装置。接下来简要描述一下数字信号处理及由数字信号处理构成系统的大致优点。

（1）接口通用。采用数字信号处理技术的系统与其他以现代数字技术为基础的系统或设备，包括 PC 都是相互兼容的，通过通用接口以实现某种功能要比 ASP 要容易得多。

（2）编程方便。采用数字信号处理技术的系统，其中的可编程 DSP 芯片可使设计人员在开发过程中灵活方便地对软件进行修改和升级，可以用运行在一台通用计算机上的软件来完成，便于建立和测试，并且软件可以方便携带。

（3）集成快速。采用数字信号处理技术的系统中，大部分采用数字部件，具有较高的规范性，便于大规模集成。

（4）调试快捷。数字信号处理所用的运算较易进行实时修改，可通过简单地修改程序，或修改寄存器中的内容就可实现，便于测试、调整和大规模生产。

（5）运行稳定。数字信号处理所用的运算是唯一建立在加法和乘法基础之上的，具有极为稳定的处理能力，可靠性高。

（6）精度高。一般来说，模拟系统的精度在 10^{-3} 以内，而目前流行的 16 位数字系统可以达到 10^{-6} 的精度。

（7）成本低。采用数字信号处理技术的系统一般均应用 VLSI 技术，因而会降低存储器、门电路以及微处理器等的成本，从而使得整个系统具有较低的成本。

当然，数字信号处理技术以及由数字信号处理技术构成的系统也有一些局限性，例如数字信号处理会增加系统的复杂性，因 ADC 采样频率的限制而使其应用的频率范围受到限制，另外由数字信号处理技术构成的系统集成了几十万甚至更多的晶体管而使功耗较大，而且随着系统复杂性的增加这一矛盾会更加突出。然而瑕不掩瑜，数字信号处理技术以及由数字信号处理构成的系统所具有的灵活、精确、抗干扰强、设备尺寸小、造价低、速度快等突出优点，都是模拟信号处理技术与设备所无法比拟的。

1.4 数字信号处理的应用领域

数字信号处理的应用已经涵盖了工业、通信、娱乐、个人医疗、教育、环境控制、安全等领域，下面，仅从技术角度进行简要的描述。

（1）滤波与变换。如数字滤波、自适应滤波、快速傅里叶变换、频谱分析、卷积等。

（2）通信与传输。如调制与解调、自适应均衡、数据压缩、回波对消、多路复用、扩频通信、纠错编码、TDMA 等通信模式等。

（3）语音与语言。如语音编码、语音合成、语音识别、语音增强、说话人辨认、说话人确认、语音邮件、语音储存、文本语音变换等。

（4）图像与图形。如二维和三维图形处理、图像压缩、图像增强、图像复原、图像重建、图像变换、图像分割与描绘、模式识别、计算机视觉、固态处理、电子地图、电子出版、动画等。

（5）家用电器。如数字音频、数字视频、音乐合成、音调控制、玩具与游戏、远程电视电话等。

(6) 仪器仪表。如频谱分析、信号产生、锁相技术、模式匹配、地震波处理等。

(7) 自动控制。如机器人控制、探空技术、自动驾驶、磁盘控制、CAM 等。

(8) 医疗器械。如 CT 扫描、核磁共振、辅助视听、超声设备、诊断工具、病人监护等。

(9) 军事国防。如加密与解密、雷达处理、声呐处理、导航、侦察卫星、航空航天测试、自适应波束形成、阵列天线信号处理等。

综上所述,数字信号处理正以前所未有的速度渗透到世界的每个角落中去。

1.5 数字信号处理与 MATLAB 的关系

MATLAB 是英文单词"Matrix"和"Laboratory"的融合,意为"矩阵实验室"。经过十几年的完善和扩充,现已发展成为不需定义数组的维数,就可以给出矩阵函数、特殊矩阵专门的库函数,使之在求解诸如信号处理、建模、系统识别、控制、优化等领域的问题时,显得大为简捷、高效、方便、快速,这是其他高级语言所不能比拟的。特别是在集成了工具箱(Toolbox)之后,可以轻而易举地求解包括信号处理、图像处理、控制系统辨识、神经网络等各类学科的问题。更加令人振奋的是还包含了图形界面 GUI,使得工程人员能够进行可视化的程序编辑以及获得所需的可视化的结果。

由于 MATLAB 资源在所有的计算平台上都是可以利用的,因此本书除了在讲解数字信号处理理论的同时,也将 MATLAB 与数字信号处理的传统论题结合在一起,应用MATLAB 来阐明论点、解释难点。在数字信号处理方面有效地使用 MATLAB 可以获得更多的裨益,并增进学习过程。

小 结

数字信号处理是利用计算机或专用处理设备,以数字形式对信号进行采集、变换、滤波、估值、增强、压缩、识别等处理的理论与技术,以得到符合需要的信号形式。数字信号处理与模拟信号处理是信号处理的子集。

一般认为,数字信号处理起源于 16 世纪的经典数值分析方法和 18 世纪的 z 变换,成型于 20 世纪 60 年代末和 70 年代初。由于数字信号处理以及由数字信号处理构成的系统因其接口通用、编程方便、集成快速、调试快捷、运行稳定、精度高和成本低,使其具有灵活、精确、抗干扰强、设备尺寸小、造价低、速度快等突出优点,其应用已经涵盖了工业、通信、娱乐、个人医疗、教育、环境控制、安全等领域,并正以前所未有的速度渗透到世界的每个角落中去。

数字信号处理系统是由低通滤波器、模拟—数字转换器、DSP 核心、数字—模拟转换器和后置滤波器组成的,每个模块的输出都各有特色。

MATLAB 是一个很好的数学软件,本书将 MATLAB 与数字信号处理的传统论题结合在一起,应用 MATLAB 来阐明论点、解释难点。在数字信号处理方面有效地使用MATLAB 可以获得更多的裨益,并增进学习过程。

第1章 绪　论

习　题

1. 数字信号处理的含义是什么？
2. 简述数字信号处理的发展概况。
3. 简述数字信号处理的简要特点。
4. 简述数字信号处理的应用领域。
5. 简述数字信号处理系统的基本组成及各部分的主要功能。
6. 在数字信号处理系统中，一般包含5个主要部分。简单叙述一下自然信号经过这5个主要部分处理后的信号特点。
7. MATLAB是一种什么软件？简述其与数字信号处理的关系。

第 2 章
离散时间信号与离散时间系统

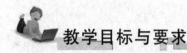

（1）掌握离散时间信号的定义、分类及其运算方法。
（2）掌握离散时间系统的特性，理解离散时间系统的输入输出描述。
（3）掌握离散时间系统差分方程的经典解法。

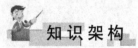

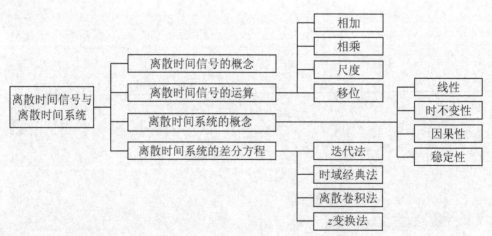

导入实例

数字计算机、数字通信系统及数字控制系统均是典型的离散系统。随着计算机技术和数字技术的飞速发展以及广泛应用，对离散时间系统的分析与研究，成为系统分析的重要内容。

第2章 离散时间信号与离散时间系统

离散时间系统的最基本要素有实体、活动和事件。实体是指系统的活动对象,如飞机、货物配送车辆、乘客、商品、机器设备、产品原料、排队服务系统中的乘客、配送途中的商品等。活动是指实体所做的或对实体施加的行为,如乘客进入或离开交通工具的行为,从配送火车中取出商品的行为等。事件则是指引起系统状态发生变化的时刻,活动与事件之间的关系可表达为某种活动周期,即某种活动的成立需要包含活动开始的时间和活动结束的时间,即两种事件发生的间隔时间。

根据离散事件系统的特点,最根本的是建立系统模型,即描述系统中的某个实体、活动的时间之间的逻辑关系。如装备作战仿真系统是一个复杂的交互型混合动态系统,它描述的是一种基于离散时间的系统仿真技术,即通过确定离散系统仿真的基本要素,如随机离散事件、仿真时钟及其推进方式、未来时间表、随机数发生器等,并增加对连续系统的技术,实现装备作战仿真中连续及离散随机事件的仿真。据解放军报报道,南海舰队某护卫舰大队官兵在驾驭新型战舰的过程中,经历了许多挫折,最终明白了一个道理:打赢未来信息化战争,仅有先进的武器装备是不够的。只有改变传统训练模式,创新训法、战法,实现人与装备的有机结合,才能使战斗力得以快速提高,如图2.1和图2.2所示。

图 2.1 南海舰队某护卫舰大队

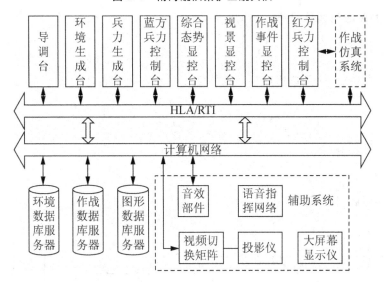

图 2.2 海上战场综合环境仿真系统结构

有关离散时间信号和离散时间系统的基本理论和基本概念是全书的基础,信号是指携带消息的载体,通常是一维或多维函数。如果信号的自变量和函数值都是连续的,称为时域连续信号,常见的如语音信号、温度传感器信号等;如果信号的函数值连续,但是自变量为离散值,称为离散时间信号,由于自变量的离散值往往是一个有序数字序列,因此离散时间信号又称为序列,最典型的离散时间信号就是对时域连续信号进行离散采样后得到的信号。这里有一种特殊的情况:假如离散时间信号的函数值也是离散值的话,则该信号称为数字信号。对离散时间信号进行处理的系统称为离散时间系统,其描述往往是线性常系数差分方程。关于离散时间系统差分方程的求解方法,一般有 4 种:迭代法、经典法、卷积法和变化域法。这一章将对离散时间信号和离散时间系统的一些基本理论和基本概念作相关阐述。

2.1 离散时间信号

2.1.1 离散时间信号的数学表示

离散时间信号往往来源于对时域连续信号的采样,假设采样周期为 T,采样对象是时域连续信号 $x(t)$,则可知采样信号为

$$x(t)\Big|_{t=nT} = x(nT), -\infty < n < \infty, n \in Z \tag{2.1}$$

显然,该信号实际上是一个有序的数字序列,序列顺序由 $n \in Z$ 决定。因此往往把这种离散时间信号不再表示为以时间为自变量的形式,而是简化为序列来表示,即

$$x(n) = x(nT) \tag{2.2}$$

离散时间信号也可以用集合来表示,如 $\{\cdots, x(-2), x(-1), x(0), x(1), x(2), x(3), \cdots\}$。另外,离散时间信号还可以使用图形表示,如图 2.3 所示。

2.1.2 典型的离散时间信号——序列

1. 单位阶跃序列

单位阶跃序列 $u(n)$ 是单边序列,如图 2.4 所示,数学表达式为

$$u(n) = \begin{cases} 1, n \geqslant 0 \\ 0, n < 0 \end{cases} \tag{2.3}$$

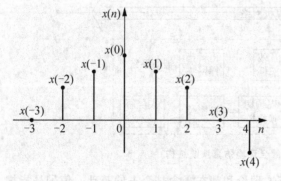

图 2.3 离散时间信号的图形表示

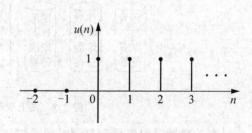

图 2.4 单位阶跃序列 $u(n)$ 的图形表示

2. 单位脉冲序列

单位脉冲序列 $\delta(n)$ 只有在 $n=0$ 时取值为 1，其他时刻均为 0，如图 2.5 所示，信号可与连续信号中 $\delta(t)$ 相对照学习，数学表达式为

$$\delta(n) = \begin{cases} 1, n = 0 \\ 0, n \neq 0 \end{cases} \tag{2.4}$$

同理，移位的单位脉冲序列是只有在 $n=m$ 时取值为 1，其他时刻均为 0。图 2.6 所示为 $n=1$ 时的移位单位脉冲序列。信号可与连续信号中 $\delta(t-\tau)$ 相对照学习，数学表达式为

$$\delta(n-m) = \begin{cases} 1, m = n \\ 0, m \neq n \end{cases} \tag{2.5}$$

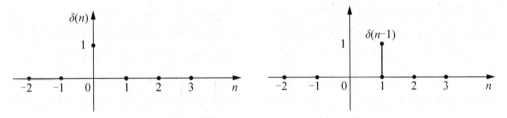

图 2.5 单位脉冲序列 $\delta(n)$ 的图形表示   图 2.6 移位的单位脉冲序列 $\delta(n-1)$ 的图形表示

连续信号中的 $\delta(t)$ 和 $u(t)$ 之间是微分关系，而离散信号 $\delta(n)$ 与 $u(n)$ 之间是差分关系，即

$$\delta(n) = u(n) - u(n-1) \tag{2.6}$$

由于 $\delta(n)$ 具有的采样性，因此其他离散时间信号也可以用 $\delta(n)$ 及其移位信号加权和表示，即

$$f(n) = \sum_{m=-\infty}^{\infty} f(m)\delta(n-m) \tag{2.7}$$

3. 矩形序列

矩形序列是类似于连续窗函数概念的离散时间函数，共有 N 个幅度为 1 的函数值，如图 2.7 所示。矩形序列 $R_N(n)$ 的数学表达式为

$$R_N(n) = \begin{cases} 1, & 0 \leqslant n \leqslant N-1 \\ 0, & n \text{ 为其他值} \end{cases} \tag{2.8}$$

以上 3 种序列的关系为

$$u(n) = \sum_{k=0}^{\infty} \delta(n-k) \tag{2.9}$$

$$\delta(n) = u(n) - u(n-1) \tag{2.10}$$

$$R_N(n) = u(n) - u(n-N) = \sum_{k=0}^{N-1} \delta(n-k) \tag{2.11}$$

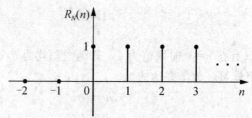

图2.7 矩形序列 $R_N(n)$ 的图形表示

4. 斜变序列

斜变序列与连续函数中的斜坡函数类似,但是却没有连续时间信号中斜坡函数同阶跃函数之间的微分关系。其图形如图2.8所示,其数学表达式为

$$x(n) = n \cdot u(n) \tag{2.12}$$

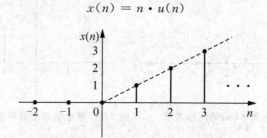

图2.8 斜变序列 $x(n)$ 的图形表示

5. 实指数序列

实指数序列的数学表达式为

$$x(n) = a^n \cdot u(n) \tag{2.13}$$

式中:a 为实数。当 $|a|>1$ 时,序列是发散的;当 $|a|<1$ 时,序列是收敛的。当 $a>0$ 时,序列在一个象限内。当 $a<0$,序列在两个象限内。实指数序列图形如图2.9所示。

6. 复指数序列

复指数序列的数学表达式为

$$x(n) = e^{(\sigma+j\omega_0)n} \tag{2.14}$$

可见其含有实部和虚部,ω_0 是复正弦的数字域频率。根据欧拉公式,也可写为

$$e^{(\sigma+j\omega_0)n} = e^{\sigma n}(\cos \omega_0 n + j\sin \omega_0 n) = e^{\sigma n}\cos \omega_0 n + je^{\sigma n}\sin \omega_0 n \tag{2.15}$$

也可以使用极坐标表示,即

$$x(n) = |x(n)|e^{j\arg[x(n)]} = e^{\sigma n} \cdot e^{j\omega_0 n} \tag{2.16}$$

之所以引入复指数序列,并不是因为实际存在复信号。如同 δ 函数一样,实际并不存在,但是从数学分析的角度看,引入复信号可以方便分析。复指数序列的图形如图2.10所示。

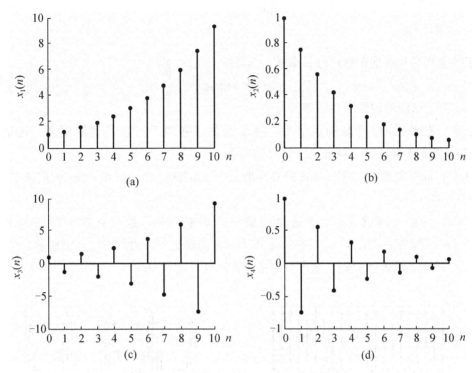

图 2.9　实指数序列的 MATLAB 仿真图形

(a)$x_1(n)=1.25^n$；(b)$x_2(n)=0.75^n$；(c)$x_3(n)=(-1.25)^n$；(d)$x_4(n)=(-0.75)^n$

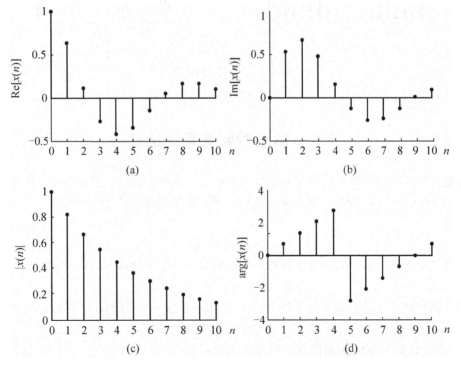

图 2.10　复指数序列 $x(n)$ 的 MATLAB 仿真图形

(a)$x(n)$ 的实部；(b)$x(n)$ 的虚部；(c)$x(n)$ 的模；(d)$x(n)$ 的相位

7. 正弦序列

正弦序列是对连续正弦信号的采样,其数学表达式为

$$x(n) = \sin \omega_0 n \tag{2.17}$$

式中:ω_0 为正弦序列的数字角频率。

注意,连续正弦信号是周期信号,但是正弦序列却不一定是周期序列,这是因为 $2\pi/\omega_0$ 有可能是无理数,下面分成3种情况讨论。

(1) $2\pi/\omega_0$ 是整数 N,则正弦序列是周期为 N 的周期序列。例如 $\sin\pi n$ 的周期是2,如图 2.11(a) 所示。

(2) $2\pi/\omega_0$ 是有理数 k,则正弦序列仍旧是周期序列,这时该序列周期的求解为 $T=mk, m \in Z, T \in Z$ 且最小。例如 $\sin 0.2\pi n$ 的周期是10,如图 2.11(b) 所示。

(3) $2\pi/\omega_0$ 是无理数,则正弦序列不是周期序列,例如 $\sin 2n$。

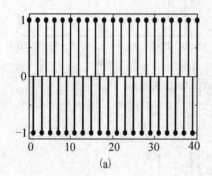
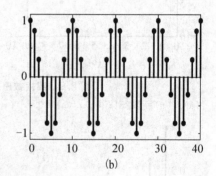

图 2.11 周期正弦序列
(a) $\sin \pi n$;(b) $\sin 0.2\pi n$

2.2 离散时间信号的运算

在数字信号处理系统中,序列的运算包括加法、乘法、移位、翻转以及尺度变换。

序列 $x(n)$ 与 $y(n)$ 相加,是指两序列同序号的数值逐项对应相加,构成一个新的序列 $z(n)$,即

$$z(n) = x(n) + y(n) \tag{2.18}$$

同样,两者相乘表示同序号样值对应相乘构成一个新的序列 $R(n)$,即

$$R(n) = x(n) \times y(n) \tag{2.19}$$

序列的移位分为左移和右移。若序列 $x(n)$ 依次右移 m 位后的新序列为 $w_1(n)$,则

$$w_1(n) = x(n-m) \tag{2.20}$$

若序列 $x(n)$ 依次左移 m 位后的新序列为 $w_2(n)$,则

$$w_2(n) = x(n+m) \tag{2.21}$$

序列的翻转表示将自变量 n 更换为 $-n$，其表达式为
$$t(n) = x(-n) \tag{2.22}$$

序列的尺度变换是将波形压缩或扩展。若将自变量 n 乘以正整数 a，构成 $x(an)$ 为波形压缩，而 $x(n/a)$ 则为波形扩展。

设序列 $x(n)$ 和 $h(n)$，其卷积和 $y(n)$ 的定义为
$$y(n) = \sum_{m=-\infty}^{\infty} x(m)h(n-m) = \sum_{m=-\infty}^{\infty} h(m)x(n-m) = x(n) * h(n) \tag{2.23}$$

卷积和计算分为 4 个步骤。即折叠（翻褶）、位移、相乘和相加。下面举例说明序列的运算。

【**例 2.1**】 已知有序列 $x(n)$ 和 $y(n)$，如图 2.12 所示，进行序列 $x(n)$ 和 $y(n)$ 间的以下运算：(1)和序列 $z(n)$；(2)积序列 $R(n)$；(3)当 m 为 2 时，$x(n)$ 的右移序列 $w(n)$；(4) $x(n)$ 的翻转序列 $t(n)$；(5)当 a 为 2 时，$x(n)$ 的波形压缩 $x(an)$。

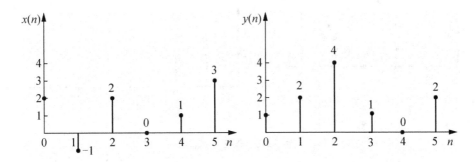

图 2.12 例 2.1 图

解 (1)和序列 $z(n)$ 如图 2.13(a)所示。
$$z(n) = x(n) + y(n) = [3, 1, 6, 1, 1, 5], 0 \leqslant n \leqslant 5$$
(2) 积序列 $R(n)$ 如图 2.13(b)所示。
$$R(n) = x(n) \times y(n) = [2, -2, 8, 0, 0, 6], 0 \leqslant n \leqslant 5$$
(3) 当 m 为 2 时，$x(n)$ 的右移序列 $w(n)$ 如图 2.13(c)所示。
$$w_1(n) = x(n-m) = [2, -1, 2, 0, 1, 3], 2 \leqslant n \leqslant 7$$
(4) $x(n)$ 的翻转序列 $t(n)$ 如图 2.13(d)所示。
$$t(n) = x(-n) = [3, 1, 0, 2, -1, 2], -5 \leqslant n \leqslant 0$$
(5) 当 a 为 2 时，$x(n)$ 的波形压缩 $x(an)$ 如图 2.13(e)所示。
$$x(an) = [2, 2, 1], 0 \leqslant n \leqslant 2$$

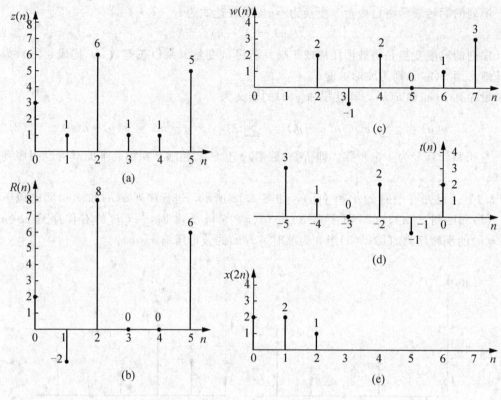

图 2.13 例 2.1 解图

(a)和序列 $z(n)$；(b)积序列 $R(n)$；(c)当 m 为 2 时，$x(n)$ 的右移序列 $w(n)$；
(d) $x(n)$ 的翻转序列 $t(n)$；(e)当 a 为 2 时，$x(n)$ 的波形压缩 $x(an)$

2.3 离散时间系统

设离散时间系统的输入序列为 $x(n)$，系统输出序列用 $y(n)$ 表示。设运算关系用 T[·] 表示，输出与输入之间关系用式 $y(n)=\mathrm{T}[x(n)]$ 表示，其框图如图 2.14 所示。

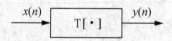

图 2.14 输出与输入之间的关系

在离散时间系统中，按离散时间系统的性能，可以划分为线性、非线性、时不变和时变等系统。但最重要最常见的是线性时不变系统，因为很多物理过程都可以用这类系统表征。

2.3.1 离散时间系统的线性

线性系统满足叠加性和齐次性。假设系统的输入序列为 $x_1(n)$ 和 $x_2(n)$，输出序列对应为 $y_1(n)$ 和 $y_2(n)$，则有 $y_1(n)=\mathrm{T}[x_1(n)]$ 和 $y_2(n)=\mathrm{T}[x_2(n)]$ 成立。

线性系统的叠加性可以表示为

$$y_1(n)+y_2(n)=\mathrm{T}[x_1(n)]+\mathrm{T}[x_2(n)]=\mathrm{T}[x_1(n)+x_2(n)] \quad (2.24)$$

线形系统的齐次性可以表示为

$$ay_1(n)=a\mathrm{T}[x_1(n)]=\mathrm{T}[ax_1(n)] \quad (2.25)$$
$$ay_2(n)=a\mathrm{T}[x_2(n)]=\mathrm{T}[ax_2(n)] \quad (2.26)$$

同理,有

$$y(n)=\mathrm{T}[ax_1(n)+bx_2(n)]=ay_1(n)+by_2(n) \quad (2.27)$$

式中:a 和 b 均为常数。

【例 2.2】 $x(n)$ 和 $y(n)$ 分别表示系统的输入和输出,判断系统 $y(n)=2x(n)+3$ 是否是线性的。

解 令 $y_1(n)=2x_1(n)+3$ 和 $y_2(n)=2x_2(n)+3$。对于线性系统,根据叠加性,有

$$y(n)=\mathrm{T}[x_1(n)+x_2(n)]=2\mathrm{T}[x_1(n)+x_2(n)]+3=2x_1(n)+2x_2(n)+3$$

然而

$$y_1(n)+y_2(n)=[2x_1(n)+3]+[2x_2(n)+3]=2x_1(n)+2x_2(n)+6$$

因此,$y(n)\neq y_1(n)+y_2(n)$,故该系统不是线性的。

2.3.2 离散时间系统的时不变性

对于时不变系统,由于系统参数本身不随时间变化,因此,在同样起始状态之下,系统的输出与输入的时刻无关。写成数学表达式,若输入为 $x(n)$,输出为 $y(n)$,则当输入为 $x(n-n_0)$ 时,输出为 $y(n-n_0)$。即,若时不变体系统有 $y(n)=\mathrm{T}[x(n)]$,则

$$y(n-n_0)=\mathrm{T}[x(n-n_0)] \quad (2.28)$$

式中:n_0 为任意整数。

【例 2.3】 $x(n)$ 和 $y(n)$ 分别表示系统的输入和输出,判断系统 $y(n)=2x(n)+3$ 是否为时不变的。

解 对于系统 $y(n)=2x(n)+3$ 来说,由于

$$y(n-n_0)=2x(n-n_0)+3=\mathrm{T}[x(n-n_0)]$$

故该系统是时不变的。

【例 2.4】 $x(n)$ 和 $y(n)$ 分别表示系统的输入和输出,判断系统 $y(n)=x(n)\cos(\omega n+1)$ 是否为时不变的。

解 对于系统 $y(n)=x(n)\cos(\omega n+1)$ 来说,由于

$$y(n-n_0)=x(n-n_0)\cos[\omega(n-n_0)+1]$$

然而

$$\mathrm{T}[x(n-n_0)]=x(n-n_0)\cos[\omega n+1]$$

因此,$y(n-n_0)\neq \mathrm{T}[x(n-n_0)]$,故该系统不是时不变的。

2.3.3 离散时间系统的因果性和稳定性

现实中的系统一般都是因果系统。所谓因果系统,是指某时刻的输出只取决于此刻以及该时刻以前时刻的输入系统。即,$n=n_0$ 的输出 $y(n_0)$ 取决于 $n\leq n_0$ 的输入 $x(n)\big|_{n\leq n_0}$。例如 $y(n)=x(-n)$ 是非因果系统,因 $n<0$ 的输出决定于 $n>0$ 时的输入。

线性时不变因果系统的充要条件为 $h(n)=0$, $n<0$。

所谓稳定系统,是指有界的输入产生有界的输出的系统。即,若$|x(n)|\leqslant M<\infty$,则$|y(n)|\leqslant P<\infty$。

系统稳定性的判断对分析系统具有十分重要的意义。线性时不变稳定系统的充要条件是

$$\sum_{n=-\infty}^{\infty}|h(n)|=P<\infty \tag{2.29}$$

即单位脉冲响应是绝对可和的。

【例 2.5】 某线性时不变系统,其单位脉冲响应为$h(n)=a^n u(-n)$,试讨论其是否是因果的、稳定的系统。

解 (1)因为$n<0$时,$h(n)\neq 0$,所以该系统是非因果系统。

(2) 因为 $\sum_{n=-\infty}^{\infty}|h(n)|=\sum_{n=-\infty}^{0}|a^n|=\sum_{n=0}^{\infty}|a|^{-n}=\begin{cases}\dfrac{1}{1-|a|^{-1}}, & |a|>1\\ \infty, & |a|\leqslant 1\end{cases}$

所以当$|a|>1$时系统稳定,当$|a|\leqslant 1$时系统不稳定。

2.4 离散时间系统分析——差分方程

如果一个系统的输入与输出信号都是离散的时间信号,则称该系统为离散时间系统。人们平常所接触到的数字电路就属于离散时间系统。离散时间系统按性能可分为线性、非线性、时变、时不变等类型,最常用的是线性时不变系统。

在连续时间系统中,信号是时间变量的连续函数,由微分方程来描述系统的输出与输入的关系。对于离散时间系统则用差分方程描述系统输出与输入之间的关系。对于线性常系数时不变系统则用线性常系数差分方程描述,本节讨论的范围也限于此。

2.4.1 离散时间系统的描述

离散时间系统通常采用差分方程来描述,其中常系数线性差分方程的一般形式可表示为

$$y(n)+b_1 y(n-1)+\cdots+b_N y(n-N)=a_0 x(n)+a_1 x(n-1)+\cdots+a_M x(n-M) \tag{2.30}$$

将式(2.30)继续简化为

$$\sum_{i=0}^{N}b_i y(n-i)=\sum_{j=0}^{M}a_j x(n-j), b_0=1 \tag{2.31}$$

式中:$x(n)$为系统的输入序列;$y(n)$为系统的输出序列;a_i和b_i均为常数。$y(n-i)$和$x(n-j)$项只有一次幂,也没有相互交叉相乘项,故称为线性常系数差分方程。差分方程的阶数是用方程$y(n-i)$项中i的最大值与最小值之差确定的,由于$y(n-i)$项i最大值为N,i的最小值为零,因此称为N阶的差分方程。

2.4.2 常系数线性差分方程的求解方法

求解常系数线性差分方程的方法主要有以下几种。

1. 迭代法

迭代法是解差分方程的基础方法,可以用手算逐次代入求解或利用计算机求解。这种方法简单,但不能得出输出序列,当差分方程阶次较低时常用此法。

2. 时域经典法

时域经典法是先分别求出齐次解和特解,然后依据边界条件求得待定系数。这种方法求解过程比较麻烦,但便于从物理概念说明各响应分量之间的关系。

3. 离散卷积法

离散卷积法是利用齐次解得到零输入解,再利用卷积的方法求零状态解。

4. z 变换法

z 变换法与连续时间系统的拉普拉斯变换法类似,是求解差分方程中简便而有效的方法。

【例 2.6】 设差分方程 $y(n) = ay(n-1) + x(n)$,其中 $x(n) = \delta(n)$,$y(-1) = 0$。利用迭代法求输出序列 $y(n)$。

解 当 $n<0$ 时,$y(n)=0$

当 $n=0$ 时,$y(0) = ay(-1) + x(0) = 0 + \delta(n) = 1$

当 $n=1$ 时,$y(1) = ay(0) + x(1) = a + 0 = a$

当 $n=2$ 时,$y(2) = ay(1) + x(2) = a \cdot a + 0 = a^2$

以此类推,$y(n) = ay(n-1) + x(n) = a^n$

因此得到 $y(n) = a^n u(n)$

【例 2.7】 系统的差分方程 $y(n) + 3y(n-1) + 2y(n-2) = x(n)$ 且 $y(-1) = 0$,$y(-2) = 0.5$,设激励 $x(n) = 2^n$,$n \geq 0$。求响应序列 $y(n)$。

解 方法一:时域经典解法。

(1) 求齐次解 $y_h(n)$。由于特征方程为 $\gamma^2 + 3\gamma + 2 = 0$,故特征根为 $\gamma_1 = -1, \gamma_2 = -2$,则齐次解为

$$y_h(n) = C_1(-1)^n + C_2(-2)^n$$

(2) 求特解。由题知激励是指数序列形式,可设特解为

$$y_p(n) = A \cdot 2^n$$

将其代入差分方程得

$$A = \frac{1}{3}$$

(3) 求全解。根据齐次解和特解,其全解为

$$y(n) = y_h(n) + y_p(n)$$
$$= C_1(-1)^n + C_2(-2)^n + \frac{1}{3} \times 2^n, n \geqslant 0$$

由于给定的条件是激励之前的系统初始状态 $y(-1)$ 和 $y(-2)$，对 $n \geqslant 0$ 以后有影响，由此递推出初值 $y(0)$ 和 $y(1)$，并求出系数 C_1 和 C_2。

由原差分方程得，当 $n=0$ 时，$y(0) = 2^0 - 2y(-2) - 3y(-1) = 0$；当 $n=1$ 时，$y(1) = 2^1 - 2y(-1) - 3y(0) = 2$，即初始值 $y(0) = 0$，$y(1) = 2$，代入全解有

$$\begin{cases} y(0) = C_1 + C_2 + \frac{1}{3} \\ y(1) = -C_1 - 2C_2 + \frac{2}{3} \end{cases}$$

解得

$$C_1 = \frac{2}{3} \text{ 和 } C_2 = -1$$

所以系统的全解为

$$y(n) = 2^n - 2y(n-2) - 3y(n-1)$$
$$y(n) = \left[\frac{2}{3}(-1)^n - (-2)^n\right] + \frac{1}{3} \times 2^n, \quad n \geqslant 0$$

→ 特解（强迫响应）
→ 齐次解（自由响应）

方法二：离散卷积法。

(1) 求解零输入响应。在零输入情况下，响应 $y_{zi}(n)$ 满足齐次方程，解的形式为
$$y_{zi}(n) = D_1 \gamma_1^n + D_2 \gamma_2^n, \quad n \geqslant 0$$
而齐次方程的特征根 $\gamma_1 = -1$ 和 $\gamma_2 = -2$，则有
$$y_{zi}(n) = D_1(-1)^n + D_2(-2)^n, \quad n \geqslant 0$$
由题可知
$$y(-1) = 0, y(-2) = \frac{1}{2}$$
$$y_{zi}(-1) = -D_1 + \frac{1}{2}D_2 = 0$$
$$y_{zi}(-2) = D_1 + \frac{1}{4}D_2 = \frac{1}{2}$$

解得 $D_1 = 1$ 和 $D_2 = -2$，则
$$y_{zi}(n) = (-1)^n - 2(-2)^n, \quad n \geqslant 0$$

(2) 求解零状态响应。零状态响应 $y_{zs}(n)$ 是满足非齐次方程，且初始状态全部为零的解，即满足
$$y(n) + 3y(n-1) + 2y(n-2) = x(n)$$
由于
$$y(-1) = y(-2) = \cdots = y(-N) = 0$$
解得

$$y_{zs}(n) = -\frac{1}{3}(-1)^n + (-2)^n + \frac{1}{3} \times 2^n, \quad n \geqslant 0$$

那么

$$y(n) = y_{zi}(n) + y_{zs}(n)$$
$$= (-1)^n - 2(-2)^n - \frac{1}{3}(-1)^n + (-2)^n + \frac{1}{3} \times 2^n$$
$$= \left[\frac{2}{3}(-1)^n - (-2)^n\right] + \frac{1}{3} \times 2^n, \quad n \geqslant 0$$

方法三：z 变换法。对差分方程取单边 z 变换，则有

$$Y(z) + 3[z^{-1}Y(z) + y(-1)] + 2[z^{-2}Y(z) + z^{-1}y(-1) + y(-2)] = X(z)$$

$$Y(z) = \frac{X(z)}{1 + 3z^{-1} + 2z^{-2}} - \frac{3y(-1) + 2y(-2) + 2y(-3)z^{-1}}{1 + 3z^{-1} + 2z^{-2}}$$

$$= Y_{zs}(z) + Y_{zi}(z) \tag{2.32}$$

式中：$Y_{zs}(z) = \dfrac{X(z)}{1 + 3z^{-1} + 2z^{-2}}$；$Y_{zi}(z) = -\dfrac{3y(-1) + 2y(-2) + 2y(-3)z^{-1}}{1 + 3z^{-1} + 2z^{-2}}$。$Y_{zs}(z)$ 只与激励有关，称为零状态响应的变换式；而 $Y_{zi}(z)$ 仅仅与起始状态有关，称为零输入响应的变换式。

式(2.32)表明，需要条件 $y(-1)$ 和 $y(-2)$，而已知条件是 $y(0)=0$ 和 $y(1)=2$。为此可用迭代法将 $y(0)=0$ 和 $y(1)=2$ 代入原方程，即

$$\begin{cases} y(0) = x(0) - 3y(-1) - 2y(-2) \\ y(1) = x(1) - 3y(0) - 2y(-1) \end{cases}$$

解得

$$y(-1) = 0, \ y(-2) = \frac{1}{2}$$

下面求解零状态响应。由

$$Y_{zs}(z) = \frac{X(z)}{1 + 3z^{-1} + 2z^{-2}}$$

整理得

$$Y_{zs}(z) = \frac{\dfrac{z}{z-2}}{1 + 3z^{-1} + 2z^{-2}} = \frac{z^3}{(z-2)(z^2 + 3z + 2)}$$

$$\frac{Y_{zs}(z)}{z} = \frac{A_1}{z-2} + \frac{A_2}{z+2} + \frac{A_3}{z+1}$$

解得

$$A_1 = \frac{1}{3}, \ A_2 = 1, \ A_3 = -\frac{1}{3}$$

所以得

$$Y_{zs}(z) = \frac{1}{3} \times \frac{z}{z-2} + \frac{z}{z+2} - \frac{1}{3} \times \frac{z}{z+1}$$

则系统的零状态响应为

$$y_{zs}(n) = \text{IZT}[Y_{zs}(z)] = \left[\frac{1}{3} \times 2^n + (-2)^n - \frac{1}{3} \times (-1)^n\right]u(n)$$

下面求解零输入响应。把 $y(-1)=0$，$y(-2)=\dfrac{1}{2}$ 代入 $Y(z)$ 的表达式，得

$$Y_{zi}(z) = \frac{-1}{1+3z^{-1}+2z^{-2}}$$

用部分分式展开法，得

$$Y_{zi}(z) = -2 \times \frac{z}{z+2} + \frac{z}{z+1}$$

则系统的零输入响应为

$$y_{zi}(n) = \mathrm{IZT}[Y_{zi}(z)] = [-2\times(-2)^n + (-1)^n]u(n)$$

综上所述，系统的全响应为

$$\begin{aligned} y(n) &= y_{zi}(n) + y_{zs}(n) \\ &= \left[\frac{1}{3}\times 2^n + (-2)^n - \frac{1}{3}\times(-1)^n\right]u(n) + [-2\times(-2)^n + (-1)^n]u(n) \\ &= \left[\frac{2}{3}\times(-1)^n - (-2)^n\right]u(n) + \frac{1}{3}\times 2^n u(n) \end{aligned}$$

2.5 综合实例

一个离散时间系统的差分方程为

$$y(n) + 0.5y(n-1) - 0.3y(n-2) + 0.2y(n-3)$$
$$= 0.75x(n) + x(n-1) - 0.6x(n-2) - 0.4x(n-3)$$

（1）判断该系统是否是线性系统。
（2）判断该系统是否是时不变系统。
（3）求出该系统的单位脉冲响应并判断系统是否是稳定系统。

解 （1）设对于两个不同的输入信号 $x_1(n)$ 和 $x_2(n)$，系统的输出分别为 $y_1(n)$ 和 $y_2(n)$。对于 $x_1(n)$ 和 $x_2(n)$ 的线性叠加信号 $x(n)=4x_1(n)-3x_2(n)$，系统的输出为 $y(n)$。用 MATLAB 仿真该系统，并计算输入 $x_1(n)$、$x_2(n)$ 和 $x(n)$ 的输出 $y_1(n)$、$y_2(n)$ 和 $y(n)$，判断 $y(n)$ 和 $4y_1(n)-3y_2(n)$ 是否相等。

```
n= 0:50;
a= 4;b= - 3;
x1= cos(2* pi* 0.1* n);              % 设置 x1(n)
x2= cos(2* pi* 0.4* n);              % 设置 x2(n)
x= a* x1+ b* x2;                     % x(n)
num= [0.75 1 - 0.6 - 0.4];
den= [1 0.5 - 0.3 0.2];
y1= filter(num, den, x1);            % 计算输出 y1(n)
y2= filter(num, den, x2);            % 计算输出 y2(n)
y= filter(num, den, x);              % 计算输出 y(n)
yt= a* y1+ b* y2;
subplot(2, 1, 1)
stem(n, y);
```

```
ylabel('振幅');
title('y= T [ax1(n)+ bx2(n)] ');
subplot(2, 1, 2)
stem(n, yt);
ylabel('振幅')
title('y''= ay1(n)+ by2(n)')
xlabel('时间序号 n');
```

图 2.15 为程序运行显示的结果。由图 2.15 可以看出 $T[ax_1(n)+bx_2(n)]=ay_1(n)+by_2(n)$,故该系统是线性系统。

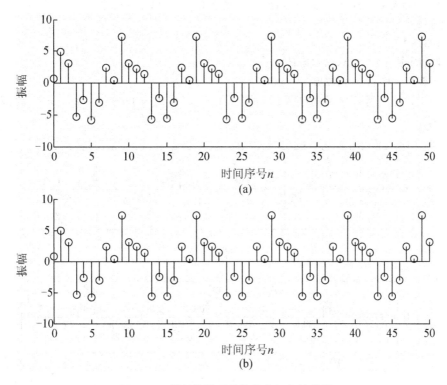

图 2.15 判断线性系统的程序运行结果图

(a) $y = T[ax_1(n)+bx_2(n)]$; (b) $y' = ay_1(n)+by_2(n)$

(2) 设对于两个输入信号 $x_1(n)$ 和 $x_2(n)=x_1(n-10)$,系统的输出分别为 $y_1(n)$ 和 $y_2(n)$。用 MATLAB 仿真该系统,并计算输入 $x_1(n)$、$x_2(n)$ 的输出 $y_1(n)$ 和 $y_2(n)$,判断 $y_1(n-10)$ 和 $y_2(n)$ 是否相等。

```
n= 0:50;D= 10;
x= 4* cos(2* pi* 0.1* n)- 3* cos(2* pi* 0.4* n);    % 设置 x1(n)
xd= [zeros(1, D)x];                                  % 设置 x2(n)= x1(n- 10)
num= [0.75 1 - 0.6 - 0.4];
den= [1 0.5 - 0.3 0.2];
y1= filter(num, den, x);                             % 计算输出 y1(n)
y2= filter(num, den, xd);                            % 计算输出 y2(n)
```

```
d= [zeros(1, D)y1] - y2;              % 计算 y1(n- 10)和 y2(n)的差值
figure
subplot(3, 1, 1)                      % 画出输出
stem(n, y1);
ylabel('振幅');
title('输入 x1(n)的输出 y1(n)'); grid;
subplot(3, 1, 2)
stem( [0: 50+ D], y2);
ylabel('振幅');
title( ['延时输入 x1 [n- ', num2str(D), '] 的输出 y2(n)']); grid;
subplot(3, 1, 3)
stem( [0: 50+ D], d);
xlabel('时间序号 n'); ylabel('振幅');
title('y1(n- 10)和 y2(n)的差值'); grid;
```

图 2.16 为程序运行显示的结果。由图 2.16 可以看出 $y_1(n-10)=y_2(n)$，故该系统是时不变系统。

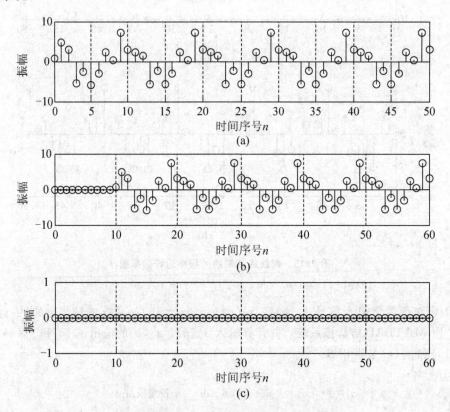

图 2.16 判断时不变系统的程序运行结果图

(a)输入 $x_1(n)$ 的输出 $y_1(n)$；(b)延时输入 $x_1[n-10]$ 的输出 $y_2(n)$；(c) $y_1(n-10)$ 和 $y_2(n)$ 的差值

(3) 用 MATLAB 命令 y=impz(num，den，N)可以计算线性时不变系统的单位脉冲响应 $h(n)$ 的前 N 个值。然后迭代计算单位脉冲响应的前 $k(k \leqslant N)$ 个值的绝对值之和

$\sum_{n=0}^{k}|h(n)|$。并比较$|h(k)|$的值与10^{-6}的大小,若$|h(k)|$的值小于10^{-6},则认为$\sum_{n=0}^{k}|h(n)|$已经收敛了,系统是稳定的,否则系统不稳定。

```
num=[0.75 1 -0.6 -0.4];
den=[1 0.5 -0.3 0.2];N=100;
h=impz(num,den,N+1);
p=0;
for k=1:N+1
    p=p+abs(h(k));
    if abs(h(k))<10^(-6), break, end
end
n=0:N;
figure
stem(n,h)
title('系统的单位脉冲响应')
xlabel('时间序号n'); ylabel('振幅');
disp('值= '); disp(abs(h(k)));
```

下面是程序的运行结果。

值=

    0.2647

求出的系统单位脉冲响应如图2.17所示。由此结果可知该系统是不稳定系统。

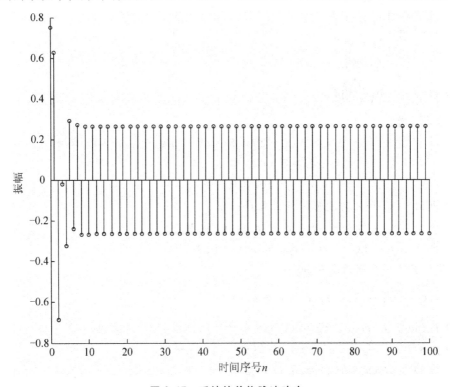

图2.17 系统的单位脉冲响应

小 结

只在某些规定的离散瞬时存在函数值,在其他时间内不存在函数定义的信号称为离散时间信号,这些在时间上不连续的值即构成序列。离散序列的运算包括移位、相加、差分、尺度变换与卷积和等。离散时间系统一般用差分方程来描述,求解常系数差分方程的方法包括迭代法、经典法、卷积法、变换法等,且根据其优缺点各有其应用场合。

习 题

1. 判断下列信号是否是周期性的,若是周期信号,确定其周期。

(1) $x(n) = \text{Re}\{e^{jn\pi/12}\} + \text{Im}\{e^{jn\pi/18}\}$

(2) $x(n) = \sin(2\pi + 0.3n)$

(3) $x(n) = \sin\left(\dfrac{\pi}{3}n + 1\right) + \cos\left(\dfrac{\pi}{4}n\right)$

2. 画出下列序列图形。

(1) $x(n) = 3\delta(n-1) + 2\delta(n) - 0.5\delta(n+1)$

(2) $x(n) = \left(\dfrac{1}{3}\right)^n \delta(n)$

(3) $x(n) = \begin{cases} 1, & n=0 \\ 3, & n=1 \\ 4, & n=2 \\ 0, & \text{其他} \end{cases}$

(4) $x(n) = \sin\left(\dfrac{n}{4}\pi\right)\delta(n)$

3. 给定信号

$$x(n) = \begin{cases} 2n+5, & -4 \leqslant n \leqslant -1 \\ 6, & 0 \leqslant n \leqslant 4 \\ 0, & \text{其他} \end{cases}$$

(1) 画出 $x(n)$ 序列的波形,标上各序列值。

(2) 令 $x_1(n) = 2x(n+2)$,试画出 $x_1(n)$ 波形。

(3) 令 $x_2(n) = x(2-n)$,试画出 $x_2(n)$ 波形。

4. 试计算下列序列的卷积和。

(1) $f_1(n) = \left(\dfrac{1}{3}\right)^n u(n)$,$f_2(n) = u(n)$

(2) $f_1(n) = u(n)$,$f_2(n) = 0.5^n u(-n)$

(3) $f(n) = n(u(n) - u(n-4))$,$h(n) = u(n) - u(n-6)$

(4) $x(n) = R_3(n)$,$h(n) = R_4(n)$

(5) $f(n) = a^n u(n)$, $h(n) = b^n u(n)$

5. 对于图 2.18 所示的每一组序列，试用卷积法求线性时不变系统[单位脉冲响应为 $h(n)$]对于输入 $x(n)$ 的响应。

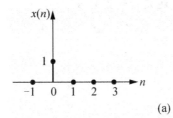
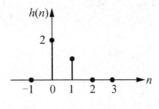

(a)

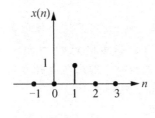
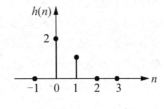

(b)

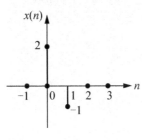
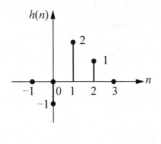

(c)

图 2.18　序列图

(a)序列 1；(b)序列 2；(c)序列 3

6. 对于下面每一个系统，$x(n)$ 是输入，$y(n)$ 是输出。判断系统的齐次性、叠加性和线性。

(1) $y(n) = \log[x(n)]$

(2) $y(n) = 6x(n+2) + 4x(n+1) + 2x(n) + 1$

(3) $y(n) = 6x(n) + [x(n+1)x(n-1)]/x(n)$

7. 设 $x(n)$ 是系统输入，$y(n)$ 是系统输出，下列系统中哪一个是因果的？

(1) $y(n) = x^2(n)u(n)$

(2) $y(n) = x(|n|)$

(3) $y(n) = x(n) + r(n-3) + x(n-10)$

8. 判断下列系统的稳定性。

(1) $y(n) = x^2(n)$

(2) $y(n) = e^{x(n)}/x(n-1)$

(3) $y(n) = \cos(x(n))$

9. 判断下列系统是否时不变。

(1) $y(n) = x(n) + x(n-1) + x(n-2)$

(2) $y(n) = x(n)u(n)$

(3) $y(n) = \sum_{k=-\infty}^{n} x(k)$

10. 判断下列系统的线性性、时不变性、稳定性和因果性。

(1) $y(n) = x(n) + x(-n)$

(2) $y(n) = \sum_{k=0}^{n} x(k)$

(3) $y(n) = \sum_{k=n-n_0}^{n+n_0} x(k)$

(4) $y(n) = \log[x(n)]$

11. 有限长序列 $x(n)$ 的第一个非零值出现在 $n=-6$，且这个值是 $x(-6)=3$，最后一个非零值出现在 $n=24$，这个值是 $x(24)=-4$。在卷积 $y(n) = x(n) * x(n)$ 中出现第一个非零值的角标是多少？这个非零值是多少？最后一个非零值是什么情况呢？

12. 已知一系统，其输入输出关系由以下差分方程确定。

$$y(n) = \frac{3}{4}y(n-1) - \frac{1}{8}y(n-2) + x(n) - x(n-1)$$

求这个系统的单位采样响应 $h(n)$。

第 3 章

z 变换及离散系统的频域分析

教学目标与要求

（1）理解 z 变换的定义及收敛域。
（2）掌握常见序列的 z 变换，熟练掌握 z 反变换的计算方法。
（3）掌握 z 变换的主要性质与定理，并能熟练运用这些定理进行运算和证明。
（4）了解 z 变换与拉普拉斯变换、傅里叶变换的关系。
（5）掌握序列的傅里叶变换定义及性质。
（6）掌握系统函数及系统频率响应的物理意义。
（7）熟练掌握系统因果稳定性的判断。

知识架构

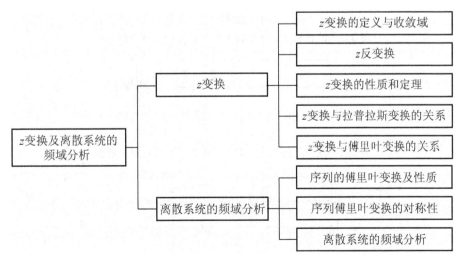

导入实例

序列的傅里叶变换和 z 变换是数字信号处理中常用的重要数学变换,对于分析离散时间信号和系统有着非常重要的作用。利用 z 变换时域有限差分(FDTD)法可以计算仿真色散媒质中的电磁场。

色散介质是一类复杂介质,色散媒质中的 FDTD 法是求解麦克斯韦方程的直接时域方法,把各类问题都作为初值问题来处理,直接反映电磁场的时域性质,具有广泛的适用性,能模拟各种电磁结构。该处理方法,一般来说可以直接使用傅里叶反变换法、辅助差分法(Auxiliary Differential Equation, ADE)和 z 变换法。最直接的方法就是使用傅里叶反变换法把媒质函数的频域形式转换到时域,然后离散化。但是,一旦媒质函数变得复杂,傅里叶反变换经常会遇到积分甚至高阶积分,计算烦琐困难,并且对计算机的内存要求更高。使用辅助差分法可以部分减少上述矛盾,但是,以上两种方法得出的 FDTD 迭代式程序的通用性很差。因此,对常规的麦克斯韦方程做出修改,并使用 z 变换作为向时域转换的桥梁,问题变得简捷而方便,并能得到通用性很强的 FDTD 迭代式程序。

使用 z 变换把 FDTD 法应用到复杂色散媒质电磁场的电磁分量计算时,媒质函数对频率高于 2000 THz 的波呈现出透明性,电磁波通过该媒质只有极少量被反射,而对频率低于 2000 THz 的波却表现为金属壁的特性,几乎被全反射。

周文兵等完成了利用 z 变换 FDTD 法计算仿真色散媒质中电磁场的动态仿真图,调制高斯脉冲波源在元胞 50 处产生,在元胞 250 处到达色散媒质分界面;色散媒质在元胞 375 处结束。图 3.1~图 3.6 显示了上述两个不同频率下三个典型状态的仿真图。

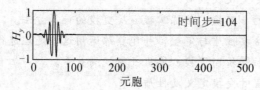

图 3.1 高频调制高斯脉冲波源在元胞 50 处产生

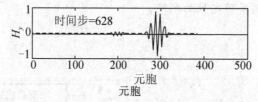

图 3.2 波在元胞 250 处进入色散媒质少量被反射回去

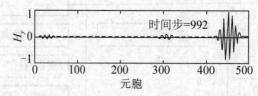

图 3.3 波在元胞 375 处穿过色散媒质少量被反射回去

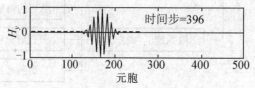

图 3.4 低频调制高斯脉冲波源在元胞 50 处产生

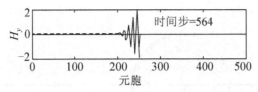

图 3.5 波在元胞 250 色散媒质界面处发生全反射

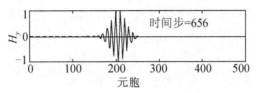

图 3.6 波完全被反射回空气介质中

仿真结果的正确性表明，利用 z 变换 FDTD 法计算复杂媒质中电磁场是可行的，且比传统方法更加方便简捷且内存占用量小，程序通用化和模块化特点鲜明。

信号与系统的分析方法有两种，即时域分析方法和频域分析方法。对于连续时间信号与系统而言，为了在频域进行分析，常用的分析方法有拉普拉斯变换和傅里叶变换。而在离散时间信号与系统中，常用的频域分析方法是 z 变换和序列傅里叶变换。本章将介绍 z 变换和序列的傅里叶变换，以及利用 z 变换来分析离散时间信号与系统的频域特性。

3.1 z 变换

3.1.1 z 变换的定义

序列 $x(n)$ 的 z 变换定义为

$$X(z) = \sum_{n=-\infty}^{\infty} x(n) z^{-n} \tag{3.1}$$

式中：z 为一复变量。由于序列 $x(n)$ 的取值范围是 $(-\infty, +\infty)$，故称为双边 z 变换。如果序列 $x(n)$ 的取值范围是 $(0, +\infty)$，则式(3.1)称为单边 z 变换，即

$$X(z) = \sum_{n=0}^{\infty} x(n) z^{-n} \tag{3.2}$$

对于因果系统而言，用两种 z 变换定义计算出来的结果是一样的，因此实际的物理信号对应的都是单边 z 变换。常用 $\text{ZT}[x(n)]$ 表示 z 变换。

3.1.2 z 变换的收敛域

由于式(3.1)表示的 z 变换是 z^{-1} 的幂级数，只有当幂级数收敛时 z 变换才有意义。

对于任意给定序列 $x(n)$，使其 z 变换收敛的 z 平面上所有 z 值的集合称为 z 变换的收敛域（ROC）。收敛域一般用环状域 $R_{x-} < |z| < R_{x+}$ 来表示，其中 R_{x-} 取值可为零，R_{x+} 取值可为无穷大，如图 3.7 所示。

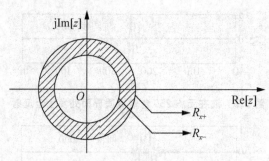

图 3.7 z 变换的收敛域

序列 $x(n)$ 的 z 变换绝对收敛的条件是绝对可和，即

$$\sum_{n=-\infty}^{\infty}|x(n)z^{-n}|<\infty \quad (3.3)$$

下面利用式(3.3)来讨论几类序列的收敛域。

1. 有限长序列

$$x(n)=\begin{cases}x(n), & n_1\leqslant n\leqslant n_2\\ 0, & \text{其他}\end{cases} \quad (3.4)$$

其 z 变换为

$$X(z)=\sum_{n=n_1}^{n_2}x(n)z^{-n} \quad (3.5)$$

从式(3.5)可以看出，$X(z)$ 的收敛域与 n_1 和 n_2 有关，此时 $X(z)$ 是有限项级数，因此只要级数每项有界，则有限项之和也有界。设序列 $x(n)$ 为有界序列，由于是有限项求和，除 0 和 ∞ 两点是否收敛与 n_1 和 n_2 取值有关外，整个 z 平面都收敛，即有限长序列的收敛域至少为 $0<|z|<\infty$。下面分 4 种情况来考虑其收敛域。

1) 当 $n_1<0$ 且 $n_2>0$ 时

$$X(z)=\sum_{n=n_1}^{n_2}x(n)z^{-n}=\sum_{n=n_1}^{-1}x(n)z^{-n}+\sum_{n=0}^{n_2}x(n)z^{-n}$$

可见，其中第一项除在 $z=\infty$ 情况外都收敛，第二项除在 $z=0$ 情况外都收敛，此时收敛域为 $0<|z|<\infty$。

2) 当 $n_1<0$ 且 $n_2<0$ 时

除了在 $z=\infty$ 处外都收敛，此时收敛域为 $0\leqslant|z|<\infty$。

3) 当 $n_1>0$ 且 $n_2>0$ 时

除了在 $z=0$ 处外都收敛，此时收敛域为 $0<|z|\leqslant\infty$。

4) 当 $n_1=n_2=0$ 时

序列 $x(n)=\delta(n)$ 时，$X(z)=1$。收敛域为全 z 平面，即 $0\leqslant|z|\leqslant\infty$。

【例 3.1】 序列 $x(n)=R_4(n)$，如图 3.8 所示，求其 z 变换及收敛域。

解 这是一个有限序列，其 z 变换为

$$X(z)=\sum_{n=-\infty}^{\infty}R_4(n)z^{-n}=\sum_{n=0}^{3}z^{-n}=\frac{1-z^{-3}}{1-z^{-1}}=1+z^{-1}+z^{-2}$$

其收敛域为 $0<|z|\leqslant\infty$，即除原点之外的整个 z 平面，如图 3.9 所示。

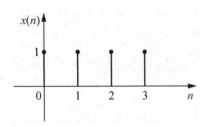
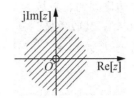

图 3.8　序列 $R_4(n)$　　　　图 3.9　序列 $R_4(n)$ 的收敛域

2. 右边序列

右边序列是指在 $n\geqslant n_1$ 时，序列值不全为零，而在 $n<n_1$ 时序列值为零的序列。当 $n_1<0$ 时，其 z 变换为

$$X(z)=\sum_{n=n_1}^{\infty}x(n)z^{-n}=\sum_{n=n_1}^{-1}x(n)z^{-n}+\sum_{n=0}^{\infty}x(n)z^{-n} \tag{3.6}$$

式中：第一项为有限长序列，其收敛域为 $0\leqslant|z|<\infty$；第二项为 z 的负幂级数，其收敛域为 $R_{x-}<|z|\leqslant\infty$，即以 R_{x-} 为半径的圆外，其中 $R_{x-}>0$。因此只有两项都收敛时，该 z 变换才收敛。一般而言，右边序列的收敛域为 $R_{x-}<|z|<\infty$。

当 $n_1\geqslant 0$ 时，此时的右边序列就是因果序列，其收敛域为 $R_{x-}<|z|\leqslant\infty$。

【例 3.2】　求序列 $x(n)=a^n u(n)$ 的 z 变换及收敛域。

解　这是一个右边序列，其 z 变换为

$$X(z)=\sum_{n=-\infty}^{\infty}a^n u(n)z^{-n}=\sum_{n=0}^{\infty}a^n z^{-n}=\sum_{n=0}^{\infty}(az^{-1})^n=1+az^{-1}+(az^{-1})^2+\cdots+(az^{-1})^n$$

只有当 $|az^{-1}|<1$ 时，即 $|z|>|a|$，该序列才收敛。此时

$$X(z)=\sum_{n=0}^{\infty}a^n z^{-n}=\frac{1}{1-az^{-1}}=\frac{z}{z-a}$$

收敛域为 $|z|>|a|$，即半径 $|a|$ 的圆外部分，如图 3.10 所示。

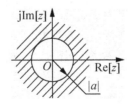

图 3.10　序列 $a^n u(n)$ 的收敛域

3. 左边序列

左边序列是指在 $n\leqslant n_2$ 时，序列值不全为零，而在 $n>n_2$ 时，序列值为零的序列。当 $n_2>0$ 时，其 z 变换为

$$X(z)=\sum_{n=-\infty}^{n_2}x(n)z^{-n}=\sum_{n=-\infty}^{0}x(n)z^{-n}+\sum_{n=1}^{n_2}x(n)z^{-n} \tag{3.7}$$

式中：第二项为有限长序列，其收敛域为 $0<|z|\leqslant\infty$；第一项为 z 的正幂级数，其收敛域为 $0\leqslant|z|<R_{x+}$，即以 R_{x+} 为半径的圆内。因此只有两项都收敛时，该 z 变换才收敛。一般而言，左边序列的收敛域为 $0<|z|<R_{x+}$。

当 $n_2\leqslant0$ 时，其收敛域为 $0\leqslant|z|<R_{x+}$。

【例 3.3】 求序列 $x(n)=-a^nu(-n-1)$ 的 z 变换及收敛域。

解 这是一个右边序列，其 z 变换为

$$X(z)=\sum_{n=-\infty}^{-1}-a^nz^{-n}=\sum_{n=1}^{\infty}-a^{-n}z^n=1-\sum_{n=0}^{\infty}(a^{-1}z)^n$$

显然，只有当 $|a^{-1}z|<1$ 时，即 $|z|<|a|$，该序列才收敛。因此

$$X(z)=1-\frac{1}{1-a^{-1}z}=\frac{z}{z-a}$$

其收敛域为 $|z|<|a|$，即半径 $|a|$ 的圆内部分，如图 3.11 所示。

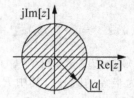

图 3.11 序列 $-a^nu(-n-1)$ 的收敛域

对比例 3.2 和例 3.3，可见两个不同序列其收敛域也不同，但其 z 变换却一样。因此得到一个结论，要确定一个序列的 z 变换，不仅要确定序列 $x(n)$，同时还要给出收敛域。反之，$X(z)$ 相同，收敛域不同，其对应的序列也就不同。

4. 双边序列

双边序列是指 n 为任意值的 $x(n)$ 均不为零的序列。可看作为一个左边序列和一个右边序列之和，其 z 变换为

$$X(z)=\sum_{n=-\infty}^{\infty}x(n)z^{-n}=\sum_{n=-\infty}^{-1}x(n)z^{-n}+\sum_{n=0}^{\infty}x(n)z^{-n} \tag{3.8}$$

式中：第一项为左边序列，其收敛域为 $0\leqslant|z|<R_{x+}$；第二项为右边序列，其收敛域为 $R_{x-}<|z|\leqslant\infty$。综合两项收敛域来看，只有当 $R_{x+}>R_{x-}$ 时，双边序列 z 变换才存在，其收敛域为 $R_{x-}<|z|<R_{x+}$，即为一环状域。若 $R_{x+}<R_{x-}$，则无公共收敛域，$X(z)$ 不存在。

【例 3.4】 已知双边序列 $x(n)=b^{|n|}$，b 为实数，求 $X(z)$。

解 这是一个右边序列，其 z 变换为

$$x(n)=b^{|n|}=\begin{cases}b^n,n\geqslant0\\b^{-n},n<0\end{cases}$$

$$X(z)=\sum_{n=-\infty}^{\infty}b^{|n|}z^{-n}=\sum_{n=-\infty}^{-1}b^{-n}z^{-n}+\sum_{n=0}^{\infty}b^nz^{-n}=X_1(z)+X_2(z)$$

$$X_1(z)=\sum_{n=-\infty}^{-1}b^{-n}z^{-n}=\sum_{n=1}^{\infty}b^nz^n=bz+(bz)^2+\cdots(bz)^n=\lim_{n\to\infty}bz\frac{1-(bz)^n}{1-bz}$$

$$=\frac{bz}{1-bz},|bz|<1 \text{ 或 } |z|<\frac{1}{|b|}$$

$$X_2(z) = \sum_{n=0}^{\infty} b^n z^{-n} = \frac{1}{1-bz^{-1}} = \frac{z}{z-b}, \quad |bz^{-1}| < 1 \text{ 或 } |b| < |z|$$

(1) 若 $|b| < 1$，则存在公共收敛域

$$X(z) = X_1(z) + X_2(z) = \frac{bz}{1-bz} + \frac{z}{z-b}, \quad |b| < |z| < \frac{1}{|b|}$$

(2) 若 $|b| \geqslant 1$，则不存在公共收敛域，$X(z)$ 不存在。

一些常见序列的 z 变换可参考表 3-1，以备实际查用。

表 3-1 常见序列的 z 变换

序　列	z 变换	收敛域
$\delta(n)$	1	$0 \leqslant |z| \leqslant \infty$
$u(n)$	$\dfrac{1}{1-z^{-1}}$	$1 < |z| \leqslant \infty$
$a^n u(n)$	$\dfrac{1}{1-az^{-1}}$	$|z| > |a|$
$-a^n u(-n-1)$	$\dfrac{1}{1-az^{-1}}$	$|z| < |a|$
$R_N(n)$	$\dfrac{1-z^{-N}}{1-z^{-1}}$	$0 < |z| \leqslant \infty$
$nu(n)$	$\dfrac{z^{-1}}{(1-z^{-1})^2}$	$1 < |z| \leqslant \infty$
$na^n u(n)$	$\dfrac{az^{-1}}{(1-az^{-1})^2}$	$|a| < |z| \leqslant \infty$
$e^{j\omega_0 n} u(n)$	$\dfrac{1}{1-e^{j\omega_0} z^{-1}}$	$1 < |z| \leqslant \infty$
$\sin(\omega_0 n) u(n)$	$\dfrac{z^{-1} \sin \omega_0}{1 - 2z^{-1} \cos \omega_0 + z^{-2}}$	$1 < |z| \leqslant \infty$
$\cos(\omega_0 n) u(n)$	$\dfrac{1 - z^{-1} \cos \omega_0}{1 - 2z^{-1} \cos \omega_0 + z^{-2}}$	$1 < |z| \leqslant \infty$
$e^{-an} \sin(\omega_0 n) u(n)$	$\dfrac{z^{-1} e^{-a} \sin \omega_0}{1 - 2z^{-1} e^{-a} \cos \omega_0 + z^{-2} e^{-2a}}$	$e^{-a} < |z| < \infty$
$e^{-an} \cos(\omega_0 n) u(n)$	$\dfrac{z^{-1} e^{-a} \cos \omega_0}{1 - 2z^{-1} e^{-a} \cos \omega_0 + z^{-2} e^{-2a}}$	$e^{-a} < |z| < \infty$
$\sin(\omega_0 n + \theta) u(n)$	$\dfrac{\sin \theta + z^{-1} \sin(\omega_0 - \theta)}{1 - 2z^{-1} \cos \omega_0 + z^{-2}}$	$1 < |z| \leqslant \infty$
$(n+1) a^n u(n)$	$\dfrac{1}{(1-az^{-1})^2}$	$|a| < |z| \leqslant \infty$
$\dfrac{(n+1)(n+2)}{2!} a^n u(n)$	$\dfrac{1}{(1-az^{-1})^3}$	$|a| < |z| \leqslant \infty$

3.2 z 反变换

z 反变换，就是指已知 $X(z)$ 及收敛域，求序列 $x(n)$ 的运算，常用 $\text{IZT}[X(z)]$ 表示。序列 $x(n)$ 的 z 变换及 z 反变换表达为

$$X(z) = \sum_{n=-\infty}^{\infty} x(n)z^{-n}, R_{x-} < |z| < R_{x+} \tag{3.9}$$

$$x(n) = \frac{1}{2\pi j} \oint_c X(z) z^{n-1} dz, c \in (R_{x-}, R_{x+}) \tag{3.10}$$

式(3.10)是对 $X(z)z^{n-1}$ 作围线积分，其中 c 是在 $X(z)$ 的收敛域内一条绕原点的逆时针闭合单围线，如图 3.12 所示。一般来说，直接计算围线积分比较困难。求 z 反变换的方法通常有留数法、幂级数法和部分分式法 3 种。

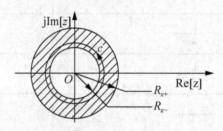

图 3.12 围线积分

3.2.1 留数法

若 $X(z)$ 是 z 的有理函数，利用留数定理来计算式(3.10)的围线积分。其中 $X(z)z^{n-1}$ 须在围线 c 上连续，在围线 c 以内有 K 个极点 z_k，而在围线 c 以外有 M 个极点 z_m。

$$x(n) = \frac{1}{2\pi j} \oint_c X(z) z^{n-1} dz = \sum_k \text{Res}[X(z)z^{n-1}]_{z=z_k} \tag{3.11}$$

或

$$x(n) = \frac{1}{2\pi j} \oint_c X(z) z^{n-1} dz = -\sum_m \text{Res}[X(z)z^{n-1}]_{z=z_m} \tag{3.12}$$

注意在式(3.11)中，必须满足 $X(z)z^{n-1}$ 的分母多项式 z 的阶次要比分子多项式 z 的阶次高二阶或二阶以上。其中 $\text{Res}[X(z)z^{n-1}]_{z=z_k}$ 表示 $X(z)z^{n-1}$ 在点 $z=z_k$ 处的留数，而 $\text{Res}[X(z)z^{n-1}]_{z=z_m}$ 表示 $X(z)z^{n-1}$ 在点 $z=z_m$ 处的留数。

在实际运用上，采用式(3.11)还是式(3.12)，要根据具体情况。若在围线 c 的外部极点较多或有多重极点，这时采用围线 c 的外部极点来计算留数就比较困难，可采用围线 c 的内部极点来计算留数则相对简单。同样，若在围线 c 的内部极点较多或有多重极点，这时可采用围线 c 的外部极点来计算留数。

z_k 是 $X(z)z^{n-1}$ 的极点，下面介绍其对应的留数计算方法。

(1) z_k 是 $X(z)z^{n-1}$ 的单阶极点

$$\text{Res}[X(z)z^{n-1}]_{z=z_k} = [(z-z_k)X(z)z^{n-1}]_{z=z_k} \tag{3.13}$$

(2) z_k 是 $X(z)z^{n-1}$ 的 l 阶极点

$$\text{Res}[X(z)z^{n-1}]_{z=z_k} = \frac{1}{(l-1)!} \frac{d^{l-1}}{dz^{l-1}}[(z-z_k)^l X(z)z^{n-1}]_{z=z_k} \tag{3.14}$$

【例 3.5】 $X(z) = \dfrac{10z}{(z-1)(z-2)}$，设收敛域 $|z|>2$，试用留数法求 $x(n)$。

解 收敛域为 $|z|>2$，由收敛域可知 $x(n)$ 是一个右边序列。

$$x(n) = \frac{1}{2\pi j}\oint_c X(z)z^{n-1}dz = \frac{1}{2\pi j}\oint_c \frac{10z}{(z-1)(z-2)}z^{n-1}dz = \frac{1}{2\pi j}\oint_c \frac{10z^n}{(z-1)(z-2)}dz$$

式中：c 为半径大于 2 的围线，如图 3.13 所示。

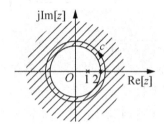

图 3.13 例 3.5 的围线

$$X(z)z^{n-1} = \frac{10z^n}{(z-1)(z-2)}$$

从 $X(z)z^{n-1}$ 的表达式可以看出，当 $n \geq 0$ 时，有两个一阶极点 $z_1 = 1$ 和 $z_2 = 2$，当 $n < 0$ 时有两个一阶极点 $z_1 = 1$、$z_2 = 2$ 和 n 阶极点 $z_3 = 0$。

当 $n \geq 0$ 时，在围线 c 内有两个一阶极点 $z_1 = 1$ 和 $z_2 = 2$，采用式(3.11)可得

$$\begin{aligned} x(n) &= \text{Res}[X(z)z^{n-1}]_{z=z_1} + \text{Res}[X(z)z^{n-1}]_{z=z_2} \\ &= \left[\frac{10z^n}{(z-1)(z-2)} \cdot (z-1)\right]_{z=1} + \left[\frac{10z^n}{(z-1)(z-2)} \cdot (z-2)\right]_{z=2} \\ &= -10 + 10 \times 2^n \end{aligned}$$

当 $n < 0$ 时，在围线 c 内有两个一阶极点 $z_1 = 1$、$z_2 = 2$ 和 n 阶极点 $z_3 = 0$，直接利用式(3.11)直接求解留数比较困难。但围线 c 外没有极点，且分母多项式 z 的阶次要比分子多项式 z 的阶次高二阶或二阶以上，故可用式(3.12)求留数，其留数为零。所以有

$$x(n) = \begin{cases} -10 + 10 \times 2^n, & n \geq 0 \\ 0, & n < 0 \end{cases} \quad \text{或} \quad x(n) = (-10 + 10 \times 2^n)u(n)$$

【例 3.6】 设 z 变换函数 $X(z) = \dfrac{z^3}{(z-1)(z-5)^2}$，设收敛域 $|z|>5$，试用留数法求其 z 反变换。

解 收敛域为 $|z|>5$，由收敛域可知 $x(n)$ 是一个右边序列。

$$X(z)z^{n-1} = \frac{z^{n+2}}{(z-1)(z-5)^2}$$

当 $n \geq -2$ 时，在围线 c 内有两个极点：$z_1 = 1$ 是单阶极点、$z_2 = 5$ 是二阶极点，采用式(3.13)和式(3.14)分别求得极点处留数。

$$\text{Res}[X(z)z^{n-1}]_{z=1} = [(z-1)X(z)z^{n-1}]_{z=1} = \left[(z-1)\frac{z^{n+2}}{(z-1)(z-5)^2}\right]_{z=1} = \frac{1}{16}$$

$$\operatorname{Res}[X(z)z^{n-1}]_{z=5} = \frac{1}{(l-1)!}\left[\frac{\mathrm{d}^{l-1}}{\mathrm{d}z^{l-1}}(z-5)^l X(z)z^{n-1}\right]_{z=5}$$

$$= \frac{1}{(2-1)!}\left\{\frac{\mathrm{d}^{2-1}}{\mathrm{d}z^{2-1}}\left[(z-5)^2 \frac{z^{n+2}}{(z-1)(z-5)^2}\right]\right\}_{z=5}$$

$$= \frac{(4n+3)5^{n+1}}{16}$$

当 $n < -2$ 时，围线 c 外没有极点，且分母 z 的阶次要比分子 z 的阶次高二阶或二阶以上，故可用式(3.12)求留数，其留数为零，所以

$$x(n) = \frac{(4n+3)5^{n+1} + 1}{16} u(n+2)$$

【例 3.7】 已知 $X(z) = \dfrac{1-a^2}{(1-az)(1-az^{-1})}$，$|a| < 1$，求其 z 反变换 $x(n)$。

解 由于题目没有给出收敛域，为求出唯一的原序列 $x(n)$，必须先确定收敛域。根据 $X(z)$ 表达式，可得知有两个极点 $z = a$ 和 $z = a^{-1}$，这样其收敛域有 3 种状态，即 $|z| < |a|$，$|a| < |z| < |a^{-1}|$ 和 $|z| > |a^{-1}|$。下面分别讨论在不同收敛域情况下的 z 反变换。

(1) 当收敛域为 $|z| < |a|$ 时，对应的 $x(n)$ 是左边序列。

$$X(z)z^{n-1} = \frac{(1-a^2)z^{n-1}}{(1-az)(1-az^{-1})} = \frac{(1-a^2)z^n}{-a(z-a^{-1})(z-a)}$$

当 $n \geqslant 0$ 时，在围线 c 内无极点，故其留数为零。

当 $n < 0$ 时，在围线 c 内有 $z = 0$（n 阶极点），围线 c 外有 $z_1 = a$ 和 $z_2 = a^{-1}$ 两个一阶极点，采用式(3.14)来计算其留数。

$$x(n) = -\operatorname{Res}[X(z)z^{n-1}]_{z=a} - \operatorname{Res}[X(z)z^{n-1}]_{z=a^{-1}}$$

$$= -\left[\frac{(1-a^2)z^n}{-a(z-a)(z-a^{-1})} \cdot (z-a)\right]_{z=a} - \left[\frac{(1-a^2)z^n}{-a(z-a)(z-a^{-1})} \cdot (z-a^{-1})\right]_{z=a^{-1}}$$

$$= (a^{-n} - a^n)$$

所以，在收敛域为 $|z| < |a|$ 时，对应的 $x(n) = (a^{-n} - a^n)u(-n-1)$。

(2) 当收敛域为 $|z| > |a^{-1}|$ 时，对应的 $x(n)$ 是右边序列。

当 $n \geqslant 0$ 时，在围线 c 内有 $z_1 = a$ 和 $z_2 = a^{-1}$ 两个一阶极点，采用式(3.11)可得

$$x(n) = \operatorname{Res}[X(z)z^{n-1}]_{z=a} + \operatorname{Res}[X(z)z^{n-1}]_{z=a^{-1}}$$

$$= \left[\frac{(1-a^2)z^n}{-a(z-a)(z-a^{-1})} \cdot (z-a)\right]_{z=a} + \left[\frac{(1-a^2)z^n}{-a(z-a)(z-a^{-1})} \cdot (z-a^{-1})\right]_{z=a^{-1}}$$

$$= (a^n - a^{-n})$$

当 $n < 0$ 时，在围线 c 内有 $z_1 = a$、$z_2 = a^{-1}$ 和 $z_3 = 0$（n 阶极点），围线 c 外无极点，采用式(3.14)来计算其留数，留数为零。所以，在收敛域为 $|z| > |a^{-1}|$ 时，对应的 $x(n) = (a^n - a^{-n})u(n)$。

(3) 收敛域为 $|a| < |z| < |a^{-1}|$ 时对应的 $x(n)$ 是双边序列，如图 3.14 所示。

当 $n \geqslant 0$ 时，在围线 c 内有 $z = a$，采用式(3.13)可得

$$x(n) = \text{Res}\left[X(z)z^{n-1}\right]_{z=a} = \left[\frac{(1-a^2)z^n}{-a(z-a)(z-a^{-1})} \cdot (z-a)\right]_{z=a} = a^n$$

当 $n<0$ 时，在围线 c 内有 $z=a$ 和 $z=0$（n 阶极点），围线 c 外有 $z=a^{-1}$ 一个一阶极点，采用式(3.14)来计算其留数，留数为

$$x(n) = -\text{Res}\left[X(z)z^{n-1}\right]_{z=a^{-1}} = -\left[\frac{(1-a^2)z^n}{-a(z-a)(z-a^{-1})} \cdot (z-a^{-1})\right]_{z=a^{-1}} = a^{-n}$$

所以，在收敛域为 $|a|<|z|<|a^{-1}|$ 时，对应的 $x(n) = a^n u(n) + a^{-n} u(-n-1) = a^{|n|}$。

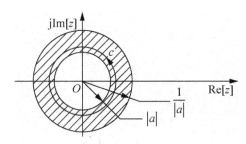

图 3.14 收敛域为 $|a|<|z|<|a^{-1}|$

3.2.2 幂级数法

把 $X(z)$ 按 z^{-1} 展成幂级数，即 $X(z) = \cdots + x(-1)z + x(0) + x(1)z^{-1} + x(2)z^{-2} + \cdots$，其级数的系数就是序列 $x(n)$，常用方法有两种。

1. 按幂级数公式展开

【例 3.8】 若已知 $X(z) = z^2\left(1 - \frac{1}{2}z^{-1}\right)(1+z^{-1})(1-z^{-1})$，求 $x(n)$。

解 按照幂级数展开，有

$$X(z) = z^2 - \frac{1}{2}z - 1 + \frac{1}{2}z^{-1}$$

可以看出 $x(-2)=1, x(-1)=-\frac{1}{2}, x(0)=-1, x(2)=\frac{1}{2}$，其他 $x(n)=0$。所以

$$x(n) = \delta(n+2) - \frac{1}{2}\delta(n+1) - \delta(n) + \frac{1}{2}\delta(n-1)$$

2. 长除法

采用除法运算，先由收敛域判定序列性质，若是右边序列，则按 z 降幂排列进行长除；若是左边序列，则按 z 升幂排列进行长除。

【例 3.9】 若已知 $X(z) = \dfrac{1}{(1-az^{-1})}$，设收敛域 $|z|<|a|$，试用长除法求 $x(n)$。

解 由 ROC 判定 $x(n)$ 是左边序列，用长除法展成 z 的升幂级数。

$$-az^{-1}+1 \overline{\smash{\big)}\, \begin{array}{l} -a^{-1}z - a^{-2}z^2 - a^{-3}z^3 - \cdots \\ 1 \\ \underline{1 - a^{-1}z} \\ a^{-1}z \\ \underline{a^{-1}z - a^{-2}z^2} \\ a^{-2}z^2 \\ \vdots \end{array}}$$

则有

$$X(z) = -a^{-1}z - a^{-2}z^2 - a^{-3}z^3 - \cdots = -\sum_{n=-\infty}^{-1} a^n z^{-n}$$

所以

$$x(n) = -a^{-n}u(-n-1)$$

【例 3.10】 若已知 $X(z) = \dfrac{10z}{(z-1)(z-2)}$，设收敛域 $|z|>2$，试用长除法求 $x(n)$。

解 由 ROC 判定 $x(n)$ 是右边序列，用长除法展成 z 的降幂级数。

$$X(z) = \frac{10z}{(z-1)(z-2)} = \frac{10z}{z^2 - 3z + 2}$$

应用长除法，用分母去除分子，即

$$z^2 - 3z + 2 \overline{\smash{\big)}\, \begin{array}{l} 10z^{-1} + 30z^{-2} + 70z^{-3} + 150z^{-4} + \cdots \\ 10z \\ \underline{10z - 30z^0 + 20z^{-1}} \\ 30z^0 - 20z^{-1} \\ \underline{30z^0 - 90z^{-1} + 60z^{-2}} \\ 70z^{-1} - 60z^{-2} \\ \underline{70z^{-1} - 210z^{-2} + 140z^{-3}} \\ 150z^{-2} - 140z^{-3} \end{array}}$$

那么

$$X(z) = 10z^{-1} + 30z^{-2} + 70z^{-3} + 150z^{-4} + \cdots$$

所以

$$x(n) = 10\delta(n-1) + 30\delta(n-2) + 70\delta(n-3) + 150\delta(n-4) + \cdots$$

采用长除法进行 z 反变换时，在求解之前一定要根据收敛域来确定序列是左边序列还是右边序列。若是左边序列则采用升幂长除，若是右边序列则采用降幂长除，但长除法也有缺点，如果 $X(z)$ 有两个或两个以上的极点，采用长除法得到序列的系数，很难用一个闭合表达式 $x(n)$ 来表示，此时可采用其他方法来求解 $x(n)$。

3.2.3 部分分式法

部分分式法是将 $X(z)$ 表达式展开成常见部分分式之和，然后分别求各部分的 z 反变换，最后把各 z 反变换相加即可得到 $x(n)$，即

$$X(z) = \frac{A(z)}{B(z)} = X_1(z) + X_2(z) + \cdots + X_K(z)$$

则
$$x(n) = \text{IZT}[X(z)] = \text{IZT}[X_1(z)] + \text{IZT}[X_2(z)] + \cdots + \text{IZT}[X_K(z)]$$

通常，$X(z)$可表示成以下的有理分式形式，M和N分别是分子和分母的最高阶次。

$$X(z) = \frac{A(z^{-1})}{B(z^{-1})} = \frac{\sum_{i=0}^{M} a_i z^{-i}}{1 + \sum_{i=1}^{N} b_i z^{-i}}$$

因此，$X(z)$可以展开成以下部分分式形式。

（1）当 $M<N$，且 $X(z)$ 的极点均为单阶极点 z_k 时，$X(z)$ 可展开为

$$X(z) = \sum_{k=1}^{N} \frac{A_k}{1 - z_k z^{-1}}$$

式中：$A_k = [(1-z_k z^{-1})X(z)]_{z=z_k} = \left[(z-z_k)\frac{X(z)}{z}\right]_{z=z_k}$。

（2）当 $M<N$，且 $X(z)$ 的极点中存在一个 r 阶极点 z_i，其他为单阶极点 z_k 时，$X(z)$ 可展开为

$$X(z) = \sum_{k=1}^{N-r} \frac{A_k}{1 - z_k z^{-1}} + \sum_{k=1}^{r} \frac{C_k}{(1 - z_i z^{-1})^k}$$

式中：$C_k = \frac{1}{(-z_i)^{r-k}} \frac{1}{(r-k)!} \left\{\frac{d^{r-k}}{d(z^{-1})^{r-k}}[(1-z_i z^{-1})^r X(z)]\right\}_{z=z_i}$，$k=1,2,\cdots r$；$A_k$ 表达式同上。

（3）当 $M \geqslant N$，且 $X(z)$ 的极点均为单阶极点 z_k 时，$X(z)$ 可展开为

$$X(z) = \sum_{n=0}^{N} B_n z^{-n} + \sum_{k=1}^{N-r} \frac{A_k}{1 - z_k z^{-1}} + \sum_{k=1}^{r} \frac{C_k}{(1 - z_i z^{-1})^k}$$

式中：B_n 为 $X(z)$ 的整式的系数；A_k，C_k 表达式同上。若 $M<N$，则 $B_n=0$。

分别求出各部分分式的 z 反变换（可查表 3-1），然后相加即得 $X(z)$ 的 z 反变换。

【例 3.11】 若已知 $X(z) = \dfrac{10z}{(z-1)(z-2)}$，设收敛域 $|z|>2$，试用部分分式法求 $x(n)$。

解 由 $X(z)$ 的表达式可以看出，存在 $z_1=1$ 和 $z_2=2$ 两个单阶极点。

$$X(z) = \frac{10z}{(z-1)(z-2)} = \frac{A_1}{(1-z^{-1})} + \frac{A_2}{(1-2z^{-1})}$$

可得到

$$A_1 = [(1-z^{-1})X(z)]_{z=1} = \left[(z-1)\frac{10z}{z(z-1)(z-2)}\right]_{z=1} = -10$$

$$A_2 = [(1-2z^{-1})X(z)]_{z=2} = \left[(z-2)\frac{10z}{z(z-1)(z-2)}\right]_{z=2} = 10$$

所以

$$X(z) = \frac{10z}{(z-1)(z-2)} = \frac{-10}{(1-z^{-1})} + \frac{10}{(1-2z^{-1})}$$

查表 3-1，可得到 $x(n) = -10u(n) + 10 \times 2^n u(n) = (-10 + 10 \times 2^n)u(n)$。

【例 3.12】 若已知 $X(z) = \dfrac{z^3}{(z-1)(z-5)^2}$，设收敛域 $|z|>5$，试用部分分式法求 $x(n)$。

解 由 $X(z)$ 的表达式可以看出，存在一个单阶极点 $z_1 = 1$ 和一个二阶极点 $z_2 = 5$。

$$X(z) = \frac{z^3}{(z-1)(z-5)^2} = \frac{1}{(1-z^{-1})(1-5z^{-1})^2} = \frac{A_1}{1-z^{-1}} + \frac{C_1}{1-5z^{-1}} + \frac{C_2}{(1-5z^{-1})^2}$$

其中

$$A_1 = \left[(1-z^{-1})X(z)\right]_{z=1} = \left[(z-1)\frac{z^3}{z(z-1)(z-5)^2}\right]_{z=1} = \frac{1}{16}$$

由 $C_k = \dfrac{1}{(-z_i)^{r-k}} \dfrac{1}{(r-k)!} \left\{ \dfrac{d^{r-k}}{d(z^{-1})^{r-k}}\left[(1-z_i z^{-1})^r X(z)\right] \right\}_{z=z_i}$, $k=1,2$, 得到

$$C_1 = \frac{1}{(-z_i)^{r-1}} \frac{1}{(r-1)!} \left\{ \frac{d^{r-1}}{d(z^{-1})^{r-1}}\left[(1-z_i z^{-1})^r X(z)\right] \right\}_{z=z_i}$$

$$= \frac{1}{(-5)^{2-1}} \frac{1}{(2-1)!} \left\{ \frac{d^{2-1}}{d(z^{-1})^{2-1}}\left[(1-5z^{-1})^2 X(z)\right] \right\}_{z=5} = -\frac{5}{16}$$

$$C_2 = \frac{1}{(-z_i)^{r-2}} \frac{1}{(r-2)!} \left\{ \frac{d^{r-2}}{d(z^{-1})^{r-2}}\left[(1-z_i z^{-1})^r X(z)\right] \right\}_{z=z_i}$$

$$= \left[(1-5z^{-1})^2 X(z)\right]_{z=5} = \frac{5}{4}$$

因此

$$X(z) = \frac{1}{(1-z^{-1})(1-5z^{-1})^2} = \frac{\frac{1}{16}}{1-z^{-1}} - \frac{\frac{5}{16}}{1-5z^{-1}} + \frac{\frac{5}{4}}{(1-5z^{-1})^2}$$

查表 3-1，可得到

$$x(n) = \frac{1}{16}u(n) - \frac{5}{16} \times 5^n u(n) + \frac{5}{4}(n+1) \times 5^n u(n) = \left[\frac{1}{16} + \frac{(20n+15)5^n}{16}\right]u(n)$$

对于大多数单阶极点的序列，常用部分分式法求 z 反变换。

3.3 z 变换的性质和定理

z 变换是研究离散时间信号与系统的重要工具，它的性质和定理有以下方面。

1. 线性

若

$$ZT[x(n)] = X(z), \quad R_{x-} < |z| < R_{x+}$$
$$ZT[y(n)] = Y(z), \quad R_{y-} < |z| < R_{y+}$$

则有

$$ZT[ax(n) + by(n)] = aX(z) + bY(z) \tag{3.15}$$

一般来说，上式中收敛域的范围是 $\max(R_{x-}, R_{y-}) < |z| < \min(R_{x+}, R_{y+})$，即收敛域等于两个收敛域的重叠部分。如果 $aX(z) + bY(z)$ 表达式使得某些零点抵消了极点，那么收敛域就可能增大。

证

$$aX(z) + bY(z) = a\sum_{n=-\infty}^{\infty} x(n)z^{-n} + b\sum_{n=-\infty}^{\infty} y(n)z^{-n} = \sum_{n=-\infty}^{\infty} \left[ax(n) + by(n)\right]z^{-n}$$

【例 3.13】 已知 $x(n) = u(n) - 2^n u(-n-1)$，求 $x(n)$ 的 z 变换 $X(z)$ 及其收敛域。

解 由于

$$\text{ZT}[u(n)] = \frac{z}{z-1}, \ |z| > 1$$

$$\text{ZT}[-2^n u(-n-1)] = \frac{z}{z-2}, \ |z| < 2$$

所以

$$\text{ZT}[u(n) - 2^n u(-n-1)] = \frac{z}{z-1} + \frac{z}{z-2} = \frac{2z^2 - 3z}{(z-1)(z-2)}, \ 1 < |z| < 2$$

2. 序列的移位

若

$$\text{ZT}[x(n)] = X(z), \ R_{x-} < |z| < R_{x+}$$

则有

$$\text{ZT}[x(n-m)] = z^{-m} X(z), \ R_{x-} < |z| < R_{x+} \tag{3.16}$$

证

$$\sum_{n=-\infty}^{\infty} x(n-m) z^{-n} = \sum_{n=-\infty}^{\infty} x(n) z^{-(n+m)} = z^{-m} \sum_{n=-\infty}^{\infty} x(n) z^{-n} = z^{-m} X(z), R_{x-} < |z| < R_{x+}$$

3. 序列的翻褶

若

$$\text{ZT}[x(n)] = X(z), \ R_{x-} < |z| < R_{x+}$$

则有

$$\text{ZT}[x(-n)] = X\left(\frac{1}{z}\right), \ \frac{1}{R_{x+}} < |z| < \frac{1}{R_{x-}} \tag{3.17}$$

证

$$\sum_{n=-\infty}^{\infty} x(-n) z^{-n} = \sum_{n=-\infty}^{\infty} x(n) (z^{-1})^{-n} = X\left(\frac{1}{z}\right), \ R_{x-} < \left|\frac{1}{z}\right| < R_{x+}$$

4. 乘以指数序列

若

$$\text{ZT}[x(n)] = X(z), \ R_{x-} < |z| < R_{x+}$$

则有

$$\text{ZT}[a^n x(n)] = X\left(\frac{z}{a}\right), \ |a| R_{x-} < |z| < |a| R_{x+} \tag{3.18}$$

证

$$\sum_{n=-\infty}^{\infty} a^n x(n) z^{-n} = \sum_{n=-\infty}^{\infty} x(n) \left(\frac{z}{a}\right)^{-n} = X\left(\frac{z}{a}\right), \ R_{x-} < \left|\frac{z}{a}\right| < R_{x+}$$

5. 序列乘以 n

若

$$\text{ZT}[x(n)] = X(z), \ R_{x-} < |z| < R_{x+}$$

则有
$$\mathrm{ZT}[nx(n)] = -z\frac{\mathrm{d}X(z)}{\mathrm{d}z}, \quad R_{x-} < |z| < R_{x+} \tag{3.19}$$

证 由于
$$\frac{\mathrm{d}X(z)}{\mathrm{d}z} = \frac{\mathrm{d}\sum_{n=-\infty}^{\infty}x(n)z^{-n}}{\mathrm{d}z} = \sum_{n=-\infty}^{\infty}x(n)\frac{\mathrm{d}z^{-n}}{\mathrm{d}z} = \sum_{n=-\infty}^{\infty}x(n)(-n)z^{-n-1} = -z^{-1}\sum_{n=-\infty}^{\infty}nx(n)z^{-n}$$

所以
$$\sum_{n=-\infty}^{\infty}nx(n)z^{-n} = -z\frac{\mathrm{d}X(z)}{\mathrm{d}z}, \quad R_{x-} < |z| < R_{x+}$$

例如
$$\mathrm{ZT}[a^n u(n)] = \frac{1}{1-az^{-1}} = X(z)$$
$$\mathrm{ZT}[na^n u(n)] = -z\frac{\mathrm{d}X(z)}{\mathrm{d}z} = \frac{az^{-1}}{(1-az^{-1})^2}, \quad |z| > a$$

6. 复序列的共轭

若
$$\mathrm{ZT}[x(n)] = X(z), \quad R_{x-} < |z| < R_{x+}$$
则有
$$\mathrm{ZT}[x^*(n)] = X^*(z^*), \quad R_{x-} < |z| < R_{x+} \tag{3.20}$$

证
$$\sum_{n=-\infty}^{\infty}x^*(n)z^{-n} = \left[\sum_{n=-\infty}^{\infty}x(n)(z^*)^{-n}\right]^* = X^*(z^*), \quad R_{x-} < |z| < R_{x+}$$

7. 初值定理

若 $x(n)$ 为因果序列，则有
$$x(0) = \lim_{z\to\infty}X(z) \tag{3.21}$$

证
$$X(z) = \sum_{n=-\infty}^{\infty}x(n)z^{-n} = x(0) + x(1)z^{-1} + \cdots + x(n)z^{-n} + \cdots$$

因为 $x(n)$ 为因果序列，则有
$$\lim_{z\to\infty}X(z) = \lim_{z\to\infty}\sum_{n=-\infty}^{\infty}x(n)z^{-n} = \lim_{z\to\infty}[x(0) + x(1)z^{-1} + \cdots + x(n)z^{-n} + \cdots] = x(0)$$

所以
$$x(0) = \lim_{z\to\infty}X(z)$$

8. 终值定理

如果 $x(n)$ 为因果序列，且 $X(z)$ 的极点在单位圆以内（单位圆上最多在 $z=1$ 处有一阶

极点，即允许在单位圆上有一个极点 $z=1$），则有

$$\lim_{n\to\infty}x(n) = \lim_{z\to 1}[(z-1)X(z)] \tag{3.22}$$

证 由于 $x(n)$ 为因果序列，则

$$(1-z^{-1})X(z) = X(z) - z^{-1}X(z) = \sum_{n=-\infty}^{\infty}x(n)z^{-n} - \sum_{n=-\infty}^{\infty}x(n-1)z^{-n}$$

$$= \sum_{n=-\infty}^{\infty}[x(n)-x(n-1)]z^{-n} = \sum_{n=0}^{\infty}[x(n)-x(n-1)]z^{-n}$$

$$\lim_{z\to 1}(1-z^{-1})X(z) = \lim_{z\to 1}\sum_{n=0}^{\infty}[x(n)-x(n-1)]z^{-n} = \sum_{n=0}^{\infty}[x(n)-x(n-1)] = x(\infty)$$

所以

$$x(\infty) = \lim_{z\to 1}(1-z^{-1})X(z) = \lim_{z\to 1}(z-1)X(z)$$

9. 序列的卷积——时域卷积定理

若 $y(n) = x(n) * h(n)$，则

$$Y(z) = X(z)H(z) \tag{3.23}$$

$\max(R_{x-}, R_{h-}) < |z| < \min(R_{x+}, R_{h+})$ 即收敛域等于两个收敛域的重叠部分。如果 $Y(z) = X(z)H(z)$ 存在零极点相消情况时，收敛域会扩大。

证

$$\sum_{n=-\infty}^{\infty}[x(n)*h(n)]z^{-n} = \sum_{n=-\infty}^{\infty}\Big[\sum_{m=-\infty}^{\infty}x(m)h(n-m)\Big]z^{-n} = \sum_{m=-\infty}^{\infty}x(m)\Big[\sum_{n=-\infty}^{\infty}h(n-m)z^{-n}\Big]$$

$$= \sum_{m=-\infty}^{\infty}x(m)\Big[\sum_{l=-\infty}^{\infty}h(l)z^{-l}\Big]z^{-m} = \Big[\sum_{m=-\infty}^{\infty}x(m)z^{-m}\Big]H(z) = X(z)H(z)$$

【例 3.14】 已知 $x(n) = a^n u(n)$（$|a|<2$），$h(n) = 2^n u(n)$，求 $y(n) = x(n) * h(n)$。

解

$$X(z) = ZT[a^n u(n)] = \frac{1}{1-az^{-1}}, \quad |z|>a$$

$$H(z) = ZT[2^n u(n)] = \frac{1}{1-2z^{-1}}, \quad |z|>2$$

$$Y(z) = X(z)H(z) = \frac{1}{1-az^{-1}} \cdot \frac{1}{1-2z^{-1}} = \frac{A_1}{1-az^{-1}} + \frac{A_2}{1-2z^{-1}}$$

$$A_1 = [(1-az^{-1})Y(z)]_{z=a} = \frac{a}{a-2}, \quad A_2 = [(1-2z^{-1})Y(z)]_{z=2} = \frac{2}{2-a}$$

所以

$$Y(z) = \frac{a}{a-2} \cdot \frac{1}{1-az^{-1}} + \frac{2}{2-a} \cdot \frac{1}{1-2z^{-1}}, \quad |z|>2$$

$$y(n) = \Big[\frac{a}{a-2}a^n + \frac{2}{2-a}2^n\Big]u(n)$$

从上例可知，可以通过 $X(z)H(z)$ 的 z 反变换来求 $x(n) * h(n)$。

10. z 域复卷积定理

若 $y(n) = x(n)h(n)$，则

$$Y(z) = \text{ZT}[y(n)] = \frac{1}{2\pi \text{j}} \oint_c X\left(\frac{z}{v}\right) H(v) v^{-1} \text{d}v = \frac{1}{2\pi \text{j}} \oint_c X(v) H\left(\frac{z}{v}\right) v^{-1} \text{d}v \quad (3.24)$$

$R_{x-}R_{n-} < |z| < R_{x+}R_{n+}$,其中 c 是 v 平面上 $X\left(\frac{z}{v}\right)$ 和 $H(v)$ 的公共收敛域内绕原点逆时针一周的封闭围线。

11. 帕斯瓦尔定理

若 $X(z) = \text{ZT}[x(n)]$,$R_{x-} < |z| < R_{x+}$,$H(z) = \text{ZT}[h(n)]$,$R_{h-} < |z| < R_{h+}$,且 $R_{x-}R_{h-} < 1 < R_{x+}R_{h+}$,则

$$\sum_{n=-\infty}^{\infty} x(n) h^*(n) = \frac{1}{2\pi \text{j}} \oint_c x(v) H^*\left(\frac{1}{v^*}\right) v^{-1} \text{d}v \quad (3.25)$$

式中:闭合积分围线 c 在公共收敛域内。

式(3.25)需要有以下几点说明。

(1) 若 $h(n)$ 为实序列,有 $\sum_{n=-\infty}^{\infty} x(n) h(n) = \frac{1}{2\pi \text{j}} \oint_c x(v) H\left(\frac{1}{v}\right) v^{-1} \text{d}v$。

(2) 当围线取单位圆 $|c| = 1$ 时,由于 $v = \frac{1}{v^*}$,即 $v = \text{e}^{\text{j}\omega}$,有

$$\sum_{n=-\infty}^{\infty} x(n) h^*(n) = \frac{1}{2\pi} \int_{-\pi}^{\pi} X(\text{e}^{\text{j}\omega}) H^*(\text{e}^{\text{j}\omega}) \text{d}\omega$$

(3) 若 $h(n) = x(n)$,则会有 $\sum_{n=-\infty}^{\infty} |x(n)|^2 = \frac{1}{2\pi} \int_{-\pi}^{\pi} |X(\text{e}^{\text{j}\omega})|^2 \text{d}\omega$,这表明信号在时域中的能量与频域中的能量是相同的。

z 变换的性质和定理见表 3-2。

表 3-2 z 变换的性质和定理

序　　列	z 变换	收敛域
$ax(n) + by(n)$	$aX(z) + bY(z)$	$\max(R_{x-}, R_{y-}) < |z| < \min(R_{x+}, R_{y+})$
$x(n-m)$	$z^{-m} X(z)$	$R_{x-} < |z| < R_{x+}$
$x(-n)$	$X\left(\frac{1}{z}\right)$	$\frac{1}{R_{x+}} < |z| < \frac{1}{R_{x-}}$
$a^n x(n)$	$X\left(\frac{z}{a}\right)$	$|a| R_{x-} < |z| < |a| R_{x+}$
$n x(n)$	$-z \frac{\text{d}X(z)}{\text{d}z}$	$R_{x-} < |z| < R_{x+}$
$x^*(n)$	$X^*(z^*)$	$R_{x-} < |z| < R_{x+}$
$x(n) * h(n)$	$X(z) H(z)$	$\max(R_{x-}, R_{h-}) < |z| < \min(R_{x+}, R_{h+})$
$x(n) h(n)$	$\frac{1}{2\pi \text{j}} \oint_c X\left(\frac{z}{v}\right) H(v) v^{-1} \text{d}v$	$R_{x-}R_{h-} < |z| < R_{x+}R_{h+}$
$x(0) = \lim\limits_{z \to \infty} X(z)$		$x(n)$ 为因果序列,$|z| > R_{x-}$

续表

序　列	z 变换	收敛域
$x(\infty) = \lim\limits_{z \to 1}[(z-1)X(z)]$		$x(n)$ 为因果序列，$X(z)$ 的极点在单位圆以内（最多在 $z=1$ 处有一阶极点）
$\sum\limits_{n=-\infty}^{\infty} x(n)h^*(n) = \frac{1}{2\pi\mathrm{j}}\oint_c x(v)H^*\left(\frac{1}{v^*}\right)v^{-1}\mathrm{d}v$		$R_{x-}R_{h-} < |z| < R_{x+}R_{h+}$

3.4　z 变换与拉普拉斯变换和傅里叶变换的关系

3.4.1　z 变换与拉普拉斯变换的关系

设 $x_a(t)$ 为连续信号，$\hat{x}_a(t)$ 为其理想采样信号，则 $\hat{x}_a(t)$ 的拉普拉斯变换为

$$\hat{X}_a(s) = \varphi[\hat{x}_a(t)] = \int_{-\infty}^{\infty} \hat{x}_a(t)\mathrm{e}^{-st}\mathrm{d}t = \int_{-\infty}^{\infty}\left[\sum_{n=-\infty}^{\infty} x_a(nT)\delta(t-nT)\right]\mathrm{e}^{-st}\mathrm{d}t$$

$$= \sum_{n=-\infty}^{\infty}\int_{-\infty}^{\infty} x_a(nT)\mathrm{e}^{-st}\delta(t-nT)\mathrm{d}t = \sum_{n=-\infty}^{\infty} x_a(nT)\mathrm{e}^{-nTs} = \sum_{n=-\infty}^{\infty} x_a(nT)(\mathrm{e}^{sT})^{-n}$$

即

$$\hat{X}_a(s) = \sum_{n=-\infty}^{\infty} x_a(nT)(\mathrm{e}^{sT})^{-n} \tag{3.26}$$

而序列 $x(n) = x_a(nT)$ 的 z 变换为

$$X(z) = \sum_{n=-\infty}^{\infty} x(n)z^{-n} \tag{3.27}$$

比较式(3.26)和式(3.27)可以得知，当 $z = \mathrm{e}^{sT}$ 时，序列 $x(n)$ 的 z 变换就等于理想采样信号的拉普拉斯变换，即

$$X(z)_{z=\mathrm{e}^{sT}} = X(\mathrm{e}^{sT}) = \hat{X}_a(s) \tag{3.28}$$

又由式(3.26)可知

$$\hat{X}_a(s) = \int_{-\infty}^{\infty} x_a(t)\left[\sum_{n=-\infty}^{\infty}\delta(t-nT)\right]\mathrm{e}^{-st}\mathrm{d}t \tag{3.29}$$

由于

$$\sum_{n=-\infty}^{\infty}\delta(t-nT) = \frac{1}{T}\sum_{m=-\infty}^{\infty}\mathrm{e}^{\mathrm{j}m\omega t} = \frac{1}{T}\sum_{n=-\infty}^{\infty}\mathrm{e}^{\mathrm{j}m\frac{2\pi}{T}t} \tag{3.30}$$

所以

$$\hat{X}_a(s) = \frac{1}{T}\sum_{m=-\infty}^{\infty}\int_{-\infty}^{\infty} x_a(t)\mathrm{e}^{-(s-\mathrm{j}m\frac{2\pi}{T})t}\mathrm{d}t = \frac{1}{T}\sum_{m=-\infty}^{\infty} X_a\left(s-\mathrm{j}m\frac{2\pi}{T}\right) \tag{3.31}$$

式(3.31)说明，时域采样信号的拉普拉斯变换是连续时间信号拉普拉斯变换在 s 平面上沿虚轴的周期延拓。

结合式(3.28)和式(3.31)可知，连续时间信号 $x_a(t)$ 的拉普拉斯变换 $X_a(s)$ 与离散时间信号 $x(n)$ 的 z 变换之间的关系为

$$X(z)_{z=e^{sT}} = \frac{1}{T}\sum_{m=-\infty}^{\infty} X_a\left(s - jm\frac{2\pi}{T}\right) \tag{3.32}$$

3.4.2　z 变换与傅里叶变换的关系

由于傅里叶变换是拉普拉斯变换在虚轴 $s = j\Omega$ 的特例，因而映射到 z 平面上为单位圆 $z = e^{j\Omega T}$。结合式(3.27)，因此

$$X(z)_{z=e^{j\Omega T}} = X(e^{j\Omega T}) = \hat{X}_a(j\Omega) \tag{3.33}$$

也就是说，采样序列在单位圆上的 z 变换，就等于理想采样信号的傅里叶变换。式(3.30)也可写成

$$X(z)_{z=e^{j\Omega T}} = X(e^{j\Omega T}) = \frac{1}{T}\sum_{m=-\infty}^{\infty} X_a(j\Omega - jm\frac{2\pi}{T}) \tag{3.34}$$

即采样序列的频谱是连续信号频谱 $X_a(j\Omega)$ 以 $\frac{2\pi}{T}$ 为周期的周期延拓。

3.5　序列的傅里叶变换及性质

3.5.1　序列的傅里叶变换

序列的傅里叶变换定义为

$$X(e^{j\omega}) = \sum_{n=-\infty}^{\infty} x(n)e^{-j\omega n} \tag{3.35}$$

常用 DTFT$[x(n)]$ 表示序列的傅里叶变换。式(3.37)也可看成是 $X(e^{j\omega})$ 的傅里叶级数展开式，其傅里叶系数就是序列 $x(n)$ 的值。

序列的傅里叶反变换定义为

$$x(n) = \frac{1}{2\pi}\int_{-\pi}^{\pi} X(e^{j\omega})e^{j\omega n}d\omega \tag{3.36}$$

常用 IDTFT$[X(e^{j\omega})]$ 表示序列的傅里叶反变换。式(3.37)和式(3.38)合称为序列的傅里叶正反变换对。

序列的傅里叶变换是具有周期性的。

$$X(e^{j(\omega+2\pi k)n}) = \sum_{n=-\infty}^{\infty} x(n)e^{-j\omega n}e^{-j2\pi kn} = \sum_{n=-\infty}^{\infty} x(n)e^{-j\omega n} = X(e^{j\omega}) \tag{3.37}$$

可以看出，$X(e^{j\omega})$ 是以 2π 为周期的周期函数。因此在绘制 $X(e^{j\omega})$ 图形时，一般只需在 $0 \leq \omega < 2\pi$ 或 $-\pi \leq \omega < \pi$ 区间上标注即可。

式(3.35)中，级数的收敛条件为

$$\sum_{n=-\infty}^{\infty} |x(n)| < \infty \tag{3.38}$$

即序列绝对可和，这也是序列的傅里叶变换存在的充分必要条件。当遇到一些绝对不可和的序列，例如周期序列，其序列的傅里叶变换可用脉冲函数的形式表示出来。

【例 3.15】　设序列 $x(n) = R_4(n)$，如图 3.15 所示。求该序列的傅里叶变换。

解

$$X(\mathrm{e}^{\mathrm{j}\omega}) = \sum_{n=-\infty}^{\infty} x(n)\mathrm{e}^{-\mathrm{j}\omega n} = \sum_{n=-\infty}^{\infty} R_4(n)\mathrm{e}^{-\mathrm{j}\omega n} = \frac{1-\mathrm{e}^{-\mathrm{j}4\omega}}{1-\mathrm{e}^{-\mathrm{j}\omega}} = \mathrm{e}^{-\mathrm{j}\frac{3}{2}\omega}\frac{\sin(2\omega)}{\sin\left(\frac{\omega}{2}\right)} = |X(\mathrm{e}^{\mathrm{j}\omega})|\mathrm{e}^{\mathrm{j}\varphi(\omega)}$$

其幅度响应如图 3.16 所示。

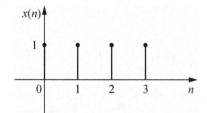
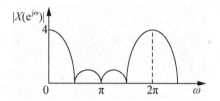

图 3.15　序列 $R_4(n)$　　　　　图 3.16　序列 $R_4(n)$ 的幅度响应

3.5.2　序列傅里叶变换的性质

1. 线性

设 $\mathrm{DTFT}[x_1(n)] = X_1(\mathrm{e}^{\mathrm{j}\omega})$，$\mathrm{DTFT}[x_2(n)] = X_2(\mathrm{e}^{\mathrm{j}\omega})$，有

$$\mathrm{DTFT}[ax_1(n) + bx_2(n)] = aX_1(\mathrm{e}^{\mathrm{j}\omega}) + bX_2(\mathrm{e}^{\mathrm{j}\omega}) \tag{3.39}$$

2. 时移

$$\mathrm{DTFT}[x(n-n_0)] = \sum_{n=-\infty}^{\infty} x(n-n_0)\mathrm{e}^{-\mathrm{j}\omega n} = \sum_{k=-\infty}^{\infty} x(k)\mathrm{e}^{-\mathrm{j}\omega(k+n_0)} = X(\mathrm{e}^{\mathrm{j}\omega})\mathrm{e}^{-\mathrm{j}\omega n_0} \tag{3.40}$$

3. 频移

$$\mathrm{DTFT}[x(n)\mathrm{e}^{\mathrm{j}\omega_0 n}] = \sum_{n=-\infty}^{\infty} x(n)\mathrm{e}^{-\mathrm{j}\omega n}\mathrm{e}^{\mathrm{j}\omega_0 n} = \sum_{n=-\infty}^{\infty} x(n)\mathrm{e}^{-\mathrm{j}(\omega-\omega_0)n} = X[\mathrm{e}^{\mathrm{j}(\omega-\omega_0)}] \tag{3.41}$$

4. 反转

$$\mathrm{DTFT}[x(-n)] = X(\mathrm{e}^{-\mathrm{j}\omega}) \tag{3.42}$$

5. 频域微分

$$\mathrm{DTFT}[nx(n)] = \mathrm{j}\frac{\mathrm{d}X(\mathrm{e}^{\mathrm{j}\omega})}{\mathrm{d}\omega} \tag{3.43}$$

6. 时域卷积定理

$$\mathrm{DTFT}[x(n) * h(n)] = X(\mathrm{e}^{\mathrm{j}\omega})H(\mathrm{e}^{\mathrm{j}\omega}) \tag{3.44}$$

证

$$\mathrm{DTFT}[x(n) * h(n)] = \sum_{n=-\infty}^{\infty} [x(n) * h(n)]\mathrm{e}^{-\mathrm{j}\omega n} = \sum_{n=-\infty}^{\infty} \Big[\sum_{m=-\infty}^{\infty} x(m)h(n-m)\Big]\mathrm{e}^{-\mathrm{j}\omega n}$$

$$= \sum_{m=-\infty}^{\infty} x(m) \mathrm{e}^{-\mathrm{j}\omega m} \sum_{n=-\infty}^{\infty} h(n-m) \mathrm{e}^{-\mathrm{j}\omega(n-m)} = X(\mathrm{e}^{\mathrm{j}\omega}) H(\mathrm{e}^{\mathrm{j}\omega})$$

式(3.44)说明,时域的卷积对应频域相乘。

7. 频域卷积定理

$$\mathrm{DTFT}[x(n)h(n)] = \frac{1}{2\pi} X(\mathrm{e}^{\mathrm{j}\omega}) * H(\mathrm{e}^{\mathrm{j}\omega}) = \frac{1}{2\pi} \int_{-\pi}^{\pi} X(\mathrm{e}^{\mathrm{j}\theta}) H(\mathrm{e}^{\mathrm{j}(\omega-\theta)}) \mathrm{d}\theta \qquad (3.45)$$

证

$$\begin{aligned}
\mathrm{DTFT}[x(n)h(n)] &= \sum_{n=-\infty}^{\infty} [x(n)h(n)] \mathrm{e}^{-\mathrm{j}\omega n} = \sum_{n=-\infty}^{\infty} x(n) \left[\frac{1}{2\pi} \int_{-\pi}^{\pi} H(\mathrm{e}^{\mathrm{j}\theta}) \mathrm{e}^{\mathrm{j}\theta n} \mathrm{d}\theta \right] \mathrm{e}^{-\mathrm{j}\omega n} \\
&= \frac{1}{2\pi} \int_{-\pi}^{\pi} H(\mathrm{e}^{\mathrm{j}\theta}) \left[\sum_{n=-\infty}^{\infty} x(n) \mathrm{e}^{\mathrm{j}(\omega-\theta)n} \right] \mathrm{d}\theta = \frac{1}{2\pi} \int_{-\pi}^{\pi} H(\mathrm{e}^{\mathrm{j}\theta}) X(\mathrm{e}^{\mathrm{j}(\omega-\theta)}) \mathrm{d}\theta \\
&= \frac{1}{2\pi} X(\mathrm{e}^{\mathrm{j}\omega}) * H(\mathrm{e}^{\mathrm{j}\omega})
\end{aligned}$$

式(3.45)说明,时域相乘对应频域的卷积除以 2π。

8. 帕斯瓦尔定理

$$\sum_{n=-\infty}^{\infty} |x(n)|^2 = \frac{1}{2\pi} \int_{-\pi}^{\pi} |X(\mathrm{e}^{\mathrm{j}\omega})|^2 \mathrm{d}\omega \qquad (3.46)$$

证

$$\begin{aligned}
\sum_{n=-\infty}^{\infty} |x(n)|^2 &= \sum_{n=-\infty}^{\infty} x(n) x^*(n) = \sum_{n=-\infty}^{\infty} x^*(n) \left[\frac{1}{2\pi} \int_{-\pi}^{\pi} X(\mathrm{e}^{\mathrm{j}\omega}) \mathrm{e}^{\mathrm{j}\omega n} \mathrm{d}\omega \right] \\
&= \frac{1}{2\pi} \int_{-\pi}^{\pi} X(\mathrm{e}^{\mathrm{j}\omega}) \left[\sum_{n=-\infty}^{\infty} x^*(n) \mathrm{e}^{\mathrm{j}\omega n} \right] \mathrm{d}\omega = \frac{1}{2\pi} \int_{-\pi}^{\pi} X(\mathrm{e}^{\mathrm{j}\omega}) X^*(\mathrm{e}^{\mathrm{j}\omega}) \mathrm{d}\omega \\
&= \frac{1}{2\pi} \int_{-\pi}^{\pi} |X(\mathrm{e}^{\mathrm{j}\omega})|^2 \mathrm{d}\omega
\end{aligned}$$

式(3.46)说明,信号在时域中的总能量等于频域中的总能量。

综上所述,序列的傅里叶变换性质是可由 z 变换性质得到的。表 3-3 中列出了一些常见的序列傅里叶变换的性质,供读者参考。

表 3-3 序列傅里叶变换的性质

序 列	傅里叶变换
$x(n)$	$X(\mathrm{e}^{\mathrm{j}\omega})$
$h(n)$	$H(\mathrm{e}^{\mathrm{j}\omega})$
$ax_1(n) + bx_2(n)$	$aX_1(\mathrm{e}^{\mathrm{j}\omega}) + bX_2(\mathrm{e}^{\mathrm{j}\omega})$
$x(n-n_0)$	$X(\mathrm{e}^{\mathrm{j}\omega}) \mathrm{e}^{-\mathrm{j}\omega n_0}$
$x(n) \mathrm{e}^{\mathrm{j}\omega_0 n}$	$X(\mathrm{e}^{\mathrm{j}(\omega-\omega_0)})$
$a^n x(n)$	$X(\mathrm{e}^{\mathrm{j}\frac{\omega}{a}})$

续表

序　　列	傅里叶变换
$nx(n)$	$j\dfrac{dX(e^{j\omega})}{d\omega}$
$x(n)*h(n)$	$X(e^{j\omega})H(e^{j\omega})$
$x(n)h(n)$	$\dfrac{1}{2\pi}X(e^{j\omega})*H(e^{j\omega})$
$x(-n)$	$X(e^{-j\omega})$
$x^*(n)$	$X^*(e^{-j\omega})$
$\sum\limits_{n=-\infty}^{\infty}\mid x(n)\mid^2$	$\dfrac{1}{2\pi}\int_{-\pi}^{\pi}\mid X(e^{j\omega})\mid^2 d\omega$

3.5.3　序列傅里叶变换的对称性

1. 共轭对称序列与共轭反对称序列

1）共轭对称序列 $x_e(n)$

任意序列 $x_e(n)$，若满足

$$x_e(n)=x_e^*(-n) \tag{3.47}$$

称该序列为共轭对称序列。为研究共轭对称序列的性质，将共轭对称序列分为实部和虚部，即

$$x_e(n)=x_{er}(n)+jx_{ei}(n) \tag{3.48}$$

则

$$x_e^*(-n)=x_{er}(-n)-jx_{ei}(-n) \tag{3.49}$$

结合式(3.47)、式(3.48)和式(3.49)，可以得到

$$x_{er}(n)=x_{er}(-n) \quad 和 \quad x_{ei}(n)=-x_{ei}(-n)$$

即共轭对称序列 $x_e(n)$ 的实部是偶函数，而虚部是奇函数。若序列是实序列，则共轭对称序列就是偶对称序列。

2）共轭反对称序列 $x_o(n)$

任意序列 $x_o(n)$，若满足

$$x_o(n)=-x_o^*(-n) \tag{3.50}$$

称该序列 $x_o(n)$ 为共轭反对称序列。类似共轭对称序列，将共轭反对称序列分为实部和虚部，即

$$x_o(n)=x_{or}(n)+jx_{oi}(n)$$

则

$$-x_o^*(-n)=-x_{or}(-n)+jx_{oi}(-n)$$

结合定义，可以得到

$$x_{or}(n)=-x_{or}(-n) \quad 和 \quad x_{oi}(n)=x_{oi}(-n)$$

即共轭反对称序列 $x_o(n)$ 的实部是奇函数,而虚部是偶函数。若序列是实序列,则共轭反对称序列就是奇对称序列。

3) 一般序列

对于一般序列可用共轭对称与共轭反对称序列之和表示,即

$$x(n) = x_e(n) + x_o(n) \tag{3.51}$$

那么

$$x^*(-n) = x_e^*(-n) + x_o^*(-n) = x_e(n) - x_o(n) \tag{3.52}$$

根据式(3.51)和试(3.52),可得到

$$x_e(n) = \frac{1}{2}[x(n) + x^*(-n)] \tag{3.53}$$

$$x_o(n) = \frac{1}{2}[x(n) - x^*(-n)] \tag{3.54}$$

【例 3.16】 设序列 $x(n) = R_4(n)$,试写出其共轭对称序列与共轭反对称序列。

解 根据式(3.53)和式(3.54),得到 $x_e(n)$ 和 $x_o(n)$ 的波形如图 3.17 所示。

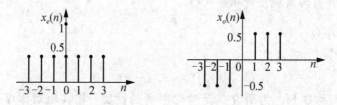

图 3.17　$x_e(n)$ 和 $x_o(n)$ 的波形

4) 频域的共轭对称和共轭反对称

序列的傅里叶变换 $X(e^{j\omega})$,也可分为共轭对称分量和共轭反对称分量,即

$$X(e^{j\omega}) = X_e(e^{j\omega}) + X_o(e^{j\omega}) \tag{3.55}$$

式中:$X_e(e^{j\omega})$ 为共轭对称分量,$X_o(e^{j\omega})$ 为共轭反对称分量,且

$$X_e(e^{j\omega}) = X_e^*(e^{-j\omega}) \text{ 和 } X_o(e^{j\omega}) = -X_o^*(e^{-j\omega})$$

因此,$X_e(e^{j\omega})$ 的实部是偶函数,而虚部是奇函数;$X_o(e^{j\omega})$ 的实部是奇函数,而虚部是偶函数。

同样,可以得到

$$X_e(e^{-j\omega}) = \frac{1}{2}[X(e^{j\omega}) + X^*(e^{-j\omega})] \tag{3.56}$$

$$X_o(e^{-j\omega}) = \frac{1}{2}[X(e^{j\omega}) - X^*(e^{-j\omega})] \tag{3.57}$$

2. 对称性

如果序列在时域中具有对称性,那么在傅里叶变换中也会存在对称性,而这些对称性可以简化傅里叶变换,从而对序列的频域分析和计算有帮助。下面讨论一些对称性质。

性质 1
$$\mathrm{DTFT}[x^*(n)] = X^*(\mathrm{e}^{-\mathrm{j}\omega}) \tag{3.58}$$

证 若 $\mathrm{DTFT}[x(n)] = X(\mathrm{e}^{\mathrm{j}\omega}) = \sum_{n=-\infty}^{\infty} x(n)\mathrm{e}^{-\mathrm{j}\omega n}$，则

$$\mathrm{DTFT}[x^*(n)] = \sum_{n=-\infty}^{\infty} x^*(n)\mathrm{e}^{-\mathrm{j}\omega n} = \left[\sum_{n=-\infty}^{\infty} x(n)\mathrm{e}^{\mathrm{j}\omega n}\right]^* = X^*(\mathrm{e}^{-\mathrm{j}\omega})$$

性质 2
$$\mathrm{DTFT}[x^*(-n)] = X^*(\mathrm{e}^{\mathrm{j}\omega}) \tag{3.59}$$

证

$$\mathrm{DTFT}[x^*(-n)] = \sum_{n=-\infty}^{\infty} x^*(-n)\mathrm{e}^{-\mathrm{j}\omega n} = \left[\sum_{n=-\infty}^{\infty} x(-n)\mathrm{e}^{\mathrm{j}\omega n}\right]^* = \left[\sum_{n=-\infty}^{\infty} x(n)\mathrm{e}^{-\mathrm{j}\omega n}\right]^* = X^*(\mathrm{e}^{\mathrm{j}\omega})$$

性质 3
$$\mathrm{DTFT}[\mathrm{Re}[x(n)]] = X_e(\mathrm{e}^{\mathrm{j}\omega}) \tag{3.60}$$

证

$$\mathrm{DTFT}[\mathrm{Re}[x(n)]] = \sum_{n=-\infty}^{\infty} \frac{1}{2}[x(n) + x^*(n)]\mathrm{e}^{-\mathrm{j}\omega n} = \frac{1}{2}[X(\mathrm{e}^{\mathrm{j}\omega}) + X^*(\mathrm{e}^{\mathrm{j}\omega})] = X_e(\mathrm{e}^{\mathrm{j}\omega})$$

式(3.60)说明，序列实部的傅里叶变换为共轭对称分量 $X_e(\mathrm{e}^{\mathrm{j}\omega})$。

性质 4
$$\mathrm{DTFT}[\mathrm{jIm}[x(n)]] = X_o(\mathrm{e}^{\mathrm{j}\omega}) \tag{3.61}$$

证

$$\mathrm{DTFT}[\mathrm{jIm}[x(n)]] = \sum_{n=-\infty}^{\infty} \frac{1}{2}[x(n) - x^*(n)]\mathrm{e}^{-\mathrm{j}\omega n} = \frac{1}{2}[X(\mathrm{e}^{\mathrm{j}\omega}) - X^*(\mathrm{e}^{\mathrm{j}\omega})] = X_o(\mathrm{e}^{\mathrm{j}\omega})$$

式(3.61)说明，序列虚部乘 j 的傅里叶变换为共轭反对称分量 $X_o(\mathrm{e}^{\mathrm{j}\omega})$。

性质 5
$$\mathrm{DTFT}[x_e(n)] = \mathrm{Re}[X(\mathrm{e}^{\mathrm{j}\omega})] \tag{3.62}$$

证

$$\mathrm{DTFT}[x_e(n)] = \sum_{n=-\infty}^{\infty} \frac{1}{2}[x(n) + x^*(-n)]\mathrm{e}^{-\mathrm{j}\omega n} = \frac{1}{2}[X(\mathrm{e}^{\mathrm{j}\omega}) + X^*(\mathrm{e}^{\mathrm{j}\omega})] = \mathrm{Re}[X(\mathrm{e}^{\mathrm{j}\omega})]$$

式(3.62)说明，序列共轭对称分量的傅里叶变换为 $X(\mathrm{e}^{\mathrm{j}\omega})$ 的实部。

性质 6
$$\mathrm{DTFT}[x_o(n)] = \mathrm{jIm}[X(\mathrm{e}^{\mathrm{j}\omega})] \tag{3.63}$$

证

$$\mathrm{DTFT}[x_o(n)] = \sum_{n=-\infty}^{\infty} \frac{1}{2}[x(n) - x^*(-n)]\mathrm{e}^{-\mathrm{j}\omega n} = \frac{1}{2}[X(\mathrm{e}^{\mathrm{j}\omega}) - X^*(\mathrm{e}^{\mathrm{j}\omega})] = \mathrm{jIm}[X(\mathrm{e}^{\mathrm{j}\omega})]$$

式(3.63)说明，序列共轭反对称分量的傅里叶变换为 $X(\mathrm{e}^{\mathrm{j}\omega})$ 的虚部乘 j。

综合性质3～6，可用式(3.64)来说明它们之间的关系。

$$x(n) = x_e(n) + x_o(n) = \text{Re}[x(n)] + j\text{Im}[x(n)]$$
$$\Updownarrow \quad \Updownarrow \quad \Updownarrow \quad \Updownarrow$$
$$X(e^{j\omega}) = \text{Re}[X(e^{j\omega})] + j\text{Im}[X(e^{j\omega})] = X_e(e^{j\omega}) + X_o(e^{j\omega}) \qquad (3.64)$$

除了上述6个性质和序列本身的一些性质外，通过结合上述性质，还可以得到其他的一些结论，读者可自己证明。

若序列 $x(n)$ 是实序列，即 $x(n) = \text{Re}[x(n)]$，有 $X(e^{j\omega}) = X_e(e^{j\omega})$ 或 $X(e^{j\omega}) = X^*(e^{-j\omega})$。即该序列的傅里叶变换的实部是偶对称的，而虚部是奇对称的。即实序列的傅里叶变换满足共轭对称性。

若序列 $x(n)$ 是实偶序列，即 $x(-n) = x(n)$。可得到该序列的傅里叶变换的实部是偶对称的，而虚部为零。

若序列 $x(n)$ 是实奇序列，即 $x(-n) = -x(n)$。可得到该序列的傅里叶变换的实部为零，而虚部是奇对称的。

若序列 $x(n)$ 是纯虚序列，可得到该序列的傅里叶变换的实部为奇对称，而虚部是偶对称的。

3.6 离散系统的频域分析

3.6.1 系统函数

对于线性移不变系统而言，可用单位脉冲响应 $h(n)$ 来表示，即
$$y(n) = x(n) * h(n)$$
等式两边取 z 变换，有
$$Y(z) = X(z)H(z)$$
即
$$H(z) = \frac{Y(z)}{X(z)} \qquad (3.65)$$

式中：$H(z)$ 称为线性移不变系统的系统函数。当 $x(n)=\delta(n)$ 时，有 $H(z)=Y(z)$，即系统函数 $H(z)$ 也是单位脉冲响应 $h(n)$ 的 z 变换。

$$H(z) = \text{ZT}[h(n)]$$
$$h(n) = \text{IZT}[H(z)] \qquad (3.66)$$

3.6.2 系统函数和差分方程

一个 N 阶线性移不变系统，其常系数差分方程表示的一般形式为
$$y(n) = \sum_{i=0}^{M} a_i x(n-i) + \sum_{i=1}^{N} b_i y(n-i) \qquad (3.67)$$

若系统初始状态为零，对式(3.67)两边取 z 变换，有
$$Y(z) - \sum_{i=1}^{N} b_i z^{-i} Y(z) = \sum_{i=0}^{M} a_i z^{-i} X(z)$$

得到

$$H(z) = \frac{\sum_{i=0}^{M} a_i z^{-i}}{1 - \sum_{i=1}^{N} b_i z^{-i}} \tag{3.68}$$

由式(3.68)可以看出，系统函数 $H(z)$ 的分子、分母多项式中的系数与差分方程中的系数是一致的。式(3.68)还可以表示为

$$H(z) = \frac{Y(z)}{X(z)} = K \frac{\prod_{m=1}^{M}(1 - c_m z^{-1})}{\prod_{k=1}^{N}(1 - d_k z^{-1})} \tag{3.69}$$

式中：c_m 为 $H(z)$ 的零点；d_k 为 $H(z)$ 的极点；K 为比例常数。从表达式可以看出，系统函数也可由系统的零、极点来确定。

【例 3.17】 差分方程 $y(n) + 0.1 y(n-1) - 0.02 y(n-2) = 10 x(n)$，且 $y(-1) = 4$，$y(-2) = 6$，$x(n) = u(n)$，求 $y(n)$。

解 对已知的差分方程两边取 z 变换，有

$$Y(z) + 0.1 z^{-1}[Y(z) + zy(-1)] - 0.02 z^{-2}[Y(z) + z^2 y(-2) + zy(-1)] = 10 X(z)$$

代入已知条件，得到

$$Y(z) + 0.1 z^{-1}[Y(z) + 4z] - 0.02 z^{-2}[Y(z) + 6z^2 + 4z] = 10 \frac{z}{z-1}$$

$$(1 + 0.1 z^{-1} - 0.02 z^{-2}) Y(z) = 10 \frac{z}{z-1} + 0.08 z^{-1} - 0.28$$

因此

$$Y(z) = \frac{9.26}{1 - z^{-1}} + \frac{0.66}{1 + 0.22 z^{-1}} - \frac{0.2}{1 - 0.1 z^{-1}}$$

取 z 反变换，得到

$$y(n) = [9.26 + 0.66 (-0.22)^n - 0.2 (0.1)^n] u(n)$$

3.6.3 因果稳定系统

1. 因果系统

因果系统是单位脉冲响应为因果序列的系统。而因果序列的收敛域是 $R_{x-} < |z| \leqslant \infty$，因此因果系统的收敛域是半径为 R_{x-} 的圆的外部（包含无穷）。

2. 稳定系统

系统稳定的充要条件是系统的单位脉冲响应 $h(n)$ 满足绝对可和，即

$$\sum_{n=-\infty}^{\infty} |h(n)| < \infty$$

而系统函数 $H(z)$ 的收敛域是满足 $\sum_{n=-\infty}^{\infty} |h(n) z^{-n}| < \infty$ 的那些 z 值确定的区域。也就是说，

系统函数 $H(z)$ 的收敛域包含单位圆,则系统是稳定的,反之亦然。

3. 因果稳定系统

综合上述两点,因果稳定系统是指其系统函数 $H(z)$ 的收敛域为单位圆的外部,即
$$1 \leqslant |z| \leqslant \infty$$
这也说明系统函数的所有极点必须在单位圆内。

【例 3.18】 已知某系统单位脉冲响应 $h(n) = a^n u(n)$,分析其因果性和稳定性。

解 当 $n<0$ 时,$u(n)=0$,有 $h(n)=a^n u(n)=0$,因此系统具有因果性。又因为
$$\sum_{n=-\infty}^{\infty} |h(n)| = \sum_{n=0}^{\infty} a^n$$
所以,当 $|a|<1$ 时,有
$$\sum_{n=-\infty}^{\infty} |h(n)| = \sum_{n=0}^{\infty} a^n = \frac{1}{1-a}$$
系统有界,具有稳定性。当 $|a|>1$ 时,有
$$\sum_{n=-\infty}^{\infty} |h(n)| = \sum_{n=0}^{\infty} a^n = \frac{1-a^{n+1}}{1-a}$$
系统发散,不具有稳定性。

【例 3.19】 已知某系统函数 $H(z) = \dfrac{-3z}{(z-0.5)(z-2)}$,分析其因果性和稳定性。

解 根据系统函数可知,$H(z)$ 的极点为 $z_1=0.5$ 和 $z_2=2$。下面分 3 种情况讨论。

(1) 当收敛域 $2<|z|\leqslant \infty$ 时,该系统是因果系统。由于其收敛域包含无穷但不包含单位圆,所以不是稳定系统。对应的单位脉冲响应 $h(n) = [(0.5)^{n-1} - 2^{n+1}]u(n)$,这是一个因果序列,同时又是发散的序列。

(2) 当收敛域 $0.5<|z|\leqslant 2$ 时,该系统不是因果系统。由于其收敛域包含单位圆,所以是稳定系统。单位脉冲响应 $h(n) = (0.5)^{n-1}u(n) + 2^{n+1}u(-n-1)$,这是一个非因果但收敛的双边序列。

(3) 当收敛域 $0\leqslant |z|<0.5$ 时,该系统不是因果系统。由于其收敛域不包含单位圆,所以也不是稳定系统。

3.6.4 系统频率响应的几何确定法

根据式(3.69),利用几何方法来分析系统的频率响应的影响。将式(3.69)的分子、分母同乘 z^{M+N},得到

$$H(z) = K \frac{\prod\limits_{m=1}^{M}(1-c_m z^{-1})}{\prod\limits_{k=1}^{N}(1-d_k z^{-1})} = K z^{N-M} \frac{\prod\limits_{m=1}^{M}(z-c_m)}{\prod\limits_{k=1}^{N}(z-d_k)} \tag{3.70}$$

将 $z=e^{j\omega}$ 代入式(3.70),得到系统的频率响应为

$$H(\mathrm{e}^{\mathrm{j}\omega}) = K\mathrm{e}^{\mathrm{j}(N-M)\omega} \frac{\prod_{m=1}^{M}(\mathrm{e}^{\mathrm{j}\omega}-c_m)}{\prod_{k=1}^{N}(\mathrm{e}^{\mathrm{j}\omega}-d_k)} \tag{3.71}$$

为将问题简单化，令 $N=M$ 且 $K=1$，则化简为

$$H(\mathrm{e}^{\mathrm{j}\omega}) = \frac{\prod_{m=1}^{M}(\mathrm{e}^{\mathrm{j}\omega}-c_m)}{\prod_{k=1}^{N}(\mathrm{e}^{\mathrm{j}\omega}-d_k)} = |H(\mathrm{e}^{\mathrm{j}\omega})|\mathrm{e}^{\mathrm{j}\varphi(\omega)} \tag{3.72}$$

其中 $H(\mathrm{e}^{\mathrm{j}\omega})$ 的模为

$$|H(\mathrm{e}^{\mathrm{j}\omega})| = \frac{\prod_{m=1}^{M}|(\mathrm{e}^{\mathrm{j}\omega}-c_m)|}{\prod_{k=1}^{N}|(\mathrm{e}^{\mathrm{j}\omega}-d_k)|} \tag{3.73}$$

$H(\mathrm{e}^{\mathrm{j}\omega})$ 的相角为

$$\varphi(\omega) = \sum_{m=1}^{M}\arg[\mathrm{e}^{\mathrm{j}\omega}-c_m] - \sum_{k=1}^{N}\arg[\mathrm{e}^{\mathrm{j}\omega}-d_k] \tag{3.74}$$

在 z 平面上，式 $(\mathrm{e}^{\mathrm{j}\omega}-c_m)$ 是由零点 c_m 指向单位圆上任意点 $\mathrm{e}^{\mathrm{j}\omega}$ 的向量，用 $\overrightarrow{c_m B}$ 表示；而 $(\mathrm{e}^{\mathrm{j}\omega}-d_k)$ 是由极点 d_k 指向单位圆上任意点 $\mathrm{e}^{\mathrm{j}\omega}$ 的向量，用 $\overrightarrow{d_k B}$ 表示，如图 3.18 所示。

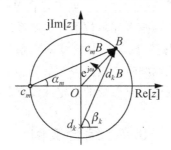

图 3.18 频率响应的几何确定法

将两个向量分别用极坐标表示，则

$$\mathrm{e}^{\mathrm{j}\omega} - c_m = \overrightarrow{c_m B} = c_m B \mathrm{e}^{\mathrm{j}\alpha_m}$$

$$\mathrm{e}^{\mathrm{j}\omega} - d_k = \overrightarrow{d_k B} = d_k B \mathrm{e}^{\mathrm{j}\beta_k}$$

则式(3.72)可化为

$$H(\mathrm{e}^{\mathrm{j}\omega}) = \frac{\prod_{m=1}^{M}c_m B \mathrm{e}^{\mathrm{j}\alpha_m}}{\prod_{k=1}^{N}d_k B \mathrm{e}^{\mathrm{j}\beta_k}} = |H(\mathrm{e}^{\mathrm{j}\omega})|\mathrm{e}^{\mathrm{j}\varphi(\omega)} \tag{3.75}$$

式(3.73)及式(3.74)可化为

$$|H(\mathrm{e}^{\mathrm{j}\omega})| = \frac{\prod_{m=1}^{M}c_m B}{\prod_{k=1}^{N}d_k B} \tag{3.76}$$

$$\varphi(\omega) = \sum_{m=1}^{M} \alpha_m - \sum_{k=1}^{N} \beta_k \qquad (3.77)$$

式(3.76)说明，系统频率响应的幅度是等于各零点到 $e^{j\omega}$ 的长度之积除以各极点到 $e^{j\omega}$ 的长度之积；而式(3.77)说明，系统频率响应的相角是等于各零点到 $e^{j\omega}$ 的相角之和减去各极点到 $e^{j\omega}$ 的相角之和。即系统的频率响应可由式(3.76)和式(3.77)来确定。

当频率 ω 从零变化到 2π，相当于各个向量沿着单位圆逆时针旋转一周。可由上两式来估算出系统频率响应的幅度特性和相角特性。图 3.19 所示为具有一个零点和两个极点的系统的幅度响应。

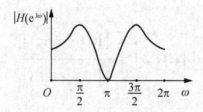

图 3.19　系统的幅度响应

下面来研究零极点位置对系统幅度响应的影响。

(1) 若某个极点 d_k 在 $e^{j\omega}$ 附近，则 d_kB 长度变短，系统模的幅度增大；极点越接近单位圆，系统模的幅度越大，其峰值越尖锐；极点正好在单位圆上，d_kB 为零，系统模的幅度为无穷大，系统处于谐振状态；极点在单位圆外，则系统不稳定。

(2) 若某个零点 c_m 在 $e^{j\omega}$ 附近，则 c_mB 长度变短，系统模的幅度减小；零点越接近单位圆，系统模的幅度越小，系统幅频响应接近谷值；零点正好在单位圆上，c_mB 为零，系统模的幅度为零；零点在单位圆外，对系统的稳定性没有影响。

3.7　综合实例

设某一系统由差分方程 $y(n)=y(n-1)+y(n-2)+x(n-1)$ 描述。

(1) 求系统的系统函数 $H(z)$，并画出零极点分布图。

(2) 限定系统是因果的，写出 $H(z)$ 的收敛域，并求出其单位脉冲响应 $h(n)$。

(3) 限定系统是稳定的，写出 $H(z)$ 的收敛域，并求出其单位脉冲响应 $h(n)$。

(4) 求出系统的频率响应并画出响应的幅频特性曲线。

(5) 设输入 $x(n)=\delta(n)+\delta(n-1)$，且在系统是因果的条件下，求输出 $y(n)$。

解　(1) 对差分方程两边求 z 变换可得

$$Y(z) = Y(z)z^{-1} + Y(z)z^{-2} + X(z)z^{-1}$$

所以

$$H(z) = \frac{Y(z)}{X(z)} = \frac{z^{-1}}{1 - z^{-1} - z^{-2}}$$

式中：零点为 $z_0 = 0$，极点为 $z_1 = \dfrac{1+\sqrt{5}}{2}, z_2 = \dfrac{1-\sqrt{5}}{2}$，其零极点图如图 3.20(a)所示。

(2) 若限定系统是因果的,则收敛域为 $\infty \geqslant |z| > \dfrac{1+\sqrt{5}}{2}$

$$F(z) = H(z)z^{n-1} = \dfrac{z^n}{(z-z_1)(z-z_2)}$$

当 $n<0$ 时,$h(n)=0$

当 $n\geqslant 0$ 时,$h(n) = \text{Res}[F(z),z=z_1] + \text{Res}[F(z),z=z_2]$

$$= \dfrac{1}{\sqrt{5}}\left[\left(\dfrac{1+\sqrt{5}}{2}\right)^n - \left(\dfrac{1-\sqrt{5}}{2}\right)^n\right]$$

综合以上结果得

$$h(n) = \dfrac{1}{\sqrt{5}}\left[\left(\dfrac{1+\sqrt{5}}{2}\right)^n - \left(\dfrac{1-\sqrt{5}}{2}\right)^n\right]u(n)$$

(3) 若限定系统是稳定的,则收敛域包括单位圆,为 $\dfrac{1-\sqrt{5}}{2} < |z| < \dfrac{1+\sqrt{5}}{2}$

当 $n\geqslant 0$ 时,围线 c 内只有一个极点 $z_2 = \dfrac{1-\sqrt{5}}{2}$,则

$$h(n) = \text{Res}[F(z),z=z_2] = -\dfrac{1}{\sqrt{5}}\left(\dfrac{1-\sqrt{5}}{2}\right)^n$$

当 $n<0$ 时,围线 c 内只有两个极点 $z=0$(n 阶),$z_2 = \dfrac{1-\sqrt{5}}{2}$,则改求 c 外部极点的留数,可求得

$$h(n) = -\text{Res}[F(z),z=z_1] = -\dfrac{1}{\sqrt{5}}\left(\dfrac{1+\sqrt{5}}{2}\right)^n$$

综合以上结果,可得

$$h(n) = \begin{cases} -\dfrac{1}{\sqrt{5}}\left(\dfrac{1-\sqrt{5}}{2}\right)^n, & n \geqslant 0 \\ -\dfrac{1}{\sqrt{5}}\left(\dfrac{1+\sqrt{5}}{2}\right)^n, & n < 0 \end{cases}$$

(4) 系统的频率响应为 $H(e^{j\omega}) = H(z)\big|_{z=e^{j\omega}} = \dfrac{e^{-j\omega}}{1 - e^{-j\omega} - e^{-2j\omega}}$,其幅频响应曲线如图 3.20(b) 所示。

(5) 设输入 $x(n)=\delta(n)+\delta(n-1)$,在系统因果的条件下对应的输出

$$y(n) = x(n) * h(n)$$

$$= [\delta(n)+\delta(n-1)] * \dfrac{1}{\sqrt{5}}\left[\left(\dfrac{1+\sqrt{5}}{2}\right)^n - \left(\dfrac{1-\sqrt{5}}{2}\right)^n\right]u(n)$$

$$= \dfrac{1}{\sqrt{5}}\left[\left(\dfrac{1+\sqrt{5}}{2}\right)^n - \left(\dfrac{1-\sqrt{5}}{2}\right)^n\right]u(n) + \dfrac{1}{\sqrt{5}}\left[\left(\dfrac{1+\sqrt{5}}{2}\right)^{n-1} - \left(\dfrac{1-\sqrt{5}}{2}\right)^{n-1}\right]u(n-1)$$

MATLAB 具体程序如下。

```
den=[1 -1 -1];
num=[0 1];
```

```
subplot(211)
zplane(num, den)                      % 求系统函数的零、极点
axis([-1 2 -1 1])
grid on
[h, w] = freqz(num, den)
subplot(212)
plot(w, 20* log(abs(h)))
gridon
```

以上程序的运行结果如图 3.20 所示。

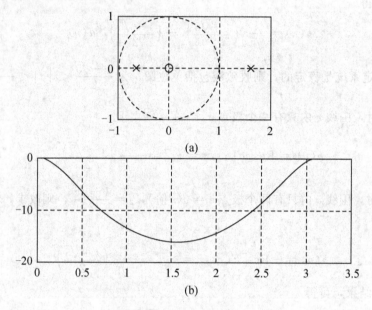

图 3.20　综合实例图
(a)零极点图；(b)幅频响应曲线

小　　结

本章对离散时间信号与系统进行了频域分析，介绍了 z 变换和序列的傅里叶变换的概念及性质，学习了 z 反变换的重要方法，利用 z 变换对系统函数、频率响应和系统的稳定性做出进一步分析。

习　　题

1. 求以下序列的 z 变换及其收敛区域。

(1) $\left(\dfrac{1}{3}\right)^n u(n)$

(2) $-\left(\dfrac{1}{3}\right)^n u(-n-2)$

(3) $x(n) = 4^n u(-n)$

(4) $x(n) = (n-1)u(n-1)$

2. 求下列信号的 z 变换。

(1) $x(n) = 2\delta(n) + \delta(n-2) - 3\delta(n+2)$

(2) $x(n) = 3^{-|n|}$

3. 求出下面各序列 z 变换的收敛域。

(1) $x(n) = \left[\left(\dfrac{1}{3}\right)^n + \left(\dfrac{1}{4}\right)^n\right]u(n-5)$

(2) $x(n) = \begin{cases} 1, -10 \leqslant n \leqslant 10 \\ 0, \text{其他} \end{cases}$

(3) $x(n) = \left(-\dfrac{1}{5}\right)^n u(n)$

4. 求以下序列的 z 变换及其收敛域,并在平面上画出极点、零点分布图。

(1) $x(n) = R_N(n)$,$N = 6$

(2) $x(n) = Ar^n \cos(\omega_0 n + \varphi)u(n)$,$r = 0.9$,$\omega_0 = 0.5\pi \text{rad}$,$\varphi = 0.25\pi \text{rad}$

(3) $x(n) = \begin{cases} n, 0 \leqslant n \leqslant N \\ 2N-n, N+1 \leqslant n \leqslant 2N, N = 4 \\ 0, \text{其他} \end{cases}$

5. 求下列信号的 z 变换。可用 z 变换的性质简化求解过程。

(1) $x(n) = \left(\dfrac{1}{3}\right)^n u(n+1) + 2^n u(-n-1)$

(2) $x(n) = \left(\dfrac{1}{2}\right)^n \cos(n\omega_0)u(n)$

6. 求 $x(n) = |n|\left(\dfrac{1}{2}\right)^{|n|}$ 的 z 变换。

7. 若 $X(z)$ 是 $x(n)$ 的 z 变换,试证明以下结论。

(1) $z^{-n_0}X(z)$ 是 $x(n-n_0)$ 的 z 变换。

(2) $X(a^{-1}z)$ 是 $a^n x(n)$ 的 z 变换。

(3) $-z\dfrac{\mathrm{d}X(z)}{\mathrm{d}z}$ 是 $nx(n)$ 的 z 变换。

8. 若 $X(z)$ 表示 $x(n)$ 的 z 变换,试证明下列表达式。

(1) $\text{ZT}[x^*(n)] = X^*(z^*)$

(2) $\text{ZT}[x(-n)] = X\left(\dfrac{1}{z}\right)$

(3) $\text{ZT}[\text{Re}[x(n)]] = \dfrac{1}{2}[X(z) + X^*(z^*)]$

(4) $\text{ZT}[\text{Im}[x(n)]] = \dfrac{1}{2\mathrm{j}}[X(z) - X^*(z^*)]$

9. 试利用 z 变换的性质,求 $n^2 x(n)$ 的 z 变换。

10. 求 z 反变换。

(1) $X(z) = 3 - (z^2 + z^{-2})$，$0 < |z| < \infty$

(2) $X(z) = \dfrac{1}{1 - \frac{1}{4}z^{-1}} + \dfrac{3}{1 - \frac{1}{2}z^{-1}}$，$|z| > \dfrac{1}{2}$

(3) $X(z) = \dfrac{1}{(1 - 0.6z^{-1})^2}$，$|z| > 0.6$

(4) $X(z) = \dfrac{z}{(z-2)(z-0.5)}$，$0.5 < |z| < 2$

(5) $X(z) = \dfrac{z-a}{1-az}$，$|z| > \left|\dfrac{1}{a}\right|$

11. 已知 $X(z) = \dfrac{z^2}{(2-z)(z-\frac{1}{2})}$，分别求出收敛域为 $|z| > 2$、$|z| < \dfrac{1}{2}$ 和 $\dfrac{1}{2} < |z| < 2$ 时的 z 反变换 $x(n)$。

12. 用 z 变换法解下列差分方程。

(1) $y(n) - 2y(n-1) = 0$，$y(-1) = 2$

(2) $y(n) - 0.3y(n-1) = 0.6^n u(n)$，$y(-1) = 5$

(3) $y(n) - 0.5y(n-1) = 3\cos(2n)u(n)$，$y(-1) = 0$

(4) $y(n) - 3y(n-1) + 2y(n-2) = 3^n u(n)$，$y(-1) = 0$，$y(-2) = 0.5$

13. 已知差分方程 $y(n) = 3y(n-1) + x(n)$，输入激励信号 $x(n) = 2^n u(n)$，求零状态响应。

14. 已知一个线性时不变差分方程 $y(n) - y(n-1) + y(n-2) = 0.5x(n) + 0.5x(n-1)$ 描述的系统。已知初始条件：$y(-1) = 0.75$，且 $y(-2) = 0.25$，输入 $x(n) = (0.5)^n u(n)$。试求：(1)系统函数 $H(z)$；(2)系统的全响应 $y(n)$。

15. 已知某线性时不变离散系统的系统函数为 $H(z) = \dfrac{z}{z - 0.5}$，$|z| > 0.5$，试求系统的频率特性。

16. 求 $x(n) = R_5(n)$ 的傅里叶变换。

17. 已知 $x(n)$ 的傅里叶变换为 $X(e^{j\omega})$，用 $X(e^{j\omega})$ 表示下列信号的傅里叶变换。

(1) $x_1(n) = x(1-n) + x(-1-n)$

(2) $x_2(n) = (n-1)^2 x(n)$

(3) $x_3(n) = \dfrac{x^*(-n) + x(n)}{2}$

18. 已知一线性时不变系统，$y(n-1) - \dfrac{10}{3}y(n) + y(n+1) = 2x(n)$，且系统是稳定的。试求其单位脉冲响应。

19. 研究一个满足下列差分方程的线性时不变系统。利用方程的零极点图，试求该系统单位脉冲响应的3种可能方案。

$$y(n-1) - \dfrac{5}{2}y(n) + y(n+1) = x(n)$$

20. 已知系统的差分方程为 $y(n) = x(n) + by(n-1)$（$0 < |b| < 1$，b 为实数）。

(1) 求系统函数 $H(z)$，并画出 $b = 0.5$ 时 $H(z)$ 的零极点图。

(2) 求系统的频率响应 $H(e^{j\omega})$，并写出幅频响应和相频响应的表达式。

(3) 当 b 满足什么条件时，该系统为因果稳定系统？

第4章 离散傅里叶变换及其快速算法

教学目标与要求

（1）了解周期序列的傅里叶级数及性质，掌握周期卷积过程。
（2）理解离散傅里叶变换及性质，掌握圆周移位、共轭对称性。
（3）掌握圆周（循环）卷积、线性卷积及两者之间的关系。
（4）掌握快速傅里叶变换算法的计算量分析，按时间、频率抽选的基—2FFT算法。
（5）掌握FFT的应用。

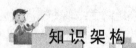
知识架构

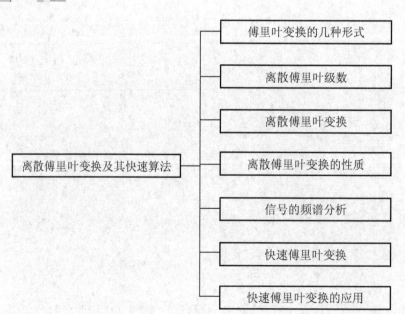

第4章 离散傅里叶变换及其快速算法

导入实例

目前,快速傅里叶变换的技术已经很成熟,且被广泛应用于各个领域,如声学、语音、电信及雷达信号处理。雷达信号处理的任务是最大限度地抑制噪声信号和干扰信号,从而使雷达能够最有效地检测目标回波信号。数字信号处理器(DSP)芯片的出现,为快速傅里叶变换(Fast Fourier Transform,FFT)算法的实现提供了很好的硬件平台,使得 FFT 的实现变得更为方便。FFT 芯片用于雷达信号处理电路,实现了雷达信号的数字化处理。

FFT 用于匹配滤波器是其在雷达中的典型应用。现代雷达信号处理系统的设计一般都采用匹配滤波器,使输出信噪比达到最大。根据最佳匹配理论,在白噪声环境下,雷达信号最佳匹配滤波器的传输函数为

$$H(f) = kS^*(f)$$

其中:k 为常数;$S(f)$ 为雷达信号 $s(t)$ 的频谱。用 FFT 在频域实现匹配滤波器的方案如图 4.1 所示。

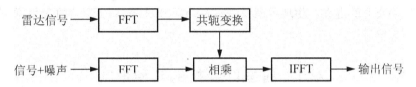

图 4.1　FFT 组成的匹配滤波器框图

将雷达信号进行 FFT 变换和共轭变换后可得到雷达信号匹配滤波器的传输函数。信号+噪声进行 FFT 变换后得到其频谱函数,与传输函数相乘后即为频率响应,再经 IFFT 变换输出时域波形。用 FFT 组成的匹配滤波器,不受雷达信号形式的限制,适用于各种雷达信号。按图 4.1 建立匹配滤波器的仿真模型,当雷达信号为线性调频信号时,运行仿真程序,图 4.2 和图 4.3 分别是匹配滤波器输入端的信号+噪声及输出端的信号波形。

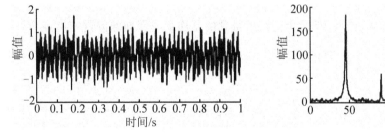

图 4.2　匹配滤波器输入端信号及其 FFT 频谱

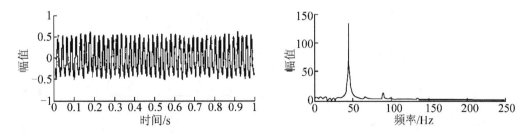

图 4.3　匹配滤波器输出端信号及其 FFT 频谱

输入端信号+噪声的信噪比为 −6dB,仿真结果表明输入信号已完全淹没在噪声中,而匹配滤波器输出信号的信噪比得到了大大提高。

如前所述,序列的傅里叶变换和 z 变换是数字信号处理中常用的重要数学变换,对于分析离散时间信号和系统有着非常重要的作用。但由于序列傅里叶变换是一种时域离散、频域连续的变换,且计算机只能计算有限长离散序列,因此序列傅里叶变换不便于用计算机进行处理。有限长序列傅里叶变换是一种时域离散、频域也离散的傅里叶变换,即本章将要讨论的离散傅里叶变换(Discrete Fourier Transform,DFT)。离散傅里叶变换相对于离散时间信号的傅里叶变换(DTFT)更适用于计算机处理,同时 DFT 是实现离散时间信号分析的一种高效的计算工具,并且其存在快速算法(FFT),所以 DFT 不仅在理论上有重要意义,而且在各种数字信号处理的算法中也起着核心作用。特别是近年来计算机处理速度有了长足的发展,DFT 和 FFT 就显得更为重要。

由于有限长序列的离散傅里叶变换和周期序列的离散傅里叶级数(DFS)在本质上是相同的。为了更好地理解和掌握 DFT 和 DFS,下面将首先讨论傅里叶变换的几种形式;然后讨论 DFS,DFT 的定义、物理意义及基本性质,频域采样,DFT 的应用举例;最后讨论 FFT 的相关内容。

4.1 傅里叶变换的几种形式

众所周知,时域内信号可以表示成时间为自变量的函数,频域内频谱可以表示成频率为自变量的函数,而傅里叶变换是将时域和频域联系起来的工具,是时域内"信号"和频域内"频谱函数"之间的某种变换关系。由于自变量"时间"或"频率"可以是离散的,也可以是连续的,因此可以形成各种不同形式的傅里叶变换对,下面将逐一讨论。

4.1.1 连续非周期时间信号的傅里叶变换

已知连续非周期信号为 $x(t)$,傅里叶变换后得到的是连续非周期的频谱密度函数,即

$$X(j\Omega) = \int_{-\infty}^{\infty} x(t) e^{-j\Omega t} dt \tag{4.1}$$

反变换为

$$x(t) = \frac{1}{2\pi} \int_{-\infty}^{\infty} X(j\Omega) e^{j\Omega t} d\Omega \tag{4.2}$$

式(4.1)和式(4.2)为时域连续、频域连续的非周期信号的傅里叶变换,如图 4.4 所示。

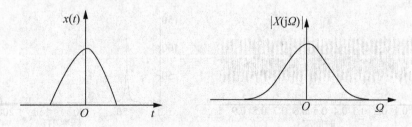

图 4.4 连续非周期信号及其非周期连续的频谱函数

从以上变换及其图形可以看出,时域连续函数导致频域的非周期性,而时域的非周期性造成频域为连续的谱密度函数。

4.1.2 连续周期时间信号的傅里叶变换

已知 $x(t)$ 是一个周期为 T_p 的连续时间函数,则 $x(t)$ 可以展开成离散傅里叶级数,其展开系数为

$$X(jk\Omega_0) = \frac{1}{T_p}\int_{-T_p/2}^{T_p/2} x(t) e^{-jk\Omega_0 t} dt \qquad (4.3)$$

$X(jk\Omega_0)$ 是离散频率的非周期函数,反变换为

$$x(t) = \frac{1}{2\pi}\sum_{k=-\infty}^{\infty} X(jk\Omega_0) e^{jk\Omega_0 t} \qquad (4.4)$$

式中:$\Omega_0 = 2\pi F_0 = \dfrac{2\pi}{T_p}$ 为离散谱线的角频率间隔;k 为谐波序号。

式(4.3)和式(4.4)为时域连续周期信号与傅里叶变换后的频域离散非周期信号,如图 4.5 所示。

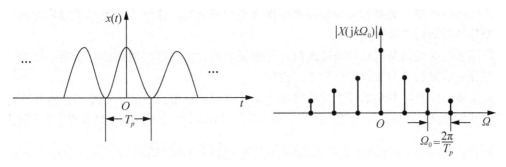

图 4.5 连续周期信号及其非周期的离散频谱函数

从以上变换及其图形可以看出,时域连续函数导致频域的非周期性,而时域的周期性造成频域为离散的谱密度函数。

4.1.3 离散非周期时间信号的傅里叶变换

已知 $x(nT)$[或 $x(n)$]为一离散非周期的时间函数,则其频谱 $X(e^{j\Omega T})$ 可表示为

$$X(e^{j\Omega T}) = \sum_{n=-\infty}^{\infty} x(nT) e^{-jn\Omega T} \qquad (4.5)$$

反变换为

$$x(nT) = \frac{1}{\Omega_s}\int_{-\Omega_s/2}^{\Omega_s/2} X(e^{j\Omega T}) e^{jn\Omega T} d\Omega \qquad (4.6)$$

这里 T 为采样间隔,即模拟信号采样为离散序列,采样频率为 $f_s = 1/T$,$\Omega_s = 2\pi/T$。此变换即为前面讨论过的序列的傅里叶变换,如图 4.6 所示。

从以上变换及其图形同样可以看出,时域离散函数导致频域的周期延拓,而时域的非周期性造成频域为连续的谱密度函数。

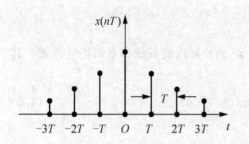 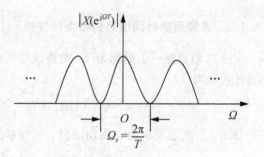

图 4.6 离散非周期信号及其周期性的连续频谱函数

4.1.4 离散周期时间信号的傅里叶变换

综合以上 3 种傅里叶变换形式，其相同点是时频域中至少在一个域是连续的，所以三者都不适合用计算机处理。而对于大型傅里叶变换运算，势必借助于计算机这个工具，因此，在实际应用中，更多的是时域和频域都是离散的情况，这就是接下来要讨论的离散傅里叶变换和离散傅里叶级数。

周期序列对应的是离散傅里叶级数，有限长序列对应的是离散傅里叶变换，因此这一变换是针对有限长序列或周期序列才存在的。

对于离散傅里叶变换的详细讨论将在 4.3 节进行，这里只引入一些结果。将序列的连续傅里叶变换式(4.5)进行离散化(采样)，经变换从式(4.5)和式(4.6)得到离散傅里叶变换为

$$X(\mathrm{e}^{jkF_0}) = X(\mathrm{e}^{jk\Omega_0 T}) = \sum_{n=0}^{N-1} x(nT)\mathrm{e}^{-jnk\Omega_0 T} \tag{4.7}$$

反变换为

$$x(nT) = \frac{\Omega_0}{\Omega_s}\sum_{k=0}^{N-1} X(\mathrm{e}^{jk\Omega_0 T})\mathrm{e}^{jnk\Omega_0 T} = \frac{1}{N}\sum_{k=0}^{N-1} X(\mathrm{e}^{jk\Omega_0 T})\mathrm{e}^{jnk\Omega_0 T} \tag{4.8}$$

式中：$\frac{f_s}{F_0} = \frac{\Omega_s}{\Omega_0} = N$ 表示有限长序列(时域及频域)的采样点数，或周期序列一个周期的采样点数。时间域采样间隔为 T，故采样频率为 $f_s = \frac{\Omega_s}{2\pi} = \frac{1}{T}$；频率域采样间隔为 F_0，故时间函数的周期 $T_p = \frac{1}{F_0} = \frac{2\pi}{\Omega_0}$，又有 $\Omega_0 T = \frac{2\pi\Omega_0}{\Omega_s} = \frac{2\pi}{N}$。由此，可以将式(4.7)和式(4.8)变换，得到较常用的离散傅里叶变换

$$X(k) = \sum_{n=0}^{N-1} x(n)\mathrm{e}^{-jn\frac{2\pi}{N}k} \tag{4.9}$$

反变换为

$$x(n) = \frac{1}{N}\sum_{k=0}^{N-1} X(k)\mathrm{e}^{j\frac{2\pi}{N}nk} \tag{4.10}$$

式中：$X(k) = X(\mathrm{e}^{j\frac{2\pi}{N}k})$；$x(n) = x(nT)$。

以上变换如图 4.7 所示，可以看出，时域和频域都是离散的和周期的。由上述分析可知，如果在时域和频域都是离散的，那么两域必须都是周期的。

综合以上信号傅里叶变换的 4 种形式的讨论，可以得出以下结论：对于傅里叶变

换，一个域(时域或频域)的连续必造成另一个域的非周期;一个域(时域或频域)的离散必造成另一个域的周期延拓。对以上 4 种傅里叶变换形式的特点进行总结归纳见表 4-1。

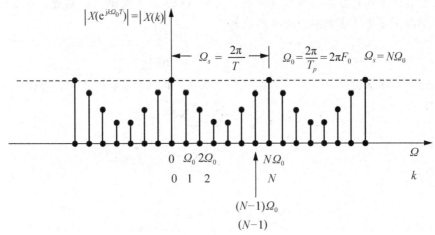

图 4.7 离散的周期信号及其周期性的离散的频谱函数

表 4-1 4 种傅里叶变换形式

时间函数	频率函数
连续和非周期	非周期和连续
连续和周期(T_p)	非周期和离散($\Omega_0 = \dfrac{2\pi}{T_p}$)
离散(T)和非周期	周期($\Omega_s = \dfrac{2\pi}{T}$)和连续
离散(T)和周期(T_p)	周期($\Omega_s = \dfrac{2\pi}{T}$)和离散($\Omega_0 = \dfrac{2\pi}{T_p}$)

4.2 周期序列的离散傅里叶级数

4.2.1 离散傅里叶级数的导出

对于一个周期为 N 的周期序列 $\tilde{x}(n)$，可以写成
$$\tilde{x}(n) = \tilde{x}(n+rN)，r 为任意整数$$

由于周期序列不是绝对可和的，所以不能用 z 变换表示。但是，周期序列却可以用离散傅里叶级数来表示，也就是用周期为 N 的复指数序列来表示，这些序列的频率是该周

期序列 $\tilde{x}(n)$ 的基频（$2\pi/N$）的整数倍。这些复指数序列 $e_k(n)$ 的形式为

$$e_k(n) = e^{j(\frac{2\pi}{N})kn} = e_{k+rN}(n) \tag{4.11}$$

式中：k 和 r 为整数。从式(4.11)可以看出，复指数序列 $e_k(n)$ 对 k 呈现周期性，周期也为 N，这说明离散傅里叶级数中的所有谐波成分中只有 N 个是独立的。亦即复数序列展开为离散傅里叶级数时，只能取 $k=0,1,2,\cdots,N-1$ 的 N 个独立谐波分量。因此，$\tilde{x}(n)$ 的离散傅里叶级数形式为

$$\tilde{x}(n) = \frac{1}{N} \sum_{k=0}^{N-1} \tilde{X}(k) e^{j(2\pi/N)kn} \tag{4.12}$$

式中：N 是一个常数，选取它是为了下面的表达式 $\tilde{X}(k)$ 成立的需要，系数 $\frac{1}{N}$ 对于该离散傅里叶级数表达式的特性不会有重要影响。由于 $\tilde{X}(k)$ 是 k 次谐波的系数，在求解该系数时，可利用以下复正弦序列的正交特性，即

$$\frac{1}{N} \sum_{k=0}^{N-1} e^{j(\frac{2\pi}{N})rn} = \frac{1}{N} \cdot \frac{1-e^{j(\frac{2\pi}{N})rN}}{1-e^{j(\frac{2\pi}{N})r}} = \begin{cases} 1, r=mN, m \text{ 为整数} \\ 0, \text{其他 } r \end{cases} \tag{4.13}$$

将式(4.12)两端同乘以 $e^{-j(2\pi/N)rn}$，并在 $0 \leq n \leq N-1$ 的一个周期内求和，得到

$$\sum_{n=0}^{N-1} \tilde{x}(n) e^{-j(\frac{2\pi}{N})rn} = \sum_{n=0}^{N-1} \sum_{k=0}^{N-1} \tilde{X}(k) e^{j\frac{2\pi}{N}(k-r)n}$$

$$= \sum_{k=0}^{N-1} \tilde{X}(k) \left[\frac{1}{N} \sum_{n=0}^{N-1} e^{j\frac{2\pi}{N}(k-r)n} \right]$$

利用式(4.13)，得

$$\sum_{n=0}^{N-1} \tilde{x}(n) e^{-j(\frac{2\pi}{N})rn} = \tilde{X}(r)$$

令 $r=k$，可得

$$\tilde{X}(k) = \sum_{n=0}^{N-1} \tilde{x}(n) e^{-j(\frac{2\pi}{N})kn} \tag{4.14}$$

这就是求 $k=0,1,2,\cdots,N-1$ 的 N 个谐波系数 $\tilde{X}(k)$ 的公式，并注意到式(4.14)所给出的序列呈周期性，且周期为 N，即

$$\tilde{X}(k+mN) = \sum_{n=0}^{N-1} \tilde{x}(n) e^{-j\frac{2\pi}{N}(k+mN)n} = \sum_{n=0}^{N-1} \tilde{x}(n) e^{-j\frac{2\pi}{N}kn} = \tilde{X}(k)$$

由此说明，在时域上周期序列的离散傅里叶级数在频域上仍然是一个周期序列，这与离散傅里叶级数只有 N 个不同的系数 $\tilde{X}(k)$ 的结论是一致的。这样，式(4.12)同式(4.14)一起可以看作是在时域和频域上周期序列的离散傅里叶级数表达式。

为方便起见，定义复数量符号 W_N 为

$$W_N = e^{-j(2\pi/N)} \tag{4.15}$$

则式(4.12)与式(4.14)可表示成

$$\tilde{X}(k) = \text{DFS}[\tilde{x}(n)] = \sum_{n=0}^{N-1} \tilde{x}(n) e^{-j(\frac{2\pi}{N})kn} = \sum_{n=0}^{N-1} \tilde{x}(n) W_N^{nk} \tag{4.16}$$

$$\tilde{x}(n) = \text{IDFS}[\tilde{X}(k)] = \frac{1}{N} \sum_{k=0}^{N-1} \tilde{X}(k) e^{j(2\pi/N)kn} = \frac{1}{N} \sum_{k=0}^{N-1} \tilde{X}(k) W_N^{-nk} \tag{4.17}$$

式中：DFS[·] 表示离散傅里叶级数正变换；IDFS[·] 表示离散傅里叶级数反变换。

第4章 离散傅里叶变换及其快速算法

由以上讨论可知,由于 $\tilde{x}(n)$ 是以 N 为周期的周期序列,只要已知一个周期的内容,其他的内容也已知;同理,$\tilde{X}(k)$ 也一样,只要确定一个周期的内容,$\tilde{X}(k)$ 的形状就全部确定。所以,在无穷个序列值中实际上只有 N 个序列值信息完全可以表示无穷多个序列值信息,式(4.16)与式(4.17)都只取 N 点序列值正说明了这一意义,因而周期序列和有限长序列有本质的联系。

由式(4.16)知,频域周期序列 $\tilde{X}(k)$,是对时域周期序列 $\tilde{x}(n)$ 内一个周期 $x(n)$ 进行 z 变换,然后将 z 变换在 z 平面单位圆上按等间隔角 $2\pi/N$ 采样得到的,令

$$x(n) = \begin{cases} \tilde{x}(n), & 0 \leqslant n \leqslant N-1 \\ 0, & \text{其他} \end{cases}$$

通常将 $x(n)$ 称为 $\tilde{x}(n)$ 的主值区间序列,则 $x(n)$ 的 z 变换为

$$X(z) = \sum_{n=-\infty}^{\infty} x(n) z^{-n} = \sum_{n=0}^{N-1} \tilde{x}(n) z^{-n} \tag{4.18}$$

对比式(4.18)与式(4.16),可知

$$\tilde{X}(k) = X(z)_{z=W_N^{-k}=e^{j(\frac{2\pi}{N})k}} \tag{4.19}$$

可以看出,当 $0 \leqslant k \leqslant N-1$ 时,$\tilde{X}(k)$ 是在 z 平面单位圆上的 N 个等间隔角点上对 z 变换 $X(z)$ 的采样,其第一个采样点为 $k=0$,即出现在 $z=1$ 处,在区间($0 \leqslant k \leqslant N-1$)之外随着 k 的变化,$\tilde{X}(k)$ 的值呈周期变化,这些特点如图4.8所示。

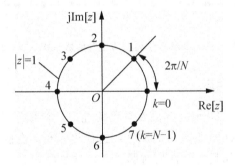

图 4.8 z 平面单位圆上对 $X(z)$ 采样

由于单位圆上的 z 变换即为序列的傅里叶变换,所以周期序列 $\tilde{X}(k)$ 也可以理解为 $\tilde{x}(n)$ 一个周期 $x(n)$ 傅里叶变换的等间隔采样,因为

$$X(e^{j\omega}) = \sum_{n=0}^{N-1} x(n) e^{-j\omega n} = \sum_{n=0}^{N-1} \tilde{x}(n) e^{-j\omega n} \tag{4.20}$$

对比式(4.20)和式(4.18),可以看出

$$\tilde{X}(k) = X(e^{j\omega})_{\omega=2\pi k/N} \tag{4.21}$$

这相当于以 $2\pi/N$ 的频率间隔对傅里叶变换 $X(e^{j\omega})$ 进行采样。

【例 4.1】 已知周期序列 $\tilde{x}(n)$ 如图4.9所示,其周期为 $N=10$,试求解其傅里叶级数展开系数 $\tilde{X}(k)$。

解 由式(4.16)可得

$$\tilde{X}(k) = \sum_{n=0}^{10-1} \tilde{x}(n) W_{10}^{nk} = \sum_{n=0}^{9} e^{-j\frac{2\pi}{10}nk} \tag{4.22}$$

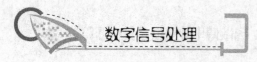

图 4.9 例 4.1 的周期序列 $\tilde{x}(n)$

利用等比级数求和公式，整理得

$$\tilde{X}(k) = \sum_{n=0}^{4} W_{10}^{nk} = \frac{1-W_{10}^{5k}}{1-W_{10}^{k}} = e^{-j\frac{2\pi k}{5}} \frac{\sin(\pi k/2)}{\sin(\pi k/10)} \tag{4.23}$$

图 4.10 为周期序列的幅值示意图。

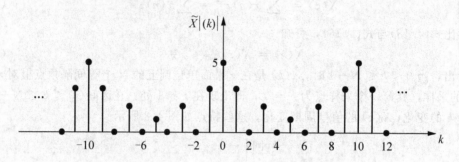

图 4.10 图 4.9 所示序列的傅里叶级数系数 $\tilde{X}(k)$ 的幅值

4.2.2 离散傅里叶级数的性质

与序列的 z 变换相同，DFS 也有很多重要的性质，对信号处理有着非常重要的作用。但是，由于序列 $\tilde{x}(n)$ 和 $\tilde{X}(k)$ 都具有周期性，这使得它与 z 变换的性质还有一些差别。此外，DFS 在时域和频域之间具有严格的对偶关系，这是序列的 z 变换表示所不具有的。

令 $\tilde{x}(n)$ 和 $\tilde{y}(n)$ 都是周期为 N 的周期序列，其各自的 DFS 分别为

$$\tilde{X}(k) = \text{DFS}[\tilde{x}(n)], \qquad \tilde{Y}(k) = \text{DFS}[\tilde{y}(n)]$$

1. 线性

$$\text{DFS}[a\tilde{x}(n) + b\tilde{y}(n)] = a\tilde{X}(k) + b\tilde{Y}(k) \tag{4.24}$$

其中：a 和 b 为任意常数。所得到的频域序列也是以 N 为周期的周期序列，这一性质可以由 DFS 定义直接证明，这里从略。

2. 序列的移位——时移特性

$$\text{DFS}[\tilde{x}(n+m)] = W_N^{-mk}\tilde{X}(k) = e^{j\frac{2\pi}{N}mk}\tilde{X}(k) \tag{4.25}$$

证

$$\text{DFS}[\tilde{x}(n+m)] = \sum_{n=0}^{N-1}\tilde{x}(n+m)W_N^{nk} = \sum_{i=m}^{N-1+m}\tilde{x}(i)W_N^{ki}W_N^{-mk}, i=n+m$$

因为 $\tilde{x}(i)$ 及 W_N^{ki} 都是以 N 为周期的周期函数，所以对 $\tilde{x}(i)$ 在任一周期内求和都相当于在 $[0, N-1]$ 这一周期内求和，因此

$$\text{DFS}[\tilde{x}(n+m)] = W_N^{-mk} \sum_{i=0}^{N-1} \tilde{x}(i) W_N^{ki} = W_N^{-mk} \tilde{X}(k)$$

3. 调制特性——频移特性

$$\text{DFS}[W_N^{nl}\tilde{x}(n)] = \tilde{X}(k+l) \tag{4.26a}$$

或

$$\text{IDFS}[\tilde{X}(k+l)] = W_N^{nl}\tilde{x}(n) = e^{-j\frac{2\pi}{N}nl}\tilde{x}(n) \tag{4.26b}$$

证

由于 $\tilde{x}(i)$ 与 $\tilde{X}(k)$ 的对称性，可以用类似式(4.25)的证明方法，得到

$$\text{DFS}[W_N^{nl}\tilde{x}(n)] = \sum_{n=0}^{N-1} W_N^{nl}\tilde{x}(n) W_N^{kn} = \sum_{n=0}^{N-1} \tilde{x}(n) W_N^{(l+k)n} = \tilde{X}(k+l)$$

4. 共轭对称性

对于复序列 $\tilde{x}(n)$，其共轭序列 $\tilde{x}^*(n)$ 满足

$$\text{DFS}[\tilde{x}^*(n)] = \tilde{X}^*(-k) \tag{4.27}$$

证

$$\begin{aligned}\text{DFS}[\tilde{x}^*(n)] &= \sum_{n=0}^{N-1} \tilde{x}^*(n) W_N^{nk} \\ &= \left(\sum_{n=0}^{N-1} \tilde{x}(n) W_N^{-nk}\right)^* = \tilde{X}^*(-k)\end{aligned}$$

同理可证明

$$\text{DFS}[\tilde{x}^*(-n)] = \tilde{X}^*(k) \tag{4.28}$$

进一步可得

$$\text{DFS}[\text{Re}[\tilde{x}(n)]] = \frac{1}{2}\text{DFS}[\tilde{x}(n) + \tilde{x}^*(n)] = \frac{1}{2}[\tilde{X}(k) + \tilde{X}^*(N-k)]$$

类似于对称序列，将 $\frac{1}{2}[\tilde{X}(k) + \tilde{X}^*(N-k)]$ 称为 $\tilde{X}(k)$ 的共轭偶对称分量，记作 $\tilde{X}_e(k)$，即

$$\text{DFS}[\text{Re}[\tilde{x}(n)]] = \tilde{X}_e(k) \tag{4.29}$$

同理可得

$$\text{DFS}[j\text{Im}[\tilde{x}(n)]] = \tilde{X}_o(k) \tag{4.30}$$

式中：$\tilde{X}_o(k) = \frac{1}{2}[\tilde{X}(k) - \tilde{X}^*(N-k)]$ 为 $\tilde{X}(k)$ 的共轭奇对称分量。

5. 周期卷积

对于两个周期为 N 的周期序列 $\tilde{x}_1(n)$ 和 $\tilde{x}_2(n)$，它们的 DFS 分别为 $\tilde{X}_1(k)$ 和 $\tilde{X}_2(k)$，若 $\tilde{Y}(k) = \tilde{X}_1(k)\tilde{X}_2(k)$，则可定义 $\tilde{x}_1(n)$ 和 $\tilde{x}_2(n)$ 的周期卷积 $\tilde{y}(n)$，且

$$\tilde{y}(n) = \text{IDFS}[\tilde{Y}(k)] = \sum_{m=0}^{N-1} \tilde{x}_1(m)\tilde{x}_2(n-m)$$

或
$$\tilde{y}(n) = \sum_{m=0}^{N-1} \tilde{x}_2(m)\tilde{x}_1(n-m) \tag{4.31}$$

证
$$\tilde{y}(n) = \text{IDFS}[\tilde{X}_1(k)\tilde{X}_2(k)] = \frac{1}{N}\sum_{m=0}^{N-1}\tilde{X}_1(k)\tilde{X}_2(k)W_N^{-kn}$$

由于
$$\tilde{X}_1(k) = \sum_{m=0}^{N-1}\tilde{x}_1(m)W_N^{mk}$$

所以
$$\tilde{y}(n) = \frac{1}{N}\sum_{k=0}^{N-1}\sum_{m=0}^{N-1}\tilde{x}_1(m)\tilde{X}_2(k)W_N^{-(n-m)k}$$
$$= \sum_{m=0}^{N-1}\tilde{x}_1(m)\left[\frac{1}{N}\sum_{k=0}^{N-1}\tilde{X}_2(k)W_N^{-(n-m)k}\right]$$
$$= \sum_{m=0}^{N-1}\tilde{x}_1(m)\tilde{x}_2(n-m)$$

根据卷积的交换律,即可得到等价的表达式
$$\tilde{y}(n) = \sum_{m=0}^{N-1}\tilde{x}_2(m)\tilde{x}_1(n-m)$$

式(4.31)是一个卷积和公式,但是它与非周期序列的线性卷积和不同,它们之间的主要区别有如下几点。

(1) $\tilde{x}_1(m)$ 和 $\tilde{x}_2(n-m)$(或 $\tilde{x}_2(m)$ 和 $\tilde{x}_1(n-m)$)都是变量 m 的周期序列,且周期为 N,故乘积也是周期为 N 的周期序列,而线性卷积的两序列是有限长的,卷积的结果也是有限长的。

(2) 卷积过程仅限于在一个周期内,即 $0 \leqslant m \leqslant N-1$,所以称为周期卷积,而线性卷积的求和是在整个序列上进行的。

(3) 对两个有限长序列线性卷积的结果进行周期延拓等于各序列周期延拓后的周期卷积。

图 4.11 举例说明了两个周期序列(周期为 $N=7$)的周期卷积的计算过程。在做这种卷积的过程中,一个周期的某一序列值移出计算区间时,下一个周期的同一位置的序列值就移入计算区间。运算在 $0 \leqslant m \leqslant N-1$ 区间内进行,先计算出 $n=0,1,\cdots,N-1$ 的结果,然后将得到的结果进行周期延拓,就得到所求的整个周期序列 $\tilde{y}(n)$。

同样,由于 DFS 和 IDFS 的对称性,可以证明时域周期序列的乘积对应着频域周期序列的周期卷积(证明从略)。若
$$\tilde{y}(n) = \tilde{x}_1(n)\tilde{x}_2(n)$$
则
$$\tilde{Y}(k) = \text{DFS}[\tilde{y}(n)] = \sum_{n=0}^{N-1}\tilde{y}(n)W_N^{nk} = \frac{1}{N}\sum_{l=0}^{N-1}\tilde{X}_1(l)\tilde{X}_2(k-l)$$
$$= \frac{1}{N}\sum_{l=0}^{N-1}\tilde{X}_2(l)\tilde{X}_1(k-l) \tag{4.32}$$

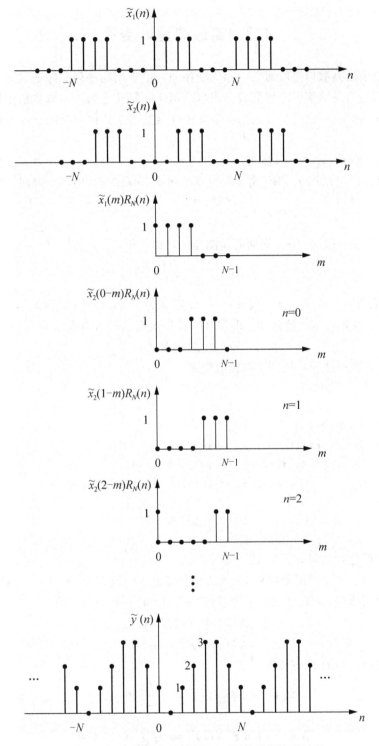

图 4.11 两个周期序列(周期 $N=7$)的周期卷积过程

4.3 离散傅里叶变换

前面讨论了用离散傅里叶级数表示周期序列,由于周期序列实际上只有限个序列值有意义,因而它的离散傅里叶级数表达式也适用于有限长序列,本节将根据周期序列和有限长序列之间的关系,由周期序列的离散傅里叶级数表达式得到有限长序列的离散傅里叶变换(DFT)。

设 $x(n)$ 为有限长序列,长度为 N,即 $x(n)$ 只在 $n=0,1,\cdots,N-1$ 点上为非零值,其他都为 0。由此,可以把 $x(n)$ 看成周期为 N 的周期序列 $\tilde{x}(n)$ 的一个周期,即

$$x(n) = \begin{cases} \tilde{x}(n), & 0 \leqslant n \leqslant N-1 \\ 0, & \text{其他} \end{cases} \tag{4.33}$$

而把 $\tilde{x}(n)$ 看成 $x(n)$ 的以 N 为周期的周期延拓,即

$$\tilde{x}(n) = \sum_{r=-\infty}^{\infty} x(n+rN) \tag{4.34}$$

通常把 $\tilde{x}(n)$ 的第一个周期 $n=0$ 到 $n=N-1$ 定义为 $\tilde{x}(n)$ 的"主值区间",也可以说 $x(n)$ 是 $\tilde{x}(n)$ 的主值序列,即主值区间上的序列。这样式(4.33)可以表示为

$$x(n) = \tilde{x}(n) R_N(n) \tag{4.35}$$

式中:$R_N(n)$ 为矩形序列,在第 1 章已有论述。

```
% 周期延拓的 MATLAB 程序
clear
n= 0:10;x= 10* (0.8).^n;
n1= - 11: 21; x1= [zeros(1, 11), x, zeros(1, 11)];
subplot(2, 1, 1); stem(n1, x1); title('初始序列 x(n)')
axis( [- 10, 17, - 1, 12]); text(18, - 1, 'n')% 表示在坐标 x= 18, y= - 1处加上字符串 n
x2= [x, x, x];
subplot(2, 1, 2); stem(n1, x2); title('周期延拓')
axis( [- 11, 21, - 1, 12]); text(22, - 1, 'n')
```

以上程序的运行结果如图 4.12 所示。

在 4.2.1 小节讨论了周期序列 $\tilde{x}(n)$ 的离散傅里叶级数 $\tilde{X}(k)$ 也是一个周期序列,所以频域的周期序列 $\tilde{X}(k)$ 也可看成是有限长序列 $X(k)$ 的主值序列,即

$$\begin{cases} X(k) = \tilde{X}(k) R_N(k) \\ \tilde{X}(k) = X((k))_N \end{cases}$$

式(4.16)和式(4.17)的 DFS 变换对为

$$\tilde{X}(k) = \text{DFS}[\tilde{x}(n)] = \sum_{n=0}^{N-1} \tilde{x}(n) W_N^{nk}$$

$$\tilde{x}(n) = \text{IDFS}[\tilde{X}(k)] = \frac{1}{N} \sum_{k=0}^{N-1} \tilde{X}(k) W_N^{-nk}$$

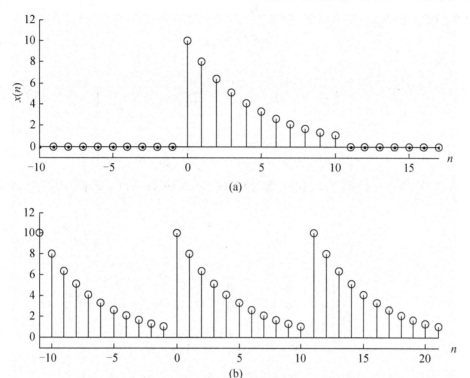

图 4.12 初始序列及周期延拓

(a)初始序列 $x(n)$；(b)周期延拓

它们的求和都只限定在 $n \in [0, N-1]$ 的主值区间内进行，因而变换关系也适用于主值序列 $x(n)$ 和 $X(k)$，于是可得到有限长序列的离散傅里叶变换定义

$$X(k) = \text{DFT}[\tilde{x}(n)] = \sum_{n=0}^{N-1} x(n) W_N^{nk}, \quad 0 \leqslant k \leqslant N-1 \quad (4.36)$$

$$x(n) = \text{IDFT}[X(k)] = \frac{1}{N} \sum_{k=0}^{N-1} X(k) W_N^{-nk}, \quad 0 \leqslant n \leqslant N-1 \quad (4.37)$$

所以 $x(n)$ 和 $X(k)$ 是一个有限长序列的离散傅里叶变换对。若已知其中一个序列，就能唯一地确定另一个序列。这是由于 $x(n)$ 和 $X(k)$ 都是点数为 N 的序列，都有 N 个独立值(可以是复值)，所以信息等量。点数为 N 的有限长序列和周期为 N 的周期序列，都是由 N 个值来定义的。但要注意的是：在涉及 DFT 关系的场合，有限长序列总是作为周期序列的一个周期来表示的，都隐含有周期性意义。

式(4.36)和式(4.37)均为线性方程组，是 N 个 $x(n)$ 与 N 个 $X(k)$ 之间的变换关系，也可以用矩阵方程来表示。设 x 为由 $x(n)$ ($0 \leqslant n \leqslant N-1$)构成的列矩阵，$X$ 为由 $X(k)$ ($0 \leqslant k \leqslant N-1$)构成的列矩阵，即

$$x = \begin{bmatrix} x(0) \\ x(1) \\ \vdots \\ x(N-1) \end{bmatrix}, X = \begin{bmatrix} X(0) \\ X(1) \\ \vdots \\ X(N-1) \end{bmatrix}$$

则有 DFT 的矩阵方程

$$X = W_N x \tag{4.38}$$

式中：

$$W_N = \begin{bmatrix} 1 & 1 & 1 & \cdots & 1 \\ 1 & W_N^1 & W_N^2 & \cdots & W_N^{N-1} \\ 1 & W_N^2 & W_N^4 & \cdots & W_N^{2(N-1)} \\ \vdots & \vdots & \vdots & & \vdots \\ 1 & W_N^{(N-1)} & W_N^{2(N-1)} & \cdots & W_N^{(N-1)\times(N-1)} \end{bmatrix}$$

为 $N \times N$ 方阵；第 $i+1$ 行 $j+1$ 列的元素为 $W_N^{ij}(i,j=0,\cdots,N-1)$。同样，IDFT 的矩阵方程为

$$x = W_N^{-1} X \tag{4.39}$$

式中：

$$W_N^{-1} = \frac{1}{N} \begin{bmatrix} 1 & 1 & 1 & \cdots & 1 \\ 1 & W_N^{-1} & W_N^{-2} & \cdots & W_N^{-(N-1)} \\ 1 & W_N^{-2} & W_N^{-4} & \cdots & W_N^{-2(N-1)} \\ \vdots & \vdots & \vdots & & \vdots \\ 1 & W_N^{-(N-1)} & W_N^{-2(N-1)} & \cdots & W_N^{-(N-1)\times(N-1)} \end{bmatrix}$$

为 $N \times N$ 方阵；第 $i+1$ 行 $j+1$ 列的元素为 $\frac{1}{N} W_N^{ij}(i,j=0,\cdots,N-1)$。

【例 4.2】 已知序列 $x(n) = \delta(n)$，求它的 N 点 DFT。

解 由 DFT 的定义式(4.36)得到

$$X(k) = \sum_{n=0}^{N-1} \delta(n) W_N^{nk} = W_N^0 = 1, \quad k = 0,1,\cdots,N-1$$

$\delta(n)$ 的 $X(k)$ 如图 4.13 所示。这是一个很特殊的例子，表明对序列 $\delta(n)$ 来说，不论对它进行多少点的 DFT，所得结果都是一个离散矩形序列。

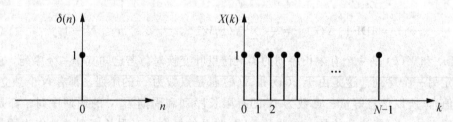

图 4.13 序列 $\delta(n)$ 及其离散傅里叶变换

【例 4.3】 已知如下 $X(k)$

$$X(k) = \begin{cases} 4, & k = 0 \\ 1, & 1 \leqslant k \leqslant 8 \end{cases}$$

求其 9 点 IDFT。

解 $X(k)$ 可以表示为

$$X(k) = 1 + 3\delta(k), \quad 0 \leqslant k \leqslant 8$$

这样就容易确定离散傅里叶反变换。由例 4.2 可知，一个单位脉冲序列的 DFT 为常

数,即
$$x_1(n) = \delta(n)$$
$$X_1(K) = \mathrm{DFT}[x_1(n)] = 1$$
同样,一个常数的 DFT 是一个单位脉冲序列
$$x_2(n) = 1$$
$$X_2(k) = \mathrm{DFT}[x_2(n)] = N\delta(k)$$
所以
$$x(n) = \frac{1}{3} + \delta(n)$$

【例 4.4】 求复数序列 $x(n) = \{1+\mathrm{j}2, 2+\mathrm{j}2, \mathrm{j}, 1+\mathrm{j}\}$ 的 DFT。

解 根据式(4.38)
$$W_4 = \begin{bmatrix} 1 & 1 & 1 & 1 \\ 1 & W_4^1 & W_4^2 & W_4^3 \\ 1 & W_4^2 & W_4^4 & W_4^6 \\ 1 & W_4^3 & W_4^6 & W_4^9 \end{bmatrix} = \begin{bmatrix} 1 & 1 & 1 & 1 \\ 1 & -\mathrm{j} & -1 & \mathrm{j} \\ 1 & -1 & 1 & -1 \\ 1 & \mathrm{j} & -1 & -\mathrm{j} \end{bmatrix}$$

可求得
$$\begin{bmatrix} X(0) \\ X(1) \\ X(2) \\ X(3) \end{bmatrix} = \begin{bmatrix} 1 & 1 & 1 & 1 \\ 1 & -\mathrm{j} & -1 & \mathrm{j} \\ 1 & -1 & 1 & -1 \\ 1 & \mathrm{j} & -1 & -\mathrm{j} \end{bmatrix} \begin{bmatrix} 1+\mathrm{j}2 \\ 2+\mathrm{j}2 \\ \mathrm{j} \\ 1+\mathrm{j} \end{bmatrix} = \begin{bmatrix} 4+\mathrm{j}6 \\ 2 \\ -2 \\ \mathrm{j}2 \end{bmatrix}$$

4.4 离散傅里叶变换的性质

本节讨论 DFT 的一些性质,在本质上与周期序列的 DFS 性质类似,且与有限长序列及其 DFT 表达式隐含的周期性有关。下面讨论 DFT 的一些主要特性,在讨论过程中涉及的 $x(n)$ 和 $y(n)$ 都是长度为 N 的有限长序列,它们各自的 DFT 分别为 $X(k)$ 和 $Y(k)$。

4.4.1 线性

设两个有限长序列为 $x(n)$ 和 $y(n)$,则
$$\mathrm{DFT}[ax(n) + by(n)] = aX(k) + bY(k) \tag{4.40}$$
式中:a, b 为任意常数。该式可由 DFT 定义直接证明,这里从略。

需要做出如下几点说明。

(1) 若 $x(n)$ 和 $y(n)$ 皆为 N 点序列,即在 $0 \leqslant n \leqslant N-1$ 范围内有值,则 $aX(k) + bY(k)$ 也是 N 点序列。

(2) 若 $x(n)$ 和 $y(n)$ 的点数不等,设 $x(n)$ 为 N_1 点($0 \leqslant n \leqslant N_1 - 1$),而 $y(n)$ 为 N_2 点($0 \leqslant n \leqslant N_2 - 1$),则 $ax(n) + by(n)$ 应为 $N = \max(N_1, N_2)$ 点,故 DFT 必须按 N 计算。例如,若 $N_1 < N_2$,则取 $N = N_2$,再将 $x(n)$ 补上 $N_2 - N_1$ 个零值点后变为 N_2 点的序列,然后都作 N_2 点的 DFT。

4.4.2 循环移位

1. 定义

一个长度为 N 的有限长序列 $x(n)$ 的循环移位过程如图 4.14 所示,先将序列 $x(n)$ [图 4.14(a)]进行周期延拓,得到周期序列 $\tilde{x}(n)$,如图 4.14(b)所示;再对 $\tilde{x}(n)$ 进行移位,得 $\tilde{x}(n+m)$(图中 $m=2$),如图 4.14(c)所示;最后将移位后的序列 $\tilde{x}(n+m)$ 取主值区间($0 \leqslant n \leqslant N-1$)上的序列值。因而一个有限长序列 $x(n)$ 的循环移位定义为

$$y(n) = x((n+m))_N R_N(n) \tag{4.41}$$

$y(n)$ 即为 $x(n)$ 的循环移位结果,它仍是一个长度为 N 的有限长序列,如图 4.14(d)所示。式中:$x((n+m))_N$ 表示 $x(n)$ 的周期延拓序列 $\tilde{x}(n)$ 的移位,即 $x((n+m))_N = \tilde{x}(n+m)$,再乘 $R_N(n)$ 表示对此延拓移位后的周期序列取主值序列。

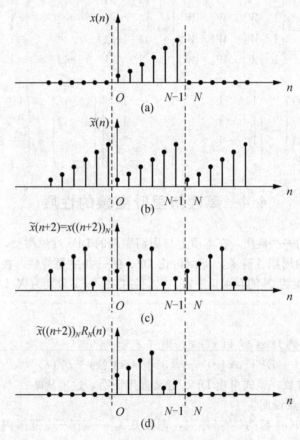

图 4.14 序列的循环移位
(a)有限长序列;(b)周期延拓;(c)周期序列移位;(d)取主值周期

2. 时域循环移位定理

对于有限长序列 $x(n)$,$0 \leqslant n \leqslant N-1$,$y(n)$ 为它的循环移位,则循环移位后的 DFT 为

$$Y(k) = \text{DFT}[y(n)] = \text{DFT}[x((n+m))_N R_N(n)] = W_N^{-mk} X(k) \tag{4.42}$$

这表明，有限长序列的循环移位在离散频域中引入一个和频率成正比的线性相移 $W_N^{-km} = \mathrm{e}^{\left(\mathrm{j}\frac{2\pi}{N}k\right)m}$，而频谱的幅度没有改变。此定理可通过周期序列的移位性质加以证明，这里从略。

3. 频域循环移位定理

对于频域有限长序列 $X(k)$，也可进行循环移位，利用频域和时域的对偶关系，不难得到

$$\mathrm{IDFT}[X((k+l))_N R_N(k)] = W_N^{nl} x(n) = \mathrm{e}^{-\mathrm{j}\frac{2\pi}{N}nl} x(n) \tag{4.43}$$

这就是调制特性，说明时域序列的调制等效于频域的循环移位。

```
%循环移位程序
subplot(1, 1, 1)% 画 x((n- 6))15 的图
n= 0: 10; x= 10* (0.8).^n;
y= cirshftt(x, 6, 15);% 将 x 右移 6 个单位，周期 N= 15
n1= 0: 14; x1= [x, zeros(1, 4)];
subplot(2, 1, 1); stem(n1, x1); title('初始序列')
ylabel('x(n)'); axis( [- 1, 15, - 1, 11]); text(15.5, - 1, 'n')
subplot(2, 1, 2); stem(n1, y);
title('循环移位序列, N= 15')
ylabel('x((n- 6)mod 15)');
axis( [- 1, 15, - 1, 11]); text(15.5, - 1, 'n')
function y= cirshftt(x, m, N)
% 长度为 N 的 x 序列: (时域)作 m 采样点圆周移位
% [y] = cirshftt(x, m, N)% y= 包含圆周移位的输出序列
% x= 长度< = N 的输入序列% m= 移位采样数
% N= 圆周缓冲器长度% 方法: y(n)= x((n- m)mod N)
% Check for length of x
if length(x)> N
    error('N 必须> = x 的长度')
end
x= [x zeros(1, N- length(x))];
n= [0: 1: N- 1];
n= mod(n- m, N);
y= x(n+ 1);     % 因数组下标从 1 开始，故向后移一位
```

以上程序的运行结果如图 4.15 所示。

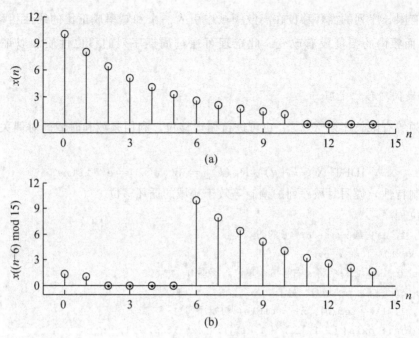

图 4.15 序列的循环移位
(a)初始序列；(b)循环移位序列，$N=15$

4.4.3 循环卷积

在 4.2.2 节中已讨论过，两个周期序列的 DFS 的乘积等于这两个序列的周期卷积的 DFS，即对两个周期序列的 DFS 的乘积进行 IDFS 变换，其结果是这两个序列的周期卷积。对于有限长序列 $x(n)$ 和 $y(n)$（$0 \leqslant n \leqslant N-1$），分别对其做 DFT，有

$$\text{DFT}[x(n)] = X(k), \qquad \text{DFT}[y(n)] = Y(k)$$

若 $F(k) = X(k)Y(k)$，则有两种表示方法，即

$$f(n) = \text{IDFT}[F(k)] = \sum_{m=0}^{N-1} x(m) y((n-m))_N R_N(n) \tag{4.44a}$$

$$f(n) = \text{IDFT}[F(k)] = \sum_{m=0}^{N-1} y(m) x((n-m))_N R_N(n) \tag{4.44b}$$

一般称式(4.44)为 $x(n)$ 和 $y(n)$ 的 N 点循环卷积，记作 $x(n) \otimes y(n)$，以便与线性卷积 $x(n) * y(n)$ 相区别。这个卷积可以看做是周期序列 $\tilde{x}(n)$ 和 $\tilde{y}(n)$ 做周期卷积后再取主值序列。

先将 $F(k)$ 周期延拓，即

$$\widetilde{F}(k) = \widetilde{X}(k)\widetilde{Y}(k)$$

由 DFS 的周期卷积公式

$$\widetilde{f}(n) = \sum_{m=0}^{N-1} \tilde{x}(m)\tilde{y}(n-m) = \sum_{m=0}^{N-1} x((m))_N y((n-m))_N$$

对于 $0 \leqslant m \leqslant N-1$，即主值区间，故 $x((m))_N = x(m)$，因此

$$f(n) = \widetilde{f}(n) R_N(n) = \left[\sum_{m=0}^{N-1} x(m) y((n-m))_N\right] R_N(n)$$

类似也可以证明

$$f(n) = \left[\sum_{m=0}^{N-1} y(m) x((n-m))_N\right] R_N(n)$$

以上两式的卷积过程可以用图 4.16 来表示（取 $N=6$），首先将 $y(m)$ 做周期延拓并围绕纵轴翻转，得 $y((-m))_N$；做周期移位得 $y((n-m))_N$，将对应项 $x(m)$ 和 $y((n-m))_N R_N(n)$ 在 $0 \leqslant m \leqslant N-1$ 的主值区间内相乘然后逐项相加即得到 $f(n)$。由此可以看出，循环卷积与周期卷积过程相同，只不过这里要取最后结果的主值序列。

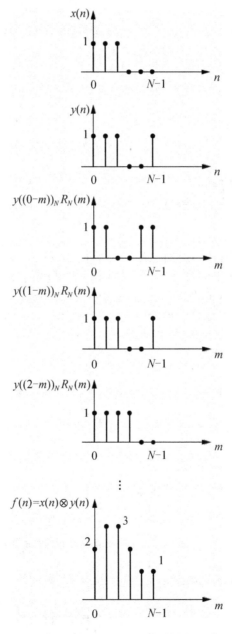

图 4.16 两个有限长序列的循环卷积

```
% 循环卷积的 MATLAB 程序
x1= [1,2,2];x2= [1,2,3,4];N= 7;
y= circonvt(x1, x2, N);
n= 0: 1: N- 1;
x1= [x1, zeros(1, N- length(x1))];
subplot(3, 1, 1);
stem(n, x1);
ylabel('x1(n)')
axis([0, N- 1, - 1, 4]);
text(6.1, - 1.3, 'n')                % 表示在坐标 x= 6.1, y= - 1.3 处加上字符串 n
x2= [x2, zeros(1, N- length(x2))];
subplot(3, 1, 2);
stem(n, x2);
ylabel('x2(n)')
axis([0, N- 1, - 1, 4]);
text(6.1, - 1.3, 'n')                % 表示在坐标 x= 6.1, y= - 1.3 处加上字符串 n
subplot(3, 1, 3);
stem(n, y); title('循环卷积')
axis([0, N- 1, - 1, 15]); text(6.1, - 1.3, 'n')

function y= circonvt(x1, x2, N)
% 在 x1 和 x2:(时域)之间的 N 点循环卷积    % [y]= circonvt(x1, x2, N)
% y= 包含循环卷积的输出序列                % x1= 长度 N1< = N 的输入序列
% x2= 长度 N2< = N 的输入序列              % N= 循环缓冲器的大小
% 方法 y(n)= sum(x1(m)* x2((n- m)modN))   % Check for length of x1
if length(x1)> N
    error('N 必须> = x1 的长度')
end
% Check for length of x2
if length(x2)> N
    error('N 必须> = x2 的长度')
end
x1= [x1 zeros(1, N- length(x1))];
x2= [x2 zeros(1, N- length(x2))];
m= [0: 1: N- 1];
x2= x2(mod(- m, N)+ 1);              % 翻褶，取主值序列
H= zeros(N, N);                      % 建立 N 行 N 列的矩阵
for n= 1: 1: N
    H(n,:)= cirshftt(x2, n- 1, N);
end
y= x1* H';                           % 得到 1* N 行矩阵
```

以上程序的运行结果如图 4.17 所示。

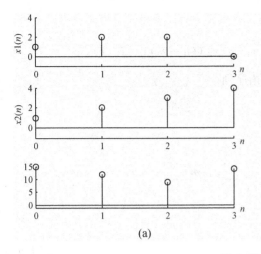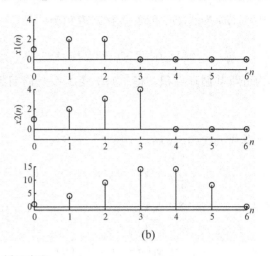

图 4.17 循环卷积
(a) $N=4$;(b) $N=7$

4.4.4 线性卷积与循环卷积之间的关系

设 $x_1(n)$ 是 N_1 点的有限长序列($0 \leqslant n \leqslant N_1-1$),$x_2(n)$ 是 N_2 点的有限长序列($0 \leqslant n \leqslant N_2-1$)。下面分别求两者的线性卷积和循环卷积。

1. 两者的线性卷积

$$y_1(n) = x_1(n) * x_2(n) = \sum_{m=-\infty}^{\infty} x_1(m) x_2(n-m) = \sum_{m=0}^{N_1-1} x_1(m) x_2(n-m) \quad (4.45)$$

$x_1(m)$ 的非零区间为 $0 \leqslant m \leqslant N_1-1$,$x_2(n-m)$ 的非零区间为 $0 \leqslant n-m \leqslant N_2-1$,将两个不等式相加,得到 $y_1(n)$ 的非零区间为

$$0 \leqslant n \leqslant N_1+N_2-2$$

在以上区间之外,要么 $x_1(m)$ 等于 0,要么 $x_2(n-m)$ 等于 0,因而 $y_1(n)=0$,所以 $y_1(n)$ 的长度是 N_1+N_2-1,即线性卷积的长度等于参与卷积的两个序列长度之和减 1。例如,在图 4.18 中,$x_1(n)$ 为 $N_1=3$ 的矩形序列[图 4.18(a)],$x_2(n)$ 为 $N_2=4$ 的矩形序列[图 4.18(b)],则它们的线性卷积 $y_1(n)$ 为 $N=N_1+N_2-1=6$ 点的有限长序列[图 4.18(c)]。

2. 两者的循环卷积

先进行 L 点的循环卷积,再讨论 L 为何值时,循环卷积才能表示线性卷积。

设 $y_2(n) = x_1(n) \circledL x_2(n)$ 是两序列的 L 点循环卷积,$L \geqslant \max(N_1, N_2)$,这就要把 $x_1(n)$ 和 $x_2(n)$ 都看成是 L 点的序列,所以将 $x_1(n)$ 和 $x_2(n)$ 延长成 L 点的序列,不足的补零。

$$x_1(n) = \begin{cases} x_1(n), & 0 \leqslant n \leqslant N_1-1 \\ 0, & N_1 \leqslant n \leqslant L-1 \end{cases}$$

$$x_2(n) = \begin{cases} x_2(n), & 0 \leqslant n \leqslant N_2-1 \\ 0, & N_2 \leqslant n \leqslant L-1 \end{cases}$$

则 $x_1(n)$ 和 $x_2(n)$ 的 L 点循环卷积为

$$y_2(n) = x_1(n) \otimes x_2(n) = \Big[\sum_{m=0}^{L-1} x_1(m) x_2((n-m))_L\Big] R_L(n) \quad (4.46)$$

为分析其循环卷积,将 $x_2(n)$ 变成 L 点周期延拓序列

$$\tilde{x}_2(n) = x_2((n))_L = \sum_{k=-\infty}^{\infty} x_2(n+kL)$$

将其代入式(4.46)中,得到

$$y_2(n) = \Big[\sum_{m=0}^{L-1} x_1(m) x_2((n-m))_L\Big] R_L(n) = \Big[\sum_{m=0}^{L-1} x_1(m) \sum_{r=-\infty}^{\infty} x_2(n+rL-m)\Big] R_L(n)$$

$$= \Big[\sum_{r=-\infty}^{\infty} \sum_{m=0}^{L-1} x_1(m) x_2(n+rL-m)\Big] R_L(n)$$

$$= \Big[\sum_{r=-\infty}^{\infty} y_1(n+rL)\Big] R_L(n) \quad (4.47)$$

式中:$y_1(n)$ 表示 $x_1(n)$ 和 $x_2(n)$ 的线性卷积,分析以上讨论,可以得到如下结论。

(1) $x_1(n)$ 和 $x_2(n)$ L 点的循环卷积 $y_2(n)$ 是其线性卷积 $y_1(n)$ 以 L 为周期进行周期延拓,然后再取主值序列的结果。

(2) 由于 $y_1(n)$ 有 N_1+N_2-1 个非零值,所以延拓的周期 L 必须满足 $L \geqslant N_1+N_2-1$,此时周期延拓不会发生混叠,而 $y_2(n)$ 的前 N_1+N_2-1 个值都为 $y_1(n)$ 的值,其余的 $L-(N_1+N_2-1)$ 个点上的序列值则是补充的零值;否则,当 $L<N_1+N_2-1$ 时,周期延拓时必然会有一部分非零值发生混叠。

(3) 循环卷积等于线性卷积的必要条件是 $L \geqslant N_1+N_2-1$。

图 4.18(d)、图 4.18(e)、图 4.18(f)反映了式(4.47)的循环卷积和线性卷积的关系。可以看出,图 4.18(d)中的 $L=5$ 小于 $N_1+N_2-1=6$,此时产生混叠现象,其循环卷积不等于线性卷积;而在图 4.18(e)中,$L=N_1+N_2-1=6$,此时循环卷积结果等于线性卷积结果;图 4.18(f)中,$L=N_1+N_2-1=7>N_1+N_2-1$,所得 $y_2(n)$ 的前 6 点序列值正好代表线性卷积结果,在第 7 点 ($n=6$) 是零值,没有影响。所以只要 $L \geqslant N_1+N_2-1$,循环卷积结果就能完全代表线性卷积。

在实际应用中,经常遇到的问题是如何求解线性卷积,之所以需要讨论用循环卷积来计算线性卷积的条件,就是因为循环卷积可在频域下利用 DFT 求得,从而可采用 DFT 的快速算法 FFT 来计算,这样就可以利用 FFT 来计算线性卷积,从而可以大大提高运算效率。

利用时域和频域离散傅里叶变换的对偶性,可以得到两个时域序列 $x(n)$ 和 $y(n)$ 乘积的 DFT 等于各自 DFT 的卷积,即

$$f(n) = x(n) y(n)$$

则

$$F(k) = \text{DFT}[f(n)] = \frac{1}{N} \sum_{l=0}^{N-1} X(l) Y((k-l))_N R_N(k)$$

$$= \frac{1}{N} \sum_{l=0}^{N-1} Y(l) X((k-l))_N R_N(k) \quad (4.48)$$

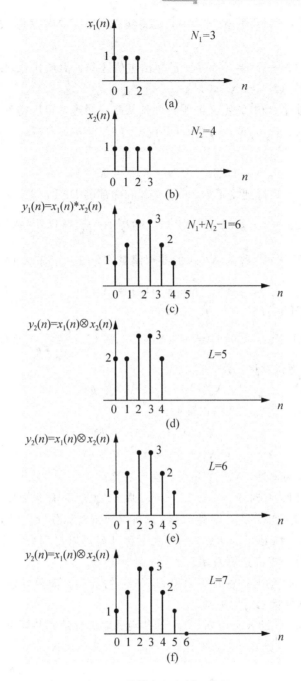

图 4.18 线性卷积和循环卷积

4.4.5 共轭对称性

利用 4.2.2 小节中 DFS 的共轭对称性的结果,可直接得到 DFT 的共轭对称性。

对于长度为 N 的有限长序列 $x(n)$,其 DFT 为 $X(k)$,设 $x^*(n)$ 为 $x(n)$ 的共轭复序列,则

$$\mathrm{DFT}[x^*(n)] = X^*((-k))_N R_N(k) = X^*((N-k))_N R_N(k)$$
$$= X^*(N-k), \quad 0 \leqslant k \leqslant N-1 \tag{4.49}$$

当 $k=0$ 时，$X^*(N-k) = X^*(N)$ 已超出主值区间，但从式(4.49)可以看出，$X^*(k)$ 隐含周期性，所以 $X^*(N) = X^*(0)$。

以上结论可以通过 DFT 的定义证明，此处从略。同理，可以得到

$$\mathrm{DFT}[x^*((-n))_N R_N(n)] = \mathrm{DFT}[x^*((N-n))_N R_N(k)] = X^*(k)$$

亦即

$$\mathrm{DFT}[x^*(N-n)] = X^*(k) \tag{4.50}$$

利用以上性质，不难得到复序列 $x(n)$ 实部和虚部的 DFT，即

$$\mathrm{DFT}[\mathrm{Re}[x(n)]] = \mathrm{DFT}\left[\frac{1}{2}[x(n) + x^*(n)]\right] = \frac{1}{2}[X(k) + X^*(N-k)] \tag{4.51}$$

将 $\frac{1}{2}[X(k) + X^*(N-k)]$ 称为 $X(k)$ 的共轭偶对称分量，记作 $X_e(k)$，即

$$\mathrm{DFT}[\mathrm{Re}[x(n)]] = X_e(k) \tag{4.52}$$

同理，$x(n)$ 虚部的 DFT 为

$$\mathrm{DFT}[j\mathrm{Im}[x(n)]] = \frac{1}{2}[X(k) - X^*(N-k)] = X_o(k) \tag{4.53}$$

$X_o(k)$ 为 $X(k)$ 的共轭奇对称分量，显然

$$X_o(k) + X_e(k) = X(k) \tag{4.54}$$

由 $X_e(k)$ 和 $X_o(k)$ 的定义式可以证明

$$\begin{cases} X_e(k) = X_e^*(N-k) \\ X_o(k) = -X_o^*(N-k) \end{cases} \tag{4.55}$$

即 $X_e(k)$ 存在共轭偶对称性，$X_o(k)$ 存在共轭奇对称性。

若 $x(n)$ 是实序列，此时 $x(n) = x^*(n)$，那么 $X(k)$ 只有共轭偶对称分量，即 $X(k) = X_e(k)$；若 $x(n)$ 是纯虚序列，显然 $X(k)$ 只有共轭奇对称分量。以上两种特殊情况，不论哪一种，只要知道一半数目的 $X(k)$，利用对称性就可以得到另一半，这些性质在计算 DFT 时可以节约运算，提高运算效率。

利用 $x(n)$ 和 $X(k)$ 的对称性，可以得到 $X(k)$ 的实部、虚部分别与 $x(n)$ 的共轭偶对称分量、共轭奇对称分量之间的关系。

用 $x_e(n)$ 及 $x_o(n)$ 分别表示序列 $x(n)$ 的共轭偶对称分量和共轭奇对称分量，则

$$x(n) = x_e(n) + x_o(n), \quad 0 \leqslant n \leqslant N-1 \tag{4.56}$$

及

$$\begin{cases} x_e(n) = \frac{1}{2}[x(n) + x^*(N-n)] \\ x_o(n) = \frac{1}{2}[x(n) - x^*(N-n)] \end{cases} \tag{4.57}$$

两者满足

$$\begin{cases} x_e(n) = x_e^*(N-n), & 0 \leqslant n \leqslant N-1 \\ x_o(n) = -x_o^*(N-n), & 0 \leqslant n \leqslant N-1 \end{cases} \tag{4.58}$$

由式(4.57)，并利用式(4.49)及式(4.50)，可得

$$\begin{cases} \mathrm{DFT}[x_e(n)] = \mathrm{Re}[X(k)] \\ \mathrm{DFT}[x_o(n)] = \mathrm{jIm}[X(k)] \end{cases} \tag{4.59}$$

4.4.6 DFT 与 z 变换的关系

设有限长序列 $x(n)$ 长度为 N，其 z 变换和 DFT 分别为

$$X(z) = \mathrm{ZT}[x(n)] = \sum_{n=0}^{N-1} x(n) z^{-n}$$

$$X(k) = \mathrm{DFT}[x(n)] = \sum_{n=0}^{N-1} x(n) W_N^{kn}, \quad 0 \leqslant k \leqslant N-1$$

可以看到，当 $z = W_N^{-k}$ 时

$$X(k) = X(z)|_{z=W_N^{-k}}, \quad 0 \leqslant k \leqslant N-1 \tag{4.60}$$

或

$$X(k) = X(\mathrm{e}^{\mathrm{j}\omega})|_{\omega=\frac{2\pi}{N}k}, \quad 0 \leqslant k \leqslant N-1 \tag{4.61}$$

$z = W_N^{-k} = \mathrm{e}^{\mathrm{j}(2\pi/N)k}$ 表明 W_N^{-k} 是 z 平面单位圆上辐角为 $\omega = 2\pi k/N$ 的点，也是将 z 平面单位圆 N 等分后的第 k 点，所以，$X(k)$ 也就是 z 变换在单位圆上的等间隔采样，如图 4.19 所示。式(4.61)表明 DFT 是对 DTFT 的采样结果，其采样间隔为 $\omega_N = 2\pi k/N$。

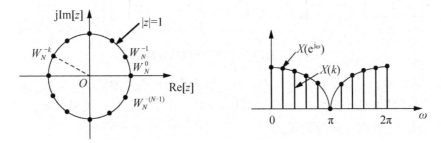

图 4.19 DFT 与 z 变换

4.4.7 DFT 形式下的帕斯瓦尔定理

根据前面讨论的两个时间序列相乘的离散傅里叶变换式(4.48)及共轭复序列的变换式(4.49)，可以得到

$$\sum_{n=0}^{N-1} x(n) y^*(n) = \frac{1}{N} \sum_{k=0}^{N-1} X(k) Y^*(k) \tag{4.62}$$

证

$$\begin{aligned}
\sum_{n=0}^{N-1} x(n) y^*(n) &= \sum_{n=0}^{N-1} x(n) \left[\frac{1}{N} \sum_{k=0}^{N-1} Y(k) W_N^{-kn} \right]^* \\
&= \frac{1}{N} \sum_{k=0}^{N-1} Y^*(k) \sum_{n=0}^{N-1} x(n) W_N^{kn} \\
&= \frac{1}{N} \sum_{k=0}^{N-1} X(k) Y^*(k)
\end{aligned}$$

若 $y(n) = x(n)$，则式(4.62)变成

$$\sum_{n=0}^{N-1} x(n)x^*(n) = \frac{1}{N}\sum_{k=0}^{N-1} X(k)X^*(k)$$

即

$$\sum_{n=0}^{N-1} |x(n)|^2 = \frac{1}{N}\sum_{k=0}^{N-1} |X(k)|^2 \qquad (4.63)$$

式(4.63)两边都是序列能量的表现形式，这表明一个序列在时域计算的能量与在频域计算的能量是相等的。

4.5 利用DFT对连续信号进行谱分析

所谓信号谱分析，就是计算信号的傅里叶变换，从而在频域中对信号进行处理，达到预期要求。连续信号与系统的傅里叶分析不便于直接用计算机计算，使得应用受到限制，而DFT是一种时域和频域均离散化的变换，适合数值运算，成为分析离散信号与系统的有力工具。对连续信号可以通过时域采样，应用DFT进行近似谱分析，这一分析过程可以用图4.20表示。

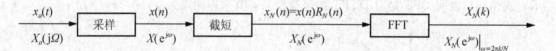

图4.20 利用DFT计算连续信号的频谱

从图中可以看出，这是近似过程，首先，用离散采样信号的傅里叶变换$X(e^{j\omega})$来近似连续信号$x_a(t)$的傅里叶变换$X_a(j\Omega)$；其次，将$x(n)$截短，这一过程相当于用一矩形序列$R_N(n)$与$x(n)$相乘，其DTFT为

$$X_N(e^{j\omega}) = X(e^{j\omega}) * R_N(e^{j\omega}) \qquad (4.64)$$

式中：$R_N(e^{j\omega})$是$R_N(n)$的DTFT，所以$X_N(e^{j\omega})$是$X(e^{j\omega})$和矩形序列的频率响应$R_N(e^{j\omega})$的卷积。然后，再对截短的信号做DFT，相当于对$X_N(e^{j\omega})$在频率域上进行等间隔采样。这一近似过程中将会产生分析误差，下面分别讨论。

1. 混叠现象

从第2章对连续信号采样的讨论中可知，采样序列的频谱是连续时间信号频谱的周期延拓，但当采样频率不满足奈奎斯特采样定理时，将会发生混叠现象，使得采样信号的频谱不能无失真地恢复出原信号。

防止混叠的唯一办法就是保证采样频率足够高，根据采样定理($f_s \geqslant 2f_h$，f_s为采样频率，f_h为连续信号的最高频率)，这就需要知道原信号的频谱范围，以确定采样频率。在实际应用时，通常取$f_s = (2\sim 5)f_h$，对于采样频率固定的情况，为确保无混叠，可在采样前设置一模拟低通滤波器，滤除高于折叠频率$f_s/2$的频率成分，这种滤波器就是抗混叠滤波器。

2. 截断效应

理论分析表明,一个时间有限的信号其频带宽度为无限的,一个时间无限的信号其频带宽度为有限的。时间无限信号进行 DFT 运算过程中,必须将其截短成有限长信号,虽然无限信号频带有限,但由于截短导致了分散的扩展谱线现象,称为频谱泄漏或功率泄漏。

信号截短,即 $x_N(n) = x(n)R_N(n)$,$R_N(n)$ 称为矩形窗函数,截短后的信号频谱如式(4.64)所示。这样,在矩形窗函数频谱的作用下,使得 $X_N(e^{j\omega})$ 出现了较大的波动和频谱扩展,即产生了频谱泄漏现象,给频谱分析带来了误差。有关窗函数在第 7 章中将详细讨论,这里不再赘述。若截短长度 N 增加,则 $X_N(e^{j\omega})$ 更接近理论的 $X(e^{j\omega})$ 值;反之,若截短长度 N 减小,则泄漏现象明显。另外,泄漏也会引起混叠,由于泄漏使信号频谱展宽,如果它的高频成分超过折叠频率就会造成混叠,这种混叠的可能性在矩形窗截断时变大。

3. 栅栏效应

由于 N 点 DFT 是在频率区间 $[0, 2\pi]$ 上对信号的频谱进行 N 点等间隔采样,而采样点之间的频谱函数值是未知的,这就如同从 N 个栅栏缝隙中观看景象一样,只能得到从 N 个缝隙中看到的频谱函数值,因此称这种现象为栅栏效应。由于栅栏效应,可能漏掉(挡住)大的频谱分量。减小栅栏效应的一种方法是在原序列尾部补零,从而改变序列长度(即 DFT 变换区间长度),实际上是改变了真实频谱采样的点数和位置,使原来漏掉的某些频谱分量被检测出来。

4. DFT 的分辨率

增补零值可以改变对 DTFT 的采样密度,但这并不能提高 DFT 的频率分辨率,因为 DFT 的频率分辨率通常规定为 f_s/N,这里的 N 是指信号 $x(n)$ 的有效长度,而不是补零的长度。不同长度的 $x(n)$,其 DTFT 的结果是不同的;而相同长度的 $x(n)$ 尽管补零的长度不同,其 DTFT 的结果却是相同的,它们的 DFT 只是反映了对相同的 DTFT 采用了不同的采样密度。因此,要提高 DFT 的分辨率,只有增加信号的截取长度 N。

4.6 快速傅里叶变换

20 世纪 60 年代中期 Cooley 和 Tukey 提出了 FFT 算法,这种算法的出现,大大推动了 DFT 在各方面的应用。快速傅里叶变换并不是一种新的变换,它与离散傅里叶变换的原理完全相同,只是计算速度上有很大改进,是一种快速有效的计算 DFT 的方法。

4.6.1 直接计算 DFT 的运算量

由 4.3 节可知,对于长度为 N 的有限长序列 $x(n)$,离散傅里叶变换对如下。

$$\begin{cases} X(k) = \sum_{n=0}^{N-1} x(n) W_N^{nk}, & 0 \leqslant k \leqslant N-1 \\ x(n) = \dfrac{1}{N} \sum_{k=0}^{N-1} X(k) W_N^{-nk}, & 0 \leqslant n \leqslant N-1 \end{cases}$$

比较以上两式，其差别只在于旋转因子 W_N 的指数相差一个负号，以及相差一个常数比例因子 $1/N$，所以 DFT 和 IDFT 具有相同的运算量，这里只讨论 DFT 的运算量。

一般情况下，$x(n)$、W_N^{nk} 以及 $X(k)$ 都是复数，因此每计算一个 $X(k)$ 值，需要 N 次复数乘法和 $N-1$ 次复数加法，而 $X(k)$ 共有 N 个点（$0 \leqslant K \leqslant N-1$），所以完成整个 DFT 运算需要 N^2 次复数乘法及 $N(N-1)$ 次复数加法。实际上复数运算是由实数运算来完成的，1 次复数乘法要做 4 次实数乘法和 2 次实数加法，1 次复数加法要做 2 次实数加法。所以，做 1 次 DFT 需要做 $4N^2$ 次实数乘法及 $2N(2N-1)$ 次实数加法。随着序列长度 N 的增大，运算次数将急剧增加，即使采用计算机，也很难实时处理，因此必须对其加以改进，使运算量大大减小。

4.6.2 改进途径

FFT 主要利用 DFT 旋转因子 W_N^{nk} 的周期性和对称性来减少运算量。

(1) W_N^{nk} 的周期性：$W_N^{nk} = W_N^{(n+N)k} = W_N^{n(k+N)}$。

(2) W_N^{nk} 的对称性：$(W_N^{nk})^* = W_N^{-nk}$。

(3) W_N^{nk} 的可约性：$W_N^{nk} = W_{mN}^{nmk}$，$W_N^{nk} = W_{N/m}^{nk/m}$。

由此可得出

$$W_N^{n(N-k)} = W_N^{(N-n)k} = W_N^{-nk}, \quad W_N^{N/2} = -1, \quad W_N^{(k+N/2)} = -W_N^k$$

这样，利用这些特性，使 DFT 运算中有些项可以合并，并可以把长序列的 DFT 分解为短序列的 DFT。由前面分析可知，DFT 的运算量与 N^2 成正比，所以 N 越小运算量越小，如果可以把一个长序列的 DFT 分解成若干个短序列的 DFT，那么运算量将大大减少。

常用 FFT 算法有两大类：一类是按时间抽取的 FFT 算法（DIT－FFT）；另一类是按频率抽取的 FFT 算法（DIF－FFT）。

4.6.3 按时间抽取的基－2FFT 算法

1. 算法原理

按时间抽取的 FFT 算法基本思想是：时域序列 $x(n)$ 按序列 n 的奇偶分组，频域序列 $X(k)$ 按序号 k 的前后分组。设序列 $x(n)$ 长度为 N，对于基－2 算法，一般 N 为 2 的 M 次方，即满足 $N=2^M$，M 为正整数，若不满足该条件，则加零补充。这样，按 n 的奇偶把 $x(n)$ 分解为两个 $N/2$ 点的子序列，即

$$\begin{cases} x_1(r) = x(2r), & r = 0, 1, \cdots, \dfrac{N}{2} - 1 \\ x_2(r) = x(2r+1), & r = 0, 1, \cdots, \dfrac{N}{2} - 1 \end{cases}$$

则 $x(n)$ 的 DFT 为

$$X(k) = \sum_{n=偶数} x(n) W_N^{nk} + \sum_{n=奇数} x(n) W_N^{nk}$$

$$= \sum_{r=0}^{\frac{N}{2}-1} x(2r) W_N^{2kr} + \sum_{r=0}^{\frac{N}{2}-1} x(2r+1) W_N^{k(2r+1)}$$

$$= \sum_{r=0}^{\frac{N}{2}-1} x_1(r) W_N^{2kr} + W_N^k \sum_{r=0}^{\frac{N}{2}-1} x_2(r) W_N^{2kr}$$

因为

$$W_N^{2kr} = e^{-j\frac{2\pi}{N}2kr} = e^{-j\frac{2\pi}{N/2}kr} = W_{N/2}^{kr}$$

所以

$$X(k) = \sum_{r=0}^{\frac{N}{2}-1} x_1(r) W_{N/2}^{kr} + W_N^k \sum_{r=0}^{\frac{N}{2}-1} x_2(r) W_{N/2}^{kr} = X_1(k) + W_N^k X_2(k) \tag{4.65}$$

式中：$X_1(k)$ 和 $X_2(k)$ 分别为 $x_1(r)$ 及 $x_2(r)$ 的 $\frac{N}{2}$ 点 DFT，即

$$X_1(k) = \sum_{r=0}^{\frac{N}{2}-1} x_1(r) W_{N/2}^{kr} = \sum_{r=0}^{\frac{N}{2}-1} x(2r) W_{N/2}^{kr} \tag{4.66a}$$

$$X_2(k) = \sum_{r=0}^{\frac{N}{2}-1} x_2(r) W_{N/2}^{kr} = \sum_{r=0}^{\frac{N}{2}-1} x(2r+1) W_{N/2}^{kr} \tag{4.66b}$$

由此可以看到，一个 N 点的 DFT 分解成两个 $\frac{N}{2}$ 点的 DFT 组合，但这里的 $X_1(k)$ 和 $X_2(k)$ 只有 $\frac{N}{2}$ 个点，即 $k=0, 1, 2, \cdots, \frac{N}{2}-1$，而 $X(k)$ 却有 N 个点，即 $k=0, 1, 2, \cdots, N-1$，所以式(4.65)计算得到的只是 $X(k)$ 的前一半结果，利用上一节讨论的旋转因子的周期性来计算 $X(k)$ 后一半的结果。

由于

$$W_{N/2}^{kr} = W_{N/2}^{r(k+N/2)}$$

所以

$$X_1\left(\frac{N}{2}+k\right) = \sum_{r=0}^{\frac{N}{2}-1} x_1(r) W_{N/2}^{(N/2+k)r} = \sum_{r=0}^{\frac{N}{2}-1} x_1(r) W_{N/2}^{kr} = X_1(k) \tag{4.67}$$

同理可得

$$X_2\left(\frac{N}{2}+k\right) = X_2(k) \tag{4.68}$$

式(4.67)和式(4.68)表明 $X_1(k)$ 和 $X_2(k)$ 的后一半 $N/2$ 点的值与前一半 $N/2$ 点的值相等，同时也隐含了 $X_1(k)$ 和 $X_2(k)$ 的周期性，且周期为 $N/2$。再考虑旋转因子的对称性

$$W_N^{(k+N/2)} = -W_N^k \tag{4.69}$$

由此，将式(4.67)、式(4.68)、式(4.69)代入式(4.65)，得到

$$X(k) = X_1(k) + W_N^k X_2(k), \qquad k = 0, 1, 2, \cdots, \frac{N}{2}-1 \tag{4.70a}$$

$$X\left(k+\frac{N}{2}\right) = X_1(k) - W_N^k X_2(k), \qquad k = 0, 1, 2, \cdots, \frac{N}{2}-1 \tag{4.70b}$$

式(4.70a)计算 $X(k)$ 的前一半值，式(4.70b)计算 $X(k)$ 的后一半值。这说明，只要求出 $k=0, 1, 2, \cdots, \frac{N}{2}-1$ 时 $X_1(k)$ 和 $X_2(k)$ 的值，即可求出 $k=0, 1, 2, \cdots, N-1$ 区间的所有 $X(k)$ 的值。显然节省了一半的运算量。

用同样的方法，$X_1(k)$ 和 $X_2(k)$ 可以继续分下去，这种按时间抽取算法是在输入序列分成越来越小的子序列上进行 DFT 运算，最后再合成为 N 点的 DFT。

上述讨论的运算过程可以用图 4.21 所示的蝶形信号流图（又称蝶形运算单元）表示，首先将式(4.70a)和式(4.70b)右端简化为以下计算

$$\begin{cases} a-bW \\ a+bW \end{cases}$$

图 4.21(a)为实现这一运算的一般方法，它需要 2 次乘法、2 次加减法。由于 $-bW$ 和 bW 仅相差一个负号，所以可将图 4.21(a)简化成图 4.21(b)，此时仅需 1 次乘法、2 次加减法。由于图 4.21(b)的运算结构像蝴蝶，通常称为蝶形运算结构简称蝶形结。

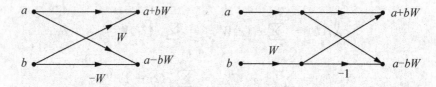

图 4.21 蝶形运算的简化

根据图 4.21 蝶形运算方法，举例说明 8 点 DFT 的蝶形运算结构，如图 4.22 所示。首先，将输入序列 $x(n)$ 划分成偶数部分和奇数部分，偶数部分为 $x(0)$、$x(2)$、$x(4)$、$x(6)$；奇数部分为 $x(1)$、$x(3)$、$x(5)$、$x(7)$。利用式(4.66)计算 4 点 DFT 的 $X_1(k)$ 和 $X_2(k)$，再利用式(4.70)将 $X_1(k)$ 和 $X_2(k)$ 合成 $X(k)$，由此，得到输出值 $X(0)$ 到 $X(7)$。

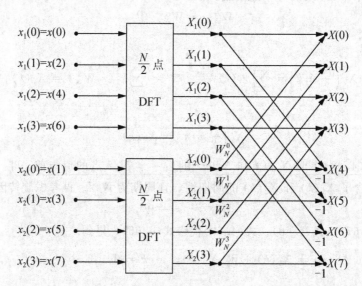

图 4.22 按时间抽取，将一个 N 点 DFT 分解为两个 $\frac{N}{2}$ 点 DFT($N=8$)

从以上分析可知，一个 N 点的 DFT 分解成两个 $N/2$ 点 DFT 运算，减少了一半的运算量。既然如此，由于 $N=2^M$，因而 $N/2$ 仍是偶数，可以进一步把每个 $N/2$ 点序列再按奇偶部分分解为两个 $N/4$ 点的子序列，具体公式如下：

第4章 离散傅里叶变换及其快速算法

$$\begin{cases} x_1(2l) = x_3(l), & l = 0,1,\cdots,\dfrac{N}{4}-1 \\ x_1(2l+1) = x_4(l), & l = 0,1,\cdots,\dfrac{N}{4}-1 \end{cases}$$

$$\begin{aligned} X_1(k) &= \sum_{l=0}^{\frac{N}{4}-1} x_1(2l) W_{N/2}^{2kl} + \sum_{l=0}^{\frac{N}{4}-1} x_1(2l+1) W_{N/2}^{(2l+1)k} \\ &= \sum_{l=0}^{\frac{N}{4}-1} x_3(l) W_{N/4}^{kl} + W_{N/2}^{k} \sum_{l=0}^{\frac{N}{4}-1} x_4(l) W_{N/4}^{lk} \\ &= X_3(k) + W_{N/2}^{k} X_4(k) \quad k = 0,1,\cdots,\dfrac{N}{4}-1 \end{aligned} \quad (4.71)$$

且

$$X_1\left(\dfrac{N}{4}+k\right) = X_3(k) - W_{N/2}^{k} X_4(k) \quad k = 0,1,2,\cdots,\dfrac{N}{4}-1$$

式中：

$$X_3(k) = \sum_{l=0}^{\frac{N}{4}-1} x_3(l) W_{N/4}^{kl} \tag{4.72}$$

$$X_4(k) = \sum_{l=0}^{\frac{N}{4}-1} x_4(l) W_{N/4}^{kl} \tag{4.73}$$

同样 $X_2(k)$ 也可进行分解

$$\begin{cases} X_2(k) = X_5(k) + W_{N/2}^{k} X_6(k) \\ X_2\left(\dfrac{N}{4}+k\right) = X_5(k) - W_{N/2}^{k} X_6(k) \end{cases} \quad k = 0,1,2,\cdots,\dfrac{N}{4}-1$$

式中：

$$X_5(k) = \sum_{l=0}^{\frac{N}{4}-1} x_2(2l) W_{N/4}^{kl} = \sum_{l=0}^{\frac{N}{4}-1} x_5(l) W_{N/4}^{kl} \tag{4.74}$$

$$X_6(k) = \sum_{l=0}^{\frac{N}{4}-1} x_2(2l+1) W_{N/4}^{kl} = \sum_{l=0}^{\frac{N}{4}-1} x_6(l) W_{N/4}^{kl} \tag{4.75}$$

以上进一步分解过程可以用蝶形图表示，即将一个 $N/2$ 点 DFT 分解成两个 $\dfrac{N}{4}$ 点 DFT，由这两个 $\dfrac{N}{4}$ 点 DFT 组合成一个 $\dfrac{N}{2}$ 点 DFT 的流图，如图 4.23 所示。

根据旋转因子的可约性，将系数统一为 $W_{N/2}^{k} = W_{N}^{2k}$，则一个 $N=8$ 点 DFT 就可分解为 4 个 $\dfrac{N}{4}=2$ 点 DFT，由此得到图 4.24 所示的流图。

对于 8 点的 DFT，最后剩下的是 4 个 2 点的 DFT，它可以用一个蝶形结表示。因此，一个 8 点 DFT 完整的按时间抽取算法流图如图 4.25 所示。

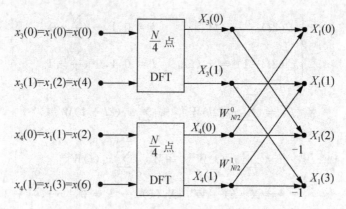

图 4.23 由两个 $\frac{N}{4}$ 点 DFT 组合成 $\frac{N}{2}$ 点 DFT

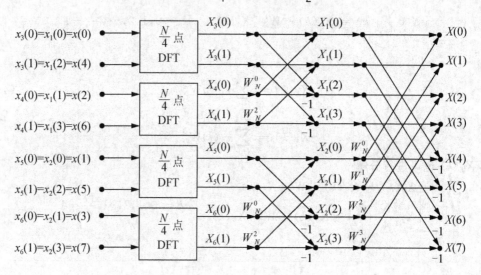

图 4.24 由 4 个 $\frac{N}{4}$ 点 DFT 组合成一个 $N=8$ 点 DFT

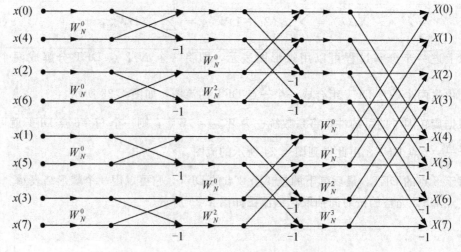

图 4.25 $N=8$ 按时间抽取的 FFT 运算流图

该种方法的每一步分解,都是按输入序列在时域上的次序是属于偶数还是奇数来抽取的,所以称为"按时间抽取法"。

2. 按时间抽取的 FFT 与 DFT 运算量的比较

由以上按时间抽取法 FFT 的运算流图,可以看出,当 $N=2^M$ 时,共有 M 级蝶形,每级都由 $\frac{N}{2}$ 个蝶形运算组成,每个蝶形有一次复乘、二次复加,因而每级运算都需 $\frac{N}{2}$ 次复乘和 N 次复加,这样 M 级运算总共需要

复乘数 $$m_F = \frac{N}{2}M = \frac{N}{2}\log_2 N$$

复加数 $$a_F = NM = N\log_2 N$$

由于计算机上乘法运算所需的时间比加法运算所需的时间要多很多,故以乘法为例,由本节前面分析可知,直接计算 DFT 复数乘法次数是 N^2,FFT 复数乘法次数是 $\frac{N}{2}\log_2 N$,则两者之比为

$$\frac{N^2}{\frac{N}{2}\log_2 N} = \frac{2N}{\log_2 N}$$

当 $N=1024$ 时,这一比值为 204.8,即直接计算 DFT 的运算量是 FFT 运算量的 204.8 倍。当点数 N 越大时,FFT 的优点更为明显。

【例 4.5】 如果计算机的速度为平均每次复数乘需要 5×10^{-6} 秒,每次复数加需要 10^{-6} 秒,用来计算 $N=1024$ 点 DFT,求分别利用 DFT 和 FFT 计算各需要多少时间?两者计算量之比为多少?

解 直接用 DFT 的复数乘运算次数为 N^2 次 $=1024\times 1024$ 次,复数加法计算次数为 $N(N-1)=1024\times 1023$,所以直接计算所需时间为 $T=5\times 10^{-6}\times 1024^2 + 10^{-6}\times 1024\times 1023 \approx 6.29\mathrm{s}$。

FFT 计算所需时间为

$$T = 5\times 10^{-6}\times \frac{N}{2}\log_2 N + 10^{-6}\times N\log_2 N$$

$$= 5\times 10^{-6}\times \frac{1024}{2}\log_2 1024 + 10^{-6}\times 1024\log_2 1024$$

$$= 35.84\mathrm{ms}$$

DFT 运算时间/FFT 运算时间 $=6.29\mathrm{s}/35.84\mathrm{ms}=175.5$。

3. 按时间抽取的 FFT 算法的特点

为了得出任意 $N=2^M$ 点的按时间抽取基-2FFT 信号流图,下面来研究这种按时间抽取法在运算方式上的特点。

1) 原位计算

所谓原位计算,就是当数据输入到存储器中以后,每一级蝶形运算的结果仍然存储在同一存储器中,直到最后输出。由于中间无需其他的存储器,又称为同址运算。例如

图 4.25 中，每一级的蝶形运算可以写成

$$\begin{cases} x_l(m) = x_{l-1}(m) + W_N^r x_{l-1}(n) \\ x_l(n) = x_{l-1}(m) - W_N^r x_{l-1}(n), l = 1, 2, \cdots, M \end{cases} \quad (4.76)$$

N 个输入数据 $x_0(n)$ 经第一次迭代运算后得出新的 N 个数据 $x_1(n)$，然后，$x_1(n)$ 经第二次迭代运算，又得到另外 N 个数据，以此类推，直到最后输出结果 $x_M(n)$ 即为 $X(k)$。在迭代计算中，每个蝶形运算的输出数据 $x_l(n)$ 可以存放在原来存储输入数据 $x_{l-1}(n)$ 的单元中，实行原位计算。这样存储器数据只需 N 个存储单元，既可存放输入的原始数据，又可以存放中间结果，还可以存放最后的输出结果，显然节省了大量的存储单元，这是 FFT 算法的一大优点。

2) 倒位序规律

从图 4.25 可以看出，当运算完成后，FFT 的输入 $x(n)$ 不是按自然序列顺序存储的，而是 $x(0)$、$x(4)$、$x(2)$、$x(6)$、$x(1)$、$x(5)$、$x(3)$、$x(7)$。这一顺序看起来似乎是杂乱无序的，实际上是有规律的，下面来研究它的一般规律。

造成倒位序的原因是输入 $x(n)$ 按标号 n 的偶奇的不断分组。对于 $N=8$ 可用 3 位二进制数表示为 $(n_2 n_1 n_0)$，这里 n_0 代表二进制的最低位，n_2 表示高位，n_1 为中间位。第一次分组，由图 4.25 看到，n 为偶数(相当于 $n_0=0$)在上半部分，n 为奇数(相当于 $n_0=1$)在下半部分。第二次分组，对这两个偶、奇序列再分一次偶、奇序列，根据 n_1 为 "0" 或 "1" 来分偶奇(而不管原来序列的偶奇)，"0" 为偶，"1" 为奇。同理，第三次分组，根据 n_2 为 "0" 或 "1" 来分偶奇，"0" 为偶，"1" 为奇。如此继续下去，直到最后不能再分偶、奇时为止。可以将这种关系归纳到表 4-2 中，由此发现，输入 $x(n)$ 中序号 n 其顺序正好是自然顺序的二进制码按位反转的结果，如在 011 位置，恰是放着 110，二进制的最高位和最低位互相交换位置。按位反转的运算在计算机中很容易实现，这也是基-2FFT 的又一大特点。

一般实际运算中，以按位反转的顺序输入 $x(n)$ 很不方便，因此，还是先按自然顺序输入序列到存储单元，然后再通过变址寻址运算实现倒位序的排列。目前，有许多支持 FFT 的处理器均有这种按位反转的寻址功能。

表 4-2 码位的倒位序 ($N=8$)

自然顺序 (n)	二进制数	倒位序二进制数	倒位序顺序 ($\hat{n}$)
0	000	000	0
1	001	100	4
2	010	010	2
3	011	110	6
4	100	001	1
5	101	101	5
6	110	011	3
7	111	111	7

3) 蝶形运算参数规律

从图 4.25 可知,对于 $N=2^M$ 点 FFT 运算,共需 M 级蝶形运算,每级由 $\frac{N}{2}$ 个蝶形运算构成,蝶形两节点距离为 2^{L-1}(L 为级数,即 $L=1,2,\cdots,M$),每个蝶形运算有一次复乘和两次复加运算。

第 L 级蝶形中系数因子为 $W_N^{J\cdot 2^{M-L}}$($L=1,2,\cdots,M$;$J=0,1,2,\cdots,2^{L-1}-1$),即第 L 级蝶形运算系数因子类型数为 2^{L-1} 个。如 $N=8$,共有 $M=3$ 级。

第一级,$2^0=1$ 个蝶形运算系数为 $W_N^{J\cdot 2^{M-L}}\big|_{L=1,J=0}=W_N^0$,即 1 种蝶形运算类型。

第二级,$2^1=2$ 个蝶形运算系数为 $W_N^{J\cdot 2^{M-L}}=\begin{cases}W_N^0,L=2,J=0\\W_N^2,L=2,J=1\end{cases}$,2 种蝶形运算类型。

第三级,$2^2=4$ 个蝶形运算系数为 $W_N^{J\cdot 2^{M-L}}=\begin{cases}W_N^0,L=3,J=0\\W_N^1,L=3,J=1\\W_N^2,L=3,J=2\\W_N^3,L=3,J=3\end{cases}$,即 4 种蝶形运算类型。

4.6.4 按频率抽取的基-2FFT 算法

1. 算法原理

FFT 的另外一种普遍算法就是按频率抽取的 FFT 算法,它是把输出序列 $X(k)$(也是 N 点序列)按其顺序的奇偶分解为越来越短的序列。

仍设序列点数为 $N=2^M$,M 为整数。先把输入序列按前、后对半分开(不是按奇偶分开),这样 N 点 DFT 写成前、后两部分

$$x_1(n)=x(n), \quad n=0,1,\cdots,\frac{N}{2}-1$$

$$x_2(n)=x(n+\frac{N}{2}), \quad n=0,1,\cdots,\frac{N}{2}-1$$

因此

$$\begin{aligned}X(k)&=\sum_{n=0}^{N-1}x(n)W_N^{nk}\\&=\sum_{n=0}^{\frac{N}{2}-1}x(n)W_N^{nk}+\sum_{n=0}^{\frac{N}{2}-1}x(n+\frac{N}{2})W_N^{(n+\frac{N}{2})k}\\&=\sum_{n=0}^{\frac{N}{2}-1}[x_1(n)+x_2(n)W_N^{Nk/2}]W_N^{nk},\quad k=0,1,\cdots,N-1\end{aligned}$$

由于 $W_N^{Nk/2}=(-1)^k$,上式变成

$$X(k)=\sum_{n=0}^{\frac{N}{2}-1}[x_1(n)+(-1)^k x_2(n)]W_N^{nk},\quad k=0,1,\cdots,N-1 \qquad (4.77)$$

当 k 为偶数时，$(-1)^k = 1$；k 为奇数时，$(-1)^k = -1$。因此，按 k 的奇偶可将 $X(k)$ 分成两部分

$$X(2l) = \sum_{n=0}^{\frac{N}{2}-1} (x_1(n) + x_2(n))W_N^{2nl}$$

$$= \sum_{n=0}^{\frac{N}{2}-1} [x_1(n) + x_2(n)]W_{N/2}^{nl}, \quad l = 0, 1, \cdots, \frac{N}{2} - 1$$

(4.78a)

$$X(2l+1) = \sum_{n=0}^{\frac{N}{2}-1} [x_1(n) - x_2(n)]W_N^{n(2l+1)}$$

$$= \sum_{n=0}^{\frac{N}{2}-1} \{[x_1(n) - x_2(n)]W_N^n\}W_{N/2}^{nl}, \quad l = 0, 1, \cdots, \frac{N}{2} - 1$$

(4.78b)

由此可知，频率序列 $X(2l)$ 是时间序列 $x_1(n) + x_2(n)$ 的 $\frac{N}{2}$ 点的 DFT，频率序列 $X(2l+1)$ 是时间序列 $[x_1(n) - x_2(n)]W_N^n$ 的 $\frac{N}{2}$ 点的 DFT。这样，又将 N 点 DFT 化成了两个 $\frac{N}{2}$ 点 DFT 的计算，通过 2 次加（减）法和 1 次乘法，从原来序列获得两个子序列。所以，频率抽取算法的蝶形运算是

$$\begin{cases} y_1(n) = x_1(n) + x_2(n) \\ y_2(n) = [x_1(n) - x_2(n)]W_N^n \end{cases}, \quad n = 0, 1, \cdots, \frac{N}{2} - 1 \quad (4.79)$$

则有

$$\begin{cases} X(2l) = \sum_{n=0}^{\frac{N}{2}-1} y_1(n)W_{N/2}^{nl} \\ X(2l+1) = \sum_{n=0}^{\frac{N}{2}-1} y_2(n)W_{N/2}^{nl} \end{cases}, \quad l = 0, 1, \cdots, \frac{N}{2} - 1 \quad (4.80)$$

式(4.79)所表示的蝶形运算如图 4.26 所示。

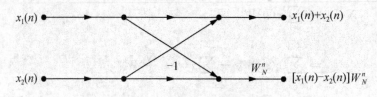

图 4.26　频率抽取法的蝶形运算

这样，就可以把一个 N 点 DFT 按 k 的奇偶分解为两个 $\frac{N}{2}$ 点的 DFT。当 $N=8$ 时，上述分解过程如图 4.27 所示。

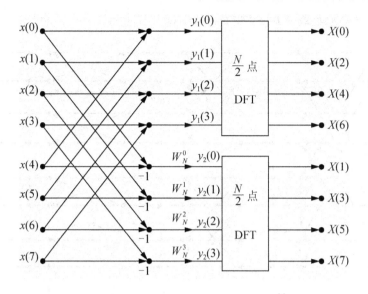

图 4.27　按频率抽取，将一个 N 点 DFT 分解为两个 $\frac{N}{2}$ 点 DFT($N=8$)

与时间抽取法的迭代过程类似，由于 $N=2^M$，$\frac{N}{2}$ 仍是一个偶数，因此，可以将每个 $\frac{N}{2}$ 点 DFT 的输出再分解为偶数部分和奇数部分，这就将 $\frac{N}{2}$ 点 DFT 进一步分解为两个 $\frac{N}{4}$ 点 DFT。这两个 $\frac{N}{4}$ 点 DFT 的输入也是先将 $\frac{N}{2}$ 点 DFT 的输入上、下对半分开后通过蝶形运算形成，图 4.28 显示了这一步的分解过程。

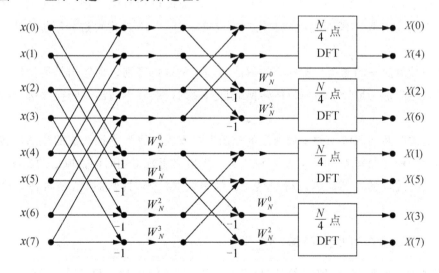

图 4.28　按频率抽取将一个 $N=8$ 点 DFT 分解成 4 个 $\frac{N}{4}$ 点 DFT

这样一个 $N=2^M$ 点的 DFT 通过 M 次分解后，最后剩下是 2 点的 DFT，它只有加减运算。为了有统一运算结构，仍然用一个系数为 W_N^0 的蝶形运算来表示。图 4.29 表示一个

$N=8$ 的完整的按频率抽取的基－2FFT 运算结构。

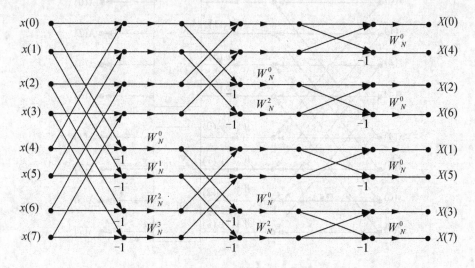

图 4.29 $N=8$ 按频率抽取的 FFT 运算流图

2. 按频率抽取法的运算特点

从图 4.29 可以看出，尽管 DIF 与 DIT 的蝶形结构不同，但其运算量相同，即有 M 级运算，每级运算需 $\frac{N}{2}$ 个蝶形运算来完成，总共需要 $\frac{N}{2}\log_2 N$ 次复乘，$N\log_2 N$ 次复加。每个蝶形两节点距离为 2^{M-L} ($L=1, 2, \cdots, M$)。第 L 级蝶形中系数因子为 $W_N^{J\cdot 2^{L-1}}$ ($L=1, 2, \cdots, M; J=0, 1, 2, \cdots, 2^{M-L}-1$)，即第 L 级蝶形运算系数因子类型数为 2^{M-L} 个，这与 DIT 法正好相反，蝶形类型随迭代次数成倍减少。DIF 法也可进行原位计算，节省存储空间。

与时间抽取法不同的是，按频率抽取法的输入是自然序列，而输出是倒位序。因此运算完毕后，要通过变址计算将倒位序转换成自然序列，然后再输出，转换方法与时间抽取法相同。

仔细对比时间抽取法和频率抽取法的流图即可发现，将频率抽取法的流图反转，并将输入变输出，输出变输入，即"X"和"x"更换，正好得到时间抽取法的流图。

通过以上规律的总结，可以得出结论：频率抽取法与时间抽取法是两种等价的 FFT 运算。

4.6.5* N 为组合数的 FFT 和基－4FFT

上面讨论的两种基－2FFT 算法（DIT 和 DIF）涉及的序列长度 N 均需满足 2 的整数幂（即 $N=2^M$）这个条件。但在实际计算中，无法保证序列长度总是满足 2 的整数幂，这种情况下，一般将 $x(n)$ 补零，使其长度增长到最邻近的一个 2^M 数值。有限长序列补零之后，其频谱 $X(e^{j\omega})$ 不受影响，只是增加了频谱的采样点数，导致的后果就是增加了计

第4章 离散傅里叶变换及其快速算法

算量。但是，有时计算量增加的太多，浪费较大。例如，$x(n)$ 的点数 $N=300$，则需补到 $N=2^{10}=512$，要补 212 个零值点，因此，人们研究出 $N\neq 2^M$)时的 FFT 算法。如果要求准确的 N 点 DFT，而 N 又是素数，则只能采用直接 DFT 方法，或者用后面将要介绍的 CZT(Chirp-z 变换)方法。如果 N 为一个复合数，即它可以分解成一些因子的乘积，则可以用 FFT 的一般算法，也就是混合基 FFT 算法，而基-2 和基-4 算法只是这种一般算法的特例。

1. 算法原理

先讨论最简单的情况，即 $N=PQ$ 为两个数的乘积，然后推广到一般情况。首先将 DFT 的时间变量 n 和频率变量 k 分别表示成二维的形式

$$\begin{cases} n = n_1 Q + n_0 \\ k = k_1 P + k_0 \end{cases} \tag{4.81}$$

其中：n_0、k_1 分别为 $0,1,\cdots,Q-1$；n_1，k_0 分别为 $0,1,\cdots,P-1$。这样的表达式，n 为 n_1 进制数，n_0 为末位，n_1 为其进位，k 为 k_1 进制数，k_0 为其末位，k_1 为其进位。实际上是将原来的序号 n、k 用矩阵形式来表示，用下面的例子加以说明。

【例 4.6】 $N=8$，$P=4$，$Q=2$，将 n 和 k 分别表示成二维形式。

解 $$\begin{cases} n = 2n_1 + n_0, & n_1 = 0,1,2,3, n_0 = 0,1 \\ k = 4k_1 + k_0, & k_1 = 0,1, k_0 = 0,1,2,3 \end{cases}$$

故 $$\begin{cases} n = \{n_0, (2+n_0), (4+n_0), (6+n_0)\} = \{0,1,2,3,4,5,6,7\} \\ k = \{k_0, (4+k_0)\} = \{0,1,2,3,4,5,6,7\} \end{cases}$$

利用式(4.81)，N 点 DFT 可以重写成

$$X(k) = X(k_1 P + k_0) = X(k_1, k_0) = \sum_{n=0}^{N-1} x(n) W_N^{nk}$$

$$= \sum_{n_0=0}^{Q-1} \sum_{n_1=0}^{P-1} x(n_1 Q + n_0) W_N^{(n_1 Q + n_0)(k_1 P + k_0)}$$

$$= \sum_{n_0=0}^{Q-1} \sum_{n_1=0}^{P-1} x(n_1, n_0) W_N^{n_1 k_1 PQ} W_N^{n_1 k_0 Q} W_N^{n_0 k_1 P} W_N^{n_0 k_0}$$

$$= \sum_{n_0=0}^{Q-1} \sum_{n_1=0}^{P-1} x(n_1, n_0) W_N^{n_1 k_0 Q} W_N^{n_0 k_1 P} W_N^{n_0 k_0} \tag{4.82}$$

这里 n 是用 n_1 和 n_0 表示的，所以要对 n_1 和 n_0 的所有位求和，即单求和号变成了两个求和号。由于 $W_N^{n_1 k_0 Q} = W_P^{n_1 k_0}$，$W_N^{n_0 k_1 P} = W_Q^{n_0 k_1}$，所以式(4.82)可进一步表示为

$$X(k_1, k_0) = \sum_{n_0=0}^{Q-1} \left\{ \left[\sum_{n_1=0}^{P-1} x(n_1, n_0) W_P^{n_1 k_0} \right] W_N^{n_0 k_0} \right\} W_Q^{n_0 k_1} \tag{4.83}$$

令 $$X_1(k_0, n_0) = \sum_{n_1=0}^{P-1} x(n_1, n_0) W_P^{n_1 k_0} \tag{4.84}$$

表示 n_0 为参变量($0 \leqslant n_0 \leqslant Q-1$)时，$n_1$ 和 k_0 为变量的 P 点 DFT，即共有 Q 个 P 点的 DFT。

由此，式(4.83)可以写成

$$X(k_1,k_0) = \sum_{n_0=0}^{Q-1} \{X_1(k_0,n_0) \cdot W_N^{n_0 k_0}\} W_Q^{n_0 k_1}$$

再令

$$X_1'(k_0,n_0) = X_1(k_0,n_0) \cdot W_N^{n_0 k_0} \tag{4.85}$$

表示将 $X_1(k_0,n_0)$ 乘一个旋转因子 $W_N^{n_0 k_0}$，则

$$X(k_1,k_0) = \sum_{n_0=0}^{Q-1} X_1'(k_0,n_0) \cdot W_Q^{n_0 k_1} = X_2(k_0,k_1) \tag{4.86}$$

表示 k_0 为参变量($0 \leqslant k_0 \leqslant P-1$)时，$n_0$ 和 k_1 为变量的 Q 点 DFT，即共有 P 个 Q 点的 DFT。可以看出，$X_2(k_0,k_1)$ 中的变量是按 P 进位制倒序排列的。式(4.86)表示，最后要利用 $k = k_1 P + k_0$ 进行整序，以恢复出 $X(k_1,k_0) = X(k)$。

下面通过 $P=4$，$Q=2$，$N=8$ 为例，列出上述算法的如下 5 个步骤。

(1) 将 $x(n)$ 通过 $x(n_1 Q + n_0)$ 改写成 $x(n_1,n_0)$。这里 $P=4$，$Q=2$，所以 $n_1=0,1,2,3$，$n_0=0,1$，则输入为

$$x(0,0) = x(0) \quad x(0,1) = x(1)$$
$$x(1,0) = x(2) \quad x(1,1) = x(3)$$
$$x(2,0) = x(4) \quad x(2,1) = x(5)$$
$$x(3,0) = x(6) \quad x(3,1) = x(7)$$

(2) 利用式(4.84)做 Q 个 P 点的 DFT，参变量是 n_0。因 $P=4$，$Q=2$，故

$$X_1(k_0,n_0) = \sum_{n_1=0}^{3} x(n_1,n_0) W_4^{n_1 k_0}, k_0 = 0,1,2,3$$

(3) 利用式(4.85)，把 N 个 $X_1(k_0,n_0)$ 乘以相应的旋转因子 $W_N^{n_0 k_0}$，组成 $X_1'(k_0,n_0)$。

(4) 利用式(4.86)，做 P 个 Q 点的 DFT，参变量是 k_0，即

$$X_2(k_0,k_1) = \sum_{n_0=0}^{1} X_1'(k_0,n_0) \cdot W_2^{n_0 k_1}, k_1 = 0,1$$

(5) 将 $X_2(k_0,k_1)$ 通过 $X(k_0 + k_1 P)$ 恢复为 $X(k)$，所以

$$X_2(0,0) = X(0) \quad X_2(0,1) = X(4)$$
$$X_2(1,0) = X(1) \quad X_2(1,1) = X(5)$$
$$X_2(2,0) = x(2) \quad X_2(2,1) = X(6)$$
$$X_2(3,0) = X(3) \quad X_2(3,1) = X(7)$$

按着上述 5 个步骤，可以画出本例的全部流程图，如图 4.30 所示。

由此可见，$N = PQ$ 点的 DFT，可分解为 Q 个 P 点 DFT 和 P 个 Q 点 DFT 来运算，但其中涉及 $W_N^{n_0 k_0}$ 的 N 次复数乘法的加权运算。

第4章 离散傅里叶变换及其快速算法

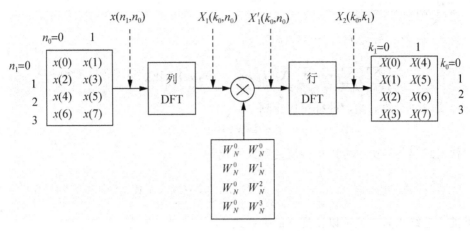

图 4.30 $N=8$ 为复合数时的 FFT 流程图

上面讨论的是 $N=PQ$ 即 N 分解为两个数乘积的情况，若 N 为多个数的乘积 $N=P_1P_2P_3\cdots P_m$，混合基数表示法表达 k 和 n 同样可以减少运算量。先将 k 和 n 表示成

$$n = n_{m-1}(P_2P_3\cdots P_m) + n_{m-2}(P_3P_4\cdots P_m) + \cdots + n_1P_m + n_0 \quad (4.87a)$$

$$k = k_{m-1}(P_1P_2\cdots P_{m-1}) + k_{m-2}(P_1P_2\cdots P_{m-2}) + \cdots + k_1P_1 + k_0 \quad (4.87b)$$

式中：

$$n_i = 0,1,2,\cdots,P_{m-i}-1, \quad 0 \leqslant i \leqslant m-1$$

$$k_{i-1} = 0,1,2,\cdots,P_i-1, \quad 1 \leqslant i \leqslant m$$

根据式(4.87a)和式(4.87b)对 n 和 k 的分解，可以将 DFT 的公式写成如下形式

$$X(k_{m-1},k_{m-2},\cdots,k_1,k_0) = \sum_{n_0=0}^{P_m-1}\sum_{n_1=0}^{P_{m-1}-1}\cdots\sum_{n_{m-1}=0}^{P_1-1} x(n_{m-1},n_{m-2},\cdots,n_0) \cdot W_N^{nk} \quad (4.88)$$

这里

$$W_N^{nk} = W_N^{k[n_{m-1}(P_2P_3\cdots P_m)+n_{m-2}(P_3P_4\cdots P_m)+\cdots+n_1P_m+n_0]}$$

再把式(4.87b)代入上式指数的第一项，得

$$W_N^{kn_{m-1}(P_2P_3\cdots P_m)} = W_N^{[k_{m-1}(P_1P_2\cdots P_{m-1})+k_{m-2}(P_1P_2\cdots P_{m-2})+\cdots+k_1P_1+k_0]n_{m-1}(P_2P_3\cdots P_m)}$$

$$= [W_N^{P_1P_2P_3\cdots P_m}]^{[k_{m-1}(P_2P_3\cdots P_{m-1})+k_{m-2}(P_1P_2\cdots P_{m-2})+\cdots+k_1]n_{m-1}} W_N^{k_0 n_{m-1}(P_2P_3\cdots P_m)} \quad (4.89)$$

因为 $W_N^{P_1P_2P_3\cdots P_m} = W_N^N = 1$，所以式(4.89)化简成

$$W_N^{kn_{m-1}(P_2P_3\cdots P_m)} = W_N^{k_0 n_{m-1}(P_2P_3\cdots P_m)} \quad (4.90)$$

因此，式(4.88)可以写成

$$X(k_{m-1},k_{m-2},\cdots,k_1,k_0)$$
$$= \sum_{n_0=0}^{P_m-1}\sum_{n_1=0}^{P_{m-1}-1}\cdots\left[\sum_{n_{m-1}=0}^{P_1-1} x(n_{m-1},n_{m-2},\cdots,n_0) \cdot W_N^{k_0 n_{m-1}(P_2P_3\cdots P_m)}\right] \cdot W_N^{k[n_{m-2}(P_3\cdots P_m)+\cdots+n_0]} \quad (4.91)$$

上式的中括号内的"和式"是对所有 n_{m-1} 求得，而且它仅是变量 k_0 和 $n_{m-2},\cdots,n_0$ 的函数，因此定义一个新的中间结果为

$$X_1(k_0,n_{m-2},\cdots,n_0) = \sum_{n_{m-1}=0}^{P_1-1} x(n_{m-1},n_{m-2},\cdots,n_0) \cdot W_N^{k_0 n_{m-1}(P_2P_3\cdots P_m)} \quad (4.92)$$

于是，式(4.91)可以写成

$$X(k_{m-1},k_{m-2},\cdots,k_1,k_0)$$
$$=\sum_{n_0=0}^{P_m-1}\sum_{n_1=0}^{P_{m-1}-1}\cdots\sum_{n_{m-2}=0}^{P_2-1}X_1(k_0,n_{m-2},\cdots,n_0)\cdot W_N^{k[n_{m-2}(P_3\cdots P_m)+\cdots+n_0]} \quad (4.93)$$

利用导出式(4.90)的方法，同样可以得到

$$W_N^{kn_{m-2}(P_3P_4\cdots P_m)}=W_N^{(k_1P_1+k_0)n_{m-2}(P_3P_4\cdots P_m)} \quad (4.94)$$

将上式代入式(4.93)中，可以把内层的和式写成

$$X_2(k_1,k_0,n_{m-3},\cdots,n_0)=\sum_{n_{m-2}=0}^{P_2-1}X_1(k_0,n_{m-2},\cdots,n_0)\cdot W_N^{(k_1P_1+k_0)n_{m-2}(P_3P_4\cdots P_m)} \quad (4.95)$$

以此类推，继续化简，就可以得到下面关系式

$$X_i(k_{i-1},\cdots,k_1,k_0,n_{m-i-1},\cdots,n_0)$$
$$=\sum_{n_{m-i}=0}^{P_i-1}X_{i-1}(k_{i-2},\cdots,k_1,k_0,n_{m-i},\cdots,n_0)\cdot W_N^{[k_{i-1}(P_1P_2P_3\cdots P_{i-1})+\cdots+k_0]n_{m-i}(P_{i+1}\cdots P_m)}, \quad (4.96)$$
$$i=1,2,\cdots,m$$

由此，最后结果为

$$X(k_{m-1},k_{m-2},\cdots,k_1,k_0)=X_m(k_0,k_1,\cdots,k_{m-2},k_{m-1})$$

由上述讨论可以看出，当 $N=P_1P_2P_3\cdots P_m$ 时，共需进行 m 次递推变换运算。它们分别是 P_1、P_2、$\cdots$、P_m 点的离散变换，所以总的乘法运算量大约为 $N(P_1+P_2+\cdots+P_m)$。

当复合数 $N=P_1P_2P_3\cdots P_m$ 中所有的 P_i 均为 2 时，就是基-2FFT 算法，当 P_i 均为 4 时，就是基-4FFT 算法。当 $N=P_1P_2P_3\cdots P_m$ 中 P_i 各不相同时，则称混合基 FFT 算法。

下面以 $N=4^3$ 为例，简要说明基-4FFT 算法。此时 n 和 k 可以表示为

$$n=4^2n_2+4n_1+n_0, \quad 0\leqslant n_i\leqslant 3, \quad i=0,1,2 \quad (4.97a)$$
$$k=4^2k_2+4k_1+k_0, \quad 0\leqslant k_i\leqslant 3, \quad i=0,1,2 \quad (4.97a)$$

将上两式代入式(4.88)中，得

$$X(k_2,k_1,k_0)=\sum_{n_0=0}^{3}\sum_{n_1=0}^{3}\sum_{n_2=0}^{3}x(n_2,n_1,n_0)\cdot W_{64}^{nk}$$
$$=\sum_{n_0=0}^{3}\sum_{n_1=0}^{3}\sum_{n_2=0}^{3}x(n_2,n_1,n_0)\cdot W_{64}^{(16n_2+4n_1+n_0)(16k_2+4k_1+k_0)}$$
$$=\sum_{n_0=0}^{3}\sum_{n_1=0}^{3}\sum_{n_2=0}^{3}x(n_2,n_1,n_0)\cdot W_4^{n_2k_0}W_{64}^{4n_1k_0}W_4^{n_1k_1}W_{64}^{n_0(4k_1+k_0)}W_4^{n_0k_2}$$
(4.98)

它的基本运算是 4 点 DFT，例如第一级运算的一般形式为

$$X_1(k_0,n_1,n_0)=\sum_{n_2=0}^{3}x(n_2,n_1,n_0)\cdot W_4^{n_2k_0}, \quad 0\leqslant k_0\leqslant 3$$

写成矩阵形式为

$$\begin{bmatrix} X_1(0,n_1,n_0) \\ X_1(2,n_1,n_0) \\ X_1(3,n_1,n_0) \\ X_1(4,n_1,n_0) \end{bmatrix} = \begin{bmatrix} W_4^0 & W_4^0 & W_4^0 & W_4^0 \\ W_4^0 & W_4^1 & W_4^2 & W_4^3 \\ W_4^0 & W_4^2 & W_4^4 & W_4^6 \\ W_4^0 & W_4^3 & W_4^6 & W_4^9 \end{bmatrix} \begin{bmatrix} x(0,n_1,n_0) \\ x(1,n_1,n_0) \\ x(2,n_1,n_0) \\ x(3,n_1,n_0) \end{bmatrix}$$

$$= \begin{bmatrix} 1 & 1 & 1 & 1 \\ 1 & -j & -1 & j \\ 1 & -1 & 1 & -1 \\ 1 & j & -1 & -j \end{bmatrix} \begin{bmatrix} x(0,n_1,n_0) \\ x(1,n_1,n_0) \\ x(2,n_1,n_0) \\ x(3,n_1,n_0) \end{bmatrix}$$

从变换矩阵 W 看，4点DFT运算乘法的乘数仅是 ± 1 或 $\pm j$，并不需要乘法运算，因而基-4FFT算法中所需要的只是级间旋转因子的复数乘法，每一级需要 N 次乘法，如果 $N = 4^m$，则共需要 m 级，而最后一级不需要乘旋转因子，于是总的乘法数量为 $N(m-1)$。以 $N=1024$ 为例，基-2FFT需要5120次复乘，而基-4FFT仅需要4096次复乘，比基-2FFT的乘法次数更少。

2. N 为复合数时FFT的运算量

当 $N = PQ$ 时，由式(4.83)和式(4.86)可看出，其运算量如下。
(1) 求 Q 个 P 点DFT需要 QP^2 次复数乘法和 $QP(P-1)$ 次复数加法。
(2) 求 N 个 $W_N^{n_0 k_0}$ 因子需要 N 次复数乘法。
(3) 求 P 个 Q 点DFT需要 PQ^2 次复数乘法和 $PQ(Q-1)$ 次复数加法。

因此，总的复数乘法次数为 $QP^2 + N + PQ^2 = N(P+Q+1)$ 次；总的复数加法次数为 $QP(P-1) + PQ(Q-1) = N(P+Q-2)$。而直接计算 N 点DFT的运算量为 N^2 次复数乘法和 $N(N-1)$ 次复数加法。例如，当 $N = 29 \times 37 = 1073$ 时，用上述复合数的算法，乘法运算量是直接计算DFT运算量的 $1/16$，加法运算量是 $1/16.7$。

若 N 为多个数的乘积 $N = P_1 P_2 P_3 \cdots P_m$（这里的每个 P_m 均为素数（但2除外））时，所需总乘法次数为

$$N\left[\left(\sum_{i=1}^{m} P_i\right) + m - 1\right] \tag{4.99}$$

直接计算DFT与之相比，其运算量之比为

$$\frac{N^2}{N\left[\left(\sum_{i=1}^{m} P_i\right) + m - 1\right]} = \frac{N}{m - 1 + \sum_{i=1}^{m} P_i} \tag{4.100}$$

4.6.6* Chirp-z 变换

由前面DFT与 z 变换之间的关系可知，利用DFT可算出有限长序列 $x(n)$ 的 z 变换 $X(z)$ 在 z 平面单位圆上 N 个等间隔采样点的采样值，而这一算法可以通过FFT实现，但它要求 N 为高度复合数。

在实际应用中,往往只对信号的某一频段感兴趣,也就是说只需要计算单位圆上某一段的频谱值。例如对窄带信号,希望在窄带频带内频率的采样能够非常密集,以提高分辨率,带外则不予考虑。如果用 DFT 方法,则需要增加频率采样点数,便增加了窄带之外不需要的计算量。另外,如果对非单位圆上的采样感兴趣,例如语音信号处理中,常需要知道其 z 变换的极点所在处的复频率,如果极点位置离单位圆较远,只利用单位圆上的频谱,就很难知道极点所在处的复频率,此时就需要采样点在接近这些极点的曲线上。如果 N 是大素数时,不能加以分解,如何有效计算这种序列的 DFT。从以上 3 方面看,z 变换采用螺线采样就适应于这些需要,它可用 FFT 来快速计算。这种变换称为 Chirp−z 变换(也称线性调频 z 变换),它是适用于这种更为一般情况下由 $x(n)$ 求 $X(z)$ 的快速变换算法。下面简要介绍 Chirp−z 变换的算法原理、实现步骤以及运算量的估算。

已知 $x(n)(0 \leqslant n \leqslant N-1)$ 是有限长序列,其 z 变换为

$$X(z) = \sum_{n=0}^{N-1} x(n) z^{-n}$$

如果该 z 变换是 $z = e^{j(\frac{2\pi}{N})k}$ 的单位圆上采样,这就是 $x(n)$ 的 DFT,即

$$X(k) = X(z)|_{z=e^{j(\frac{2\pi}{N})k}}$$

为适应 z 可以沿 z 平面更一般的周线上求 z 变换的值,例如在下面表达式的 z_k 点上求 z 变换值,即

$$z_k = AW^{-k}, \quad k = 0, 1, \cdots, M-1 \tag{4.101}$$

其中:M 为所分析的复频谱的点数(不需要与 N 相等);A 和 W 都是任意复数,可以表示为

$$A = A_0 e^{j\theta_0} \tag{4.102}$$

$$W = W_0 e^{-j\varphi_0} \tag{4.103}$$

其中:W_0 为螺旋线的伸展率;$W_0 > 1$,螺旋线逆时针方向内旋,$W_0 < 1$,螺旋线逆时针方向外旋,φ_0 为螺旋线上采样点之间的等分角。螺旋线在 z 平面的分布及各参数的意义如图 4.31 所示。

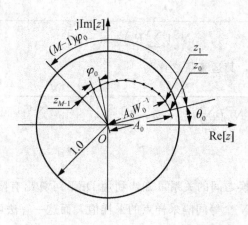

图 4.31 Chirp−z 变换在 z 平面螺旋线采样

将式(4.101)的 z_k 代入 z 变换表达式中，可得

$$X(z_k) = \sum_{n=0}^{N-1} x(n) z_k^{-n} = \sum_{n=0}^{N-1} x(n) A^{-n} W^{nk}, \quad 0 \leqslant k \leqslant M-1 \quad (4.104)$$

如果直接计算这一公式，与直接计算 DFT 相似，总共需要 NM 次复数乘法与 $(N-1)M$ 次复数加法，当 N 与 M 很大时，计算量很大。但是采用布鲁斯坦(Bluestein)提出的等式，将以上运算转换为卷积和的形式，从而可采用 FFT 算法，就大大提高了运算速度。布鲁斯坦提出的等式为

$$nk = \frac{1}{2}[k^2 + n^2 - (k-n)^2] \quad (4.105)$$

将式(4.105)代入式(4.104)中，得

$$\begin{aligned} X(z_k) &= \sum_{n=0}^{N-1} x(n) A^{-n} W^{\frac{n^2}{2}} W^{-\frac{(k-n)^2}{2}} W^{\frac{k^2}{2}} \\ &= W^{\frac{k^2}{2}} \sum_{n=0}^{N-1} [x(n) A^{-n} W^{\frac{n^2}{2}}] W^{-\frac{(k-n)^2}{2}} \\ &= W^{\frac{k^2}{2}} \sum_{n=0}^{N-1} g(n) h(k-n) \end{aligned} \quad (4.106)$$

式中：

$$g(n) = x(n) A^{-n} W^{\frac{n^2}{2}} \quad (4.107)$$

$$h(n) = W^{-\frac{n^2}{2}} \quad (4.108)$$

由式(4.106)可以看出，z_k 点的 z 变换 $X(z_k)$ 可以通过 $g(n)$ 与 $h(n)$ 的线性卷积，再乘上 $W^{\frac{k^2}{2}}$ 得到。这里 $g(n)$ 与 $h(n)$ 的线性卷积可通过 FFT 算法求得，这个过程可用图 4.32 来表示。由于 $g(n)$ 可看成一个具有二次相位的复指数信号，而这种信号在雷达系统中称为 Chirp 信号，故将这种变换称为 Chirp－z 变换。

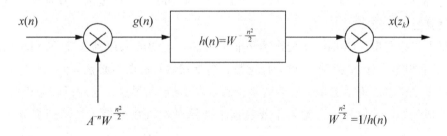

图 4.32 Chirp－z 变换运算流程

下面给出计算 Chirp－z 变换的实现步骤。

(1) 选择一序列，长度 $L \geqslant N+M-1$，这个 L 是求离散线性卷积不出现混叠所需的变换长度。同时满足 $L=2^m$，以便采用基－2FFT 算法。

(2) 将 $g(n) = x(n)A^{-n}W^{\frac{n^2}{2}}$ 补上零值点，变为 L 点序列

$$g(n) = \begin{cases} x(n)A^{-n}W^{\frac{n^2}{2}}, & 0 \leqslant n \leqslant N-1 \\ 0, & N \leqslant n \leqslant L-1 \end{cases}$$

(3) 计算 $g(n)$ 的 L 点 DFT，可以使用 FFT 算法求得 $G(r)$。

(4) 形成一个 L 点序列 $\bar{h}(n)$ 为

$$\bar{h}(n) = \begin{cases} W^{-\frac{n^2}{2}}, & 0 \leqslant n \leqslant M-1 \\ 0(\text{或任意值}), & M \leqslant n \leqslant L-N \\ W^{-\frac{(L-n)^2}{2}}, & L-N+1 \leqslant n \leqslant L \end{cases}$$

即对 $h(n) = W^{-\frac{n^2}{2}}$ 以 L 为周期的周期延拓序列的主值序列。

(5) 用 FFT 法求 L 点序列 $\bar{h}(n)$ 的 DFT，得 $H(r)$。

$$H(r) = \sum_{n=0}^{L-1} \bar{h}(n) e^{-j\frac{2\pi}{L}rn}, \quad 0 \leqslant r \leqslant L-1$$

(6) 将 $H(r)$ 与 $G(r)$ 相乘，得 $Y(r) = G(r)H(r)$，$Y(r)$ 为 L 点频域离散序列。

(7) 用 FFT 法求 $Y(r)$ 的 L 点 IDFT，可得 $y(k)$。

(8) 最后求 $X(z_k)$

$$X(z_k) = W^{\frac{k^2}{2}} y(k), \quad 0 \leqslant k \leqslant M-1$$

以上运算步骤涉及的波形如图 4.33 所示。下面将这一算法与直接计算的运算量做以比较。其中第(4)、(5)两步可以预先设计好，所以不必在实时分析时每次再重复计算。这样，第(2)、(8)两步两个加权共计 $(N+M)$ 次复乘，第(3)步的 L 点 FFT 与第(7)步的 L 点 IDFT 共需要 $L\log_2 L$ 次复乘，第(6)步两复数相乘需要 L 次复乘。因此，总共所需复乘为 $N+M+L+L\log_2 L$。而由式(4.104)可以看出直接计算的复乘次数为 NM，当 N 及 M 都较大时(例如，N、M 都大于 50 时)，FFT 算法的 Chirp$-z$ 变换的运算量比 z 变换直接算法的运算量要少得多。

由以上讨论看出，Chirp$-z$ 变换算法非常灵活，它的输入序列长度 N 和输出序列长度 M 可以不相等，且 N 和 M 均可为任意数，包括素数；z_k 点不必是等间隔分布，因而频率分辨率可以调整；不一定在 z 平面的单位圆上求 z_k（前面提过，这对语音分析有用）；可以任意选择起始点，便于从任意频率或复频率开始对输入数据进行窄带的高分辨率的分析；在特定情况下，如当 $A=1, M=N, W=e^{-j\frac{2\pi}{N}}$ 时，利用 Chirp$-z$ 变换，即使 N 是一个素数，也可以求得 $x(n)$ 的 DFT，即 $X(k)$。

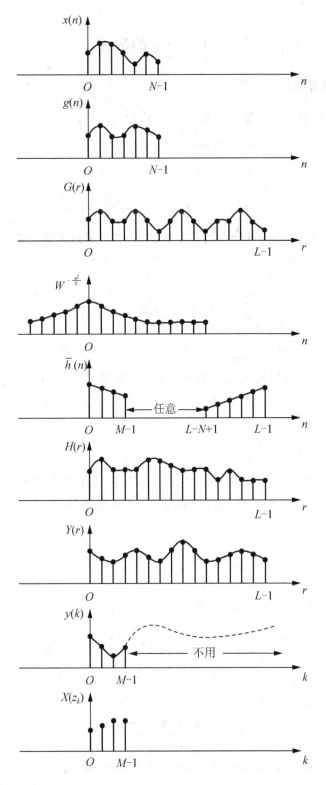

图 4.33 利用 FFT 计算 Chirp－z 变换

4.7 FFT 的应用

4.7.1 用 FFT 计算 IDFT

IDFT 的快速傅里叶变换算法称为 IFFT。从 DFT 公式

$$X(k) = \text{DFT}[x(n)] = \sum_{n=0}^{N-1} x(n) W_N^{nk}$$

与 IDFT 公式

$$x(n) = \text{IDFT}[X(k)] = \frac{1}{N} \sum_{k=0}^{N-1} X(k) W_N^{-nk}$$

的比较中可知,只要 DFT 的每个系数 W_N^{nk} 换成 W_N^{-nk},最后再乘以常数 $1/N$ 就可以得到 IDFT 的快速算法——IFFT。

对于反变换表达式来说,因为 $[W_N^{-nk}]^* = W_N^{nk}, [A \cdot B]^* = A^* \cdot B^*$,所以有 $x^*(n) = [\frac{1}{N} \sum_{k=0}^{N-1} X(k) W_N^{-nk}]^* = \frac{1}{N} \sum_{k=0}^{N-1} X^*(k) W_N^{nk}$,因此

$$x(n) = \frac{1}{N} \left[\sum_{k=0}^{N-1} X^*(k) W_N^{nk} \right]^* = \frac{1}{N} \{\text{DFT}[X^*(k)]\}^* \qquad (4.109)$$

这就是说,先将 $X(k)$ 取共轭,即将 $X(k)$ 的虚部乘 -1,直接利用 FFT 程序计算 DFT;然后再取一次共轭;最后再乘 $1/N$,即得 $x(n)$。所以,FFT 与 IFFT 可用一个子程序,这在使用通用计算机时比较方便。

4.7.2 实数序列的 FFT

如果序列 $x_1(n)$ 是实序列,由于 FFT 计算的序列一般都是复序列,所以可以把两个相同长度(例如 N)的实数序列 $x_1(n)$ 和 $x_2(n)$ 组成一个复数序列,一次求两个实序列的变换,从而节约运算量,即

$$x(n) = x_1(n) + \text{j}x_2(n) \qquad (4.110)$$

对 $x_1(n)$ 进行 FFT 运算,得

$$X(k) = \text{DFT}[x(n)] = \text{FFT}[x_1(n) + \text{j}x_2(n)] = X_1(k) + \text{j}X_2(k) \qquad (4.111)$$

下面讨论如何用 $X(k)$ 表示 $X_1(k)$ 和 $X_2(k)$。

由于

$$x_1(n) = \text{Re}[x(n)] = \frac{1}{2}[x(n) + x^*(n)]$$

$$\text{j}x_2(n) = \text{jIm}[x(n)] = \frac{1}{2}[x(n) - x^*(n)]$$

而由 DFT 的共轭对称性可得

$$\text{DFT}[\text{Re}[x(n)]] = X_e(k)$$

所以

$$X_1(k) = \text{DFT}[\text{Re}[x(n)]] = X_e(k) = \frac{1}{2}[X(k) + X^*(N-k)], 0 \leqslant k \leqslant N-1 \qquad (4.112)$$

式中:$X_e(k)$ 为 $X(k)$ 的共轭偶对称分量。

同理

$$X_2(k) = \text{DFT}[j\text{Im}[x(n)]] = X_o(k) = -\frac{j}{2}[X(k) - X^*(N-k)], 0 \leqslant k \leqslant N-1 \quad (4.113)$$

因此，做一次 N 点复序列的 FFT，再通过式(4.112)、式(4.113)的加、减运算就可以求得序列 $x_1(n)$ 和 $x_2(n)$ 的 DFT 结果 $X_1(k)$ 和 $X_2(k)$。显然，这将使运算效率提高一倍。

另外，还可以用一个 N 点 FFT 同时运算一个 $2N$ 点实序列 DFT，其方法如下。首先将 $2N$ 点实序列 $x(n)$，$n=0,1,\cdots,2N-1$ 的奇数点和偶数点的样本值分别组成两个 N 点序列，即

$$x_1(n) = x(2n), x_2(n) = x(2n+1), \quad 0 \leqslant n \leqslant N-1$$

然后将 $x_1(n)$ 和 $x_2(n)$ 构成一个复序列，接下来和上面"两个相同长度的实数序列组成一个复数序列求两个实序列的变换"求法相同，按式(4.111)、式(4.112)和式(4.113)便可以求得 $X_1(k)$ 和 $X_2(k)$，再按奇偶抽取原理，即

$$\begin{cases} X(k) = X_1(k) + W_{2N}^k X_2(k) \\ X(k+N) = X_1(k) - W_{2N}^k X_2(k) \end{cases}, \quad 0 \leqslant k \leqslant N-1$$

求得 $2N$ 点的 DFT。

4.7.3 线性卷积的 FFT 算法

对于一个线性时不变系统(如 FIR 滤波器)，其输出等于有限长单位脉冲响应 $h(n)$ 与有限长输入信号 $x(n)$ 的离散线性卷积，即若 $h(n)$ 为 N_1 点，$x(n)$ 为 N_2 点，则输出 $y(n)$ 为

$$y(n) = \sum_{m=0}^{N_1-1} h(m)x(n-m)$$

$y(n)$ 也是有限长序列，其长度为 N_1+N_2-1。运算以上线性卷积，由于每一个 $x(n)$ 的输入值都要与全部 $h(n)$ 值相乘一次，如果不考虑乘零项，则共需 $N_1 N_2$ 次乘法，所以直接计算线性卷积的运算量 $m_d = N_1 N_2$。下面再讨论用 FFT 计算线性卷积所需运算量。

在 4.4 节中讨论了用循环卷积计算线性卷积的方法，可以知道，对于两个有限长序列，要使循环卷积结果等于线性卷积，或不产生混叠，则必要条件是使两序列长度都至少加长到 L 点，加长部分补充零值，即

$$x(n) = \begin{cases} x(n), 0 \leqslant n \leqslant N_2-1 \\ 0, N_2 \leqslant n \leqslant L-1 \end{cases}$$

$$h(n) = \begin{cases} h(n), 0 \leqslant n \leqslant N_1-1 \\ 0, N_1 \leqslant n \leqslant L-1 \end{cases}$$

利用 FFT 计算线性卷积，也就是用循环卷积代替线性卷积，可以通过以下几步来完成。

(1) 求 $H(k) = \text{DFT}[h(n)]$，L 点。
(2) 求 $X(k) = \text{DFT}[x(n)]$，L 点。
(3) 计算 $Y(k) = H(k)X(k)$。
(4) 求 $y(n) = \text{IDFT}[Y(k)]$，L 点。

从这 4 步可知，步骤(1)、(2)和(4)都可以用 FFT 来完成，即需要 3 次 FFT 运算，但在实际应用中，一般 $h(n)$ 是设计好的参数，$x(n)$ 是外部处理数据，所以第一步的计算量可以省去，在设计时直接给出 $H(k)$，因此实际只要 2 次 FFT 运算，还有步骤(3)的 L 次

复乘，总共运算量为 $m_f = L\log_2 L + L$。

下面比较直接计算线性卷积与 FFT 法计算线性卷积所需运算量，分两种情况讨论。

(1) $x(n)$ 和 $h(n)$ 长度差不多，即 $N_1 = N_2$，则 $L = 2N_1 - 1 \approx 2N_1$，则

$$K_m = \frac{m_d}{m_f} = \frac{N_1 N_2}{L\log_2 L + L} = \frac{N_1 N_1}{2N_1 \log_2 2N_1 + 2N_1} = \frac{N_1}{2\log_2 N_1 + 4}$$

举几个实际数字做比较，见表 4-3。

表 4-3 直接计算线性卷积和 FFT 法运算量比较

$N_1 = N_2$	8	16	32	64	128	256	512	1024	2048
K_m	0.8	1.33	2.28	4	7.11	12.8	23.27	42.67	78.77

可以看出，当 $N_1 = 8$ 时，循环卷积运算量大于直接卷积；当 $N_1 > 8$ 时，循环卷积运算量开始小于直接卷积，并且随着 N_1 的增大，循环卷积的优越性越明显，因此用循环卷积计算线性卷积通常称为快速卷积。

(2) 当 $x(n)$ 的长度增加时，即 $N_2 \gg N_1$，则 $L \approx N_2$，这时

$$K_m = \frac{m_d}{m_f} = \frac{N_1 N_2}{L\log_2 L + L} = \frac{N_1 N_2}{N_2 \log_2 N_2 + N_2} = \frac{N_1}{\log_2 N_2 + 1}$$

所以，当 N_2 太大时，会使 K_m 下降，说明循环卷积的运算量已超过直接卷积的运算量，使得循环卷积的优点不能充分发挥，这是因为求解长序列和短序列的卷积时，对 $h(n)$ 必须补很多 0，以至于 L 点 $h(n)$ 中大部分是 0，很不经济。

另外，在实际运用中，$h(n)$ 一般为系统函数，$x(n)$ 为外部采集数据，很长的 $h(n)$ 则意味着占用大量的存储单元和更多的处理时间，对系统的性能带来不利影响。克服这一不利影响的方法就是采用分段卷积或称为分段滤波的办法，即将 $x(n)$ 分成与 $h(n)$ 长度相仿的段，分别求出每段的卷积结果（对每一段的卷积均采用 FFT 方法处理），然后用一定方法把它们合在一起，从而得到总的输出。有两种分段卷积的方法，下面分别讨论。

1. 重叠相加法

设 $h(n)$ 的长度为 N_1，信号 $x(n)$ 为很长的序列。现将 $x(n)$ 分解为很多段，每段为 N_2 点，N_2 选择和 N_1 的数量级相同，用 $x_i(n)$ 表示 $x(n)$ 中的第 i 段

$$x_i(n) = \begin{cases} x(n), & iN_2 \leqslant n \leqslant (i+1)N_2 - 1 \\ 0, & \text{其他} \end{cases}, i = 0, 1, \cdots \quad (4.114)$$

则输入序列 $x(n)$ 可表示为

$$x(n) = \sum_{i=0}^{\infty} x_i(n) \quad (4.115)$$

这样，$x(n)$ 和 $h(n)$ 的卷积就可表示成

$$y(n) = x(n) * h(n) = \sum_{i=0}^{\infty} x_i(n) * h(n) = \sum_{i=0}^{\infty} y_i(n) \quad (4.116)$$

式中：

$$y_i(n) = x_i(n) * h(n) \quad (4.117)$$

式 (4.116) 中每一项 $x_i(n)$ 有 N_2 个非零样本值，而 $h(n)$ 的长度为 N_1，所以 $x_i(n) * h(n)$

的长度为 N_1+N_2-1，这样要先对 $x_i(n)$ 和 $h(n)$ 补零值点，补到 $L(L \geqslant N_1+N_2-1)$ 点。为便于用基-2FFT 算法，一般取 $L=2^m$，然后做 L 点循环卷积。由于 $x_i(n)$ 为 N_2 点，而 $y_i(n)$ 为 L 点，故相邻两段输出序列必然有 (N_1-1) 个点相重叠，如图 4.34 所示。根据式(4.116)，应该将这个重叠部分相加再与不重叠的部分共同构成输出 $y(n)$。

这种由分段卷积的各段相加构成总的卷积输出的方法就称为重叠相加法。

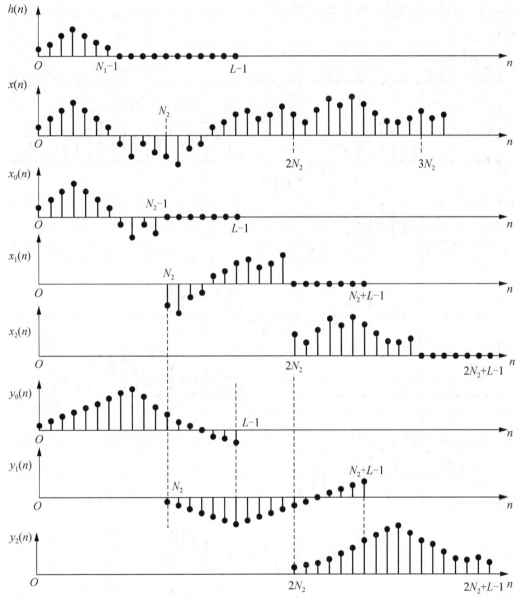

图 4.34　重叠相加法图形

2. 重叠保留法

与上述方法稍有不同，重叠保留法是，先将 $x(n)$ 分段，每段长度为 $L(L \geqslant N_1+N_2-1)$ 个点，但分段序列中补零的部分不是补零，而是在每一段的前边补上前一段保留下来的输入序列值，于是重叠了输入信号段，组成长度为 L 点序列 $x_i(n)$，这样就可以省掉输出段的重叠相加，如图 4.35 所示，$x_i(n)$ 中的 (N_1-1) 点与相邻段发生重叠。由于输入段 $x_i(n)$ 和 $h(n)$ 进行循环卷积，每段 $x_i(n)$ 中非零值长度为 L，$h(n)$ 长度为 N_1，而这时计算的是 L 点循环卷积，故所得卷积结果 $y_i(n)$ 中的前端必然会有一部分混叠，其长度为 N_1-1，不是线性卷积的结果，所以在构成最后输出 $y(n)$ 时必须先去掉前端混叠部分，然后再将各段留下来的点衔接起来，构成最终的输出。

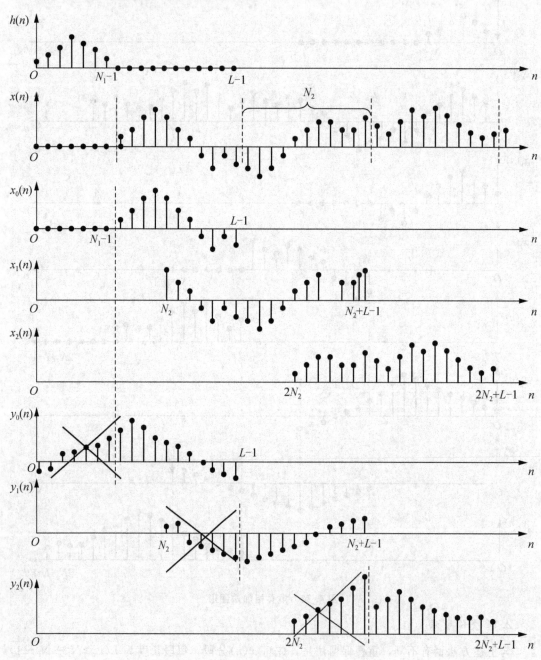

图 4.35 重叠保留法图形

```
%利用FFT计算线性卷积的MATLAB程序
N= 1024;
x= [2 3 1 4 5];
h= [2 1 7 4 5 7 2 3];
Lenx= length(x);            % 求序列 x 的长度
Lenh= length(h);            % 求序列 h 的长度
N= Lenx+ Lenh- 1;
Xk= fft(x, N);              % 计算 x 序列的 FFT
Hk= fft(h, N);              % 计算 h 序列的 FFT
Yk= Xk.* Hk;
y= ifft(Yk);                % 求 IFFT
stem(y); title('FFT计算线性卷积');
xlabel('n'); ylabel('幅度');
```

以上程序的运行结果如图 4.36(a)所示。

```
%直接线性卷积的MATLAB程序
% [x,nx]为第一个信号   % [h,nh]为第二个信号   % conv(x, h)可以实现两个有限长度序列的卷积
x= [2 3 1 4 5];
h= [2 1 7 4 5 7 2 3];
y= conv(x, h);
stem(y); title('直接计算线性卷积');
xlabel('n'); ylabel('幅度');
```

以上程序的运行结果如图 4.36(b)所示。

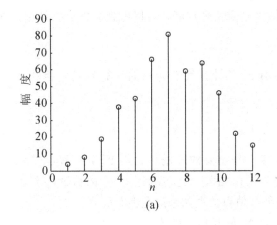
(a)

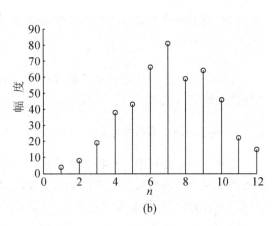
(b)

图 4.36 线性卷积

(a)FFT 计算线性卷积；(b)直接计算线性卷积

```
% 直接线性卷积与利用FFT计算线性卷积的计算量对比程序
% 利用FFT计算线性卷积的计算量运行程序
N1= 10000;N2= 200;
N= 512;
xx1= ones(1,N1);xx2= ones(1,N2);
```

```
x= [2 3 1 4 5 xx1];
h= [2 1 7 4 5 xx2];
t= cputime;                    % 或 tic
Xk= fft(x,N);                  % 计算 x 序列的 DFT
Hk= fft(h,N);                  % 计算 h 序列的 DFT
Yk= Xk.* Hk;
y= ifft(Yk);                   % 求 IDFT
t0= cputime;
t1= t0- t
% 直接线性卷积的计算量程序
N1= 10000;N2= 200;
xx1= ones(1,N1);xx2= ones(1,N2);
x= [2 3 1 4 5 xx1];
h= [2 1 7 4 5 xx2];
t2= cputime;
y= conv(x,h);
t3= cputime;
t4= t3- t2
```

运行结果为

t1 = 0.0625

t4 = 0.0156

可见，当两序列长度不等且相差较大时，利用 FFT 计算线性卷积的计算量较直接线性卷积的计算量大。

改变以上程序参数，如 N2 设为 10000，使两序列长度相等，可以得到以下运行结果

t1 = 0.0781

t4 = 0.9219

可见，当两序列长度相等且都较长时，利用 FFT 计算线性卷积的计算量较直接线性卷积的计算量小很多。

4.7.4　用 FFT 计算相关函数

在数字信号处理中，自相关和互相关都有着十分重要的应用。利用 FFT 计算相关函数也就是利用循环相关代替线性相关，常称之为快速相关。这与利用 FFT 的快速卷积类似（即利用循环卷积代替线性卷积），也是利用补零值点的办法来避免混叠失真。

两个有限长序列 $x(n)$ 和 $y(n)$（假定长度都为 N）的互相关函数定义为

$$r_{xy}(m) = \sum_{n=0}^{N-1} x(n-m)y(n) = \sum_{n=0}^{N-1} x(n)y(n+m) \tag{4.118}$$

$r_{xy}(m)$ 反映了两个序列 $x(n)$ 和 $y(n)$ 的相似程度，将式(4.118)与有限长序列 $x(n)$ 和 $y(n)$ 的卷积公式

$$f(m) = \sum_{n=0}^{N-1} x(m-n)y(n) = x(m) * y(m) \tag{4.119}$$

相比较，可以得到相关和卷积的时域关系

$$r_{xy}(m) = \sum_{n=0}^{N-1} x(n-m)y(n) = \sum_{n=0}^{N-1} x[-(m-n)]y(n) = x(-m) * y(m) \quad (4.120)$$

由 4.4 节中 DFT 循环卷积的性质和 $\text{DFT}[x((-n))_N R_N(n)] = X^*(k)$，可以得到

$$\sum_{n=0}^{N-1} y(n) x((n-m))_N R_N(n) = \text{IDFT}[X^*(k)Y(k)] \quad (4.121)$$

其中：$X^*(k)$ 为 $x(n)$ 的 DFT 的复共轭；$Y(k)$ 为 $y(n)$ 的 DFT。式(4.121)实际上是对 $x(n-m)$ 做循环移位，再计算相关，类似于循环卷积，这一相关就是循环相关。两个序列的线性相关，需要采用与循环卷积求线性卷积类似的方法来处理，具体步骤如下。

(1) 将 N 点序列 $x(n)$ 和 $y(n)$ 补零，使其长度为 $L \geqslant 2N-1$。
(2) 求 L 点 FFT，$X(k) = \text{FFT}[x(n)]$，并求得 $X^*(k)$。
(3) 求 L 点 FFT，$Y(k) = \text{FFT}[y(n)]$。
(4) 求乘积，$R_{xy}(k) = X^*(k)Y(k)$。
(5) 利用 FFT 计算 $\text{IDFT}[X^*(k)Y(k)]$；并取后 $N-1$ 项，得 $r_{xy}(m)$，$-N+1 \leqslant m \leqslant -1$；取前 N 项，得 $r_{xy}(m)$，$0 \leqslant m \leqslant N-1$。

同样，可以只利用已有的 FFT 程序计算 IFFT，求

$$r_{xy}(m) = \frac{1}{N} \sum_{k=0}^{N-1} R_{xy}(k) W_N^{-mk} = \frac{1}{N} \left[\sum_{k=0}^{N-1} R_{xy}^*(k) W_N^{mk} \right]^* \quad (4.122)$$

利用 FFT 法计算线性相关的这一算法其计算量与利用 FFT 计算线性卷积时是一样的。由于 FFT 的高效率计算，在频域中计算相关函数将比时域中直接计算要快得多。

【例 4.7】 用 FFT 计算两个序列

$$x(n) = \{1, 3, -1, 1, 2, 3, 3, 1\}$$
$$y(n) = \{2, 1, -1, 1, 2, 0, -1, 3\}$$

的互相关函数 $r_{xy}(m)$。

解 用 MATLAB 程序实现如下。

```
x= [1 3 - 1 1 2 3 3 1];
y= [2 1 - 1 1 2 0 - 1 3];
k= length(x);
xk= fft(x, 2* k);
yk= fft(y, 2* k);
rm= real(ifft(conj(xk).* yk));
rm= [rm(k+ 2: 2* k)rm(1: k)];
m= (- k+ 1): (k- 1);
stem(m, rm)
xlabel('m'); ylabel('幅度');
```

以上程序的运行结果如图 4.37 所示。

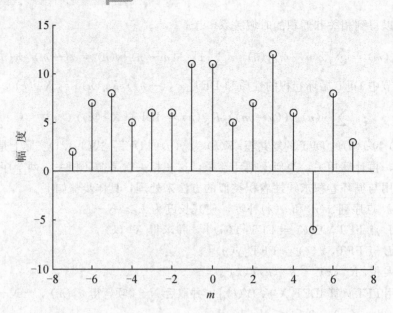

图 4.37 两个序列的相关函数

4.8 综合实例

已知一模拟信号 $x_a(t)=\mathrm{e}^{-t}u(t)$，现以采样频率 $f_s=20\,\mathrm{Hz}$ 进行采样。用 DFT 分别计算当序列长度 $L=100$ 和 20 时，$N=200$ 点的幅度频谱样值，并通过作图与理论上的频谱样值进行比较。

解 原信号 $x_a(t)=\mathrm{e}^{-t}u(t)$ 的傅里叶变换为

$$X_a(\mathrm{j}\Omega)=\int_{-\infty}^{\infty}x_a(t)\mathrm{e}^{-\mathrm{j}\Omega t}\,\mathrm{d}t=\frac{1}{1+\mathrm{j}\Omega}$$

其幅度为

$$|X_a(\mathrm{j}\Omega)|=\frac{1}{\sqrt{1+\Omega^2}}$$

用 MATLAB 程序实现如下。

```
fs= 20;
L= 100;
N= 200;
n= 0:L- 1;
t1= n/fs;
xn1= exp(- t1);
xn= [xn1, zeros(1, N- L)];
Xk1= dft1(xn, N);
magXk1= abs(Xk1);
k1= (0: length(magXk1)'- 1)* N/length(magXk1);
L= 20;
N= 200;
```

```
n= 0: L- 1;
t2= n/fs;
xn2= exp(- t2);
xn= [xn2, zeros(1, N- L)];
Xk2= dft1(xn, N);
magXk2= abs(Xk2);
k2= (0: length(magXk2)'- 1)* N/length(magXk2);
figure(1);
stem(t1, xn1);
% title('xa(t)  t= 5s');
figure(2);
stem(t2, xn2);
% title('xa(t)  t= 1s');
figure(3);
stem(k1, magXk1);
% title('X(k)  L= 100  N= 200');
figure(4);
stem(k2, magXk2);
% title('X(k)  L= 20  N= 200');
figure(5);
Omeger= 0: 0.1: 20* pi;
Xa= 1./(1+ Omeger.^2);
stem(Omeger/pi, Xa);
% title('| Xa(j\ omega)| ');
```

以上程序的运行结果如图 4.38 和图 4.39 所示。

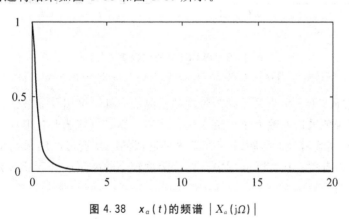

图 4.38 $x_a(t)$ 的频谱 $|X_a(j\Omega)|$

理论上的频谱如图 4.38 所示。

从图 4.39 可以看出,当序列长度为 100 时,进行 200 点 DFT 计算,其结果受混叠与泄漏的影响比较小,基本上接近原信号的频谱。由于采样频率 $f_s=20\text{Hz}$,相当于取信号的最高频率 $f_h=10\text{Hz}$,故在 $[0, f_h]$ 频率范围内的信号能量为

$$E_h = \frac{1}{2\pi}\int_{-20\pi}^{20\pi} |X(j\Omega)|^2 d\Omega = 0.495$$

而信号的总能量为

$$E_x = \frac{1}{2\pi} \int_{-\infty}^{\infty} |X(j\Omega)|^2 d\Omega = \frac{1}{2\pi} \arctan \Omega \Big|_{-\infty}^{\infty} = 0.5$$

所以 $E_h/E_x = 99\%$,基本上满足频谱不混叠的要求。

当序列长度为 20 时,进行 200 点 DFT 计算,由于截取 $x(n)$ 长度太短

$$x(t)\Big|_{t=LT} = e^{-LT} = \frac{1}{e} = 0.3079 \gg 0$$

所以频谱因泄漏出现较大的波动,以致与原信号频谱有较大差别。

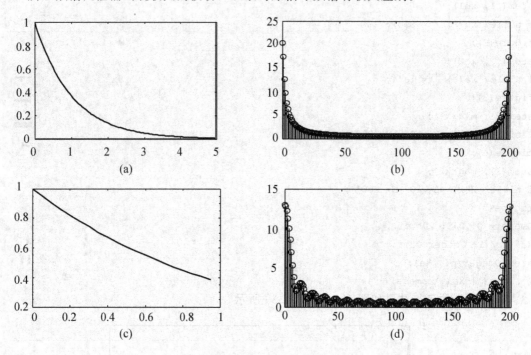

图 4.39 用 DFT 计算的频谱 $X(k)$

(a)$x_a(t), t=5s$;(b)$x_a(t), t=1s$;(c)$X(k), L=100, N=200$;(d)$X(k), L=20, N=200$

根据采样定理,为了减小采样后产生的频谱混叠失真,可用预滤波法滤除幅度较小的高频成分。为了避免采样点数太多导致无法存储和计算,只好截取有限点进行 DFT 计算。

利用 DFT 对连续信号进行频谱分析必然是近似的,其近似的结果与信号带宽、采样频率和截取长度都有关。在实际应用中,滤除幅度较小的高频成分和截去幅度很小的部分时间信号是允许的。

第4章 离散傅里叶变换及其快速算法

小 结

为更好地理解傅里叶变换,4.1 节首先给出了傅里叶变换的 4 种形式,并得到以下结论:一个域(时域或频域)的连续必造成另一个域的非周期;一个域(时域或频域)的离散必造成另一个域的周期延拓。为引入 DFT,4.2 节给出了周期序列的离散傅里叶级数的导出与性质,其中涉及了重要的周期卷积。由 4.2 节的 DFS,4.3 节过渡到本章重点内容之一——DFT,给出 DFT 的定义及意义。4.4 节分 7 部分内容讨论了 DFT 的性质,包括重要的循环卷积。4.5 节讨论了利用 DFT 进行信号谱分析时产生的一些问题及解决办法。4.6 节讨论了 DFT 的快速算法,即 FFT,重点给出了按时间抽取与按频率抽取的基—2FFT 算法,通过比较发现,FFT 的运算量较 DFT 运算量大大提高。4.7 节讨论了 FFT 的 4 个重要应用,可以明显改善其运算量。

由于 DFT 便于计算机处理,而且它还存在快速算法(FFT),所以 DFT 不仅在理论上有重要意义,而且在各种数字信号处理分析的算法中也起着核心作用。

习 题

1. 图 4.40 表示一个有限长序列 $x(n)$,画出序列 $\tilde{x}_1(n)$ 和 $\tilde{x}_2(n)$ 的草图。

$$\tilde{x}_1(n) = \sum_{r=-\infty}^{\infty} x(n-2+5r)$$

$$\tilde{x}_2(n) = \sum_{r=-\infty}^{\infty} x(-n+5r)$$

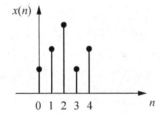

图 4.40 习题 1 图

2. 设 $x(n) = R_4(n)$

$$\tilde{x}_1(n) = \sum_{r=-\infty}^{\infty} x(n+6r)$$

求 $\tilde{X}_1(k)$,并作图表示 $\tilde{x}_1(n)$ 和 $\tilde{X}_1(k)$。

3. 设有两个序列

$$x(n) = \begin{cases} 1, & 0 \leqslant n \leqslant 3 \\ 0, & \text{其他} \end{cases} \qquad y(n) = \begin{cases} 1, & 0 \leqslant n \leqslant 5 \\ 0, & \text{其他} \end{cases}$$

$$\tilde{x}(n) = \sum_{r=-\infty}^{\infty} x(n+6r) \qquad \tilde{y}(n) = \sum_{r=-\infty}^{\infty} y(n+6r)$$

求 $\tilde{x}(n)$ 和 $\tilde{y}(n)$ 的周期卷积序列 $\tilde{f}(n)$，以及 $\tilde{F}(k)$。

4. 已知周期序列 $\tilde{x}(n)$，其主值序列 $x(n) = \{14, 12, 10, 8, 6, 10\}$，试求 $\tilde{x}(n)$ 傅里叶级数的系数 $\tilde{X}(k)$。

5. 试求以下有限长序列的 N 点 DFT。

(1) $x(n) = \delta(n)$

(2) $x(n) = \delta(n - n_0)$，$0 < n_0 < N$

(3) $x(n) = a^n R_N(n)$

(4) $x(n) = \sin(\omega_0 n) \cdot R_N(n)$

6. 已知下列 $X(k)$，求其离散傅里叶反变换 $x(n)$。式中，m 为正整数，$0 < m < N/2$。

(1) $X(k) = \begin{cases} \dfrac{N}{2} e^{j\theta}, & k = m \\ \dfrac{N}{2} e^{-j\theta}, & k = N - m \\ 0, & \text{其他} \end{cases}$

(2) $X(k) = \begin{cases} -\dfrac{N}{2} e^{j\theta}, & k = m \\ \dfrac{N}{2} j e^{-j\theta}, & k = N - m \\ 0, & \text{其他} \end{cases}$

7. 长度为 $N = 10$ 的两个有限长序列

$$x(n) = \begin{cases} 1, & 0 \le n \le 4 \\ 0, & 5 \le n \le 9 \end{cases} \qquad y(n) = \begin{cases} 1, & 0 \le n \le 4 \\ -1, & 5 \le n \le 9 \end{cases}$$

作图表示 $x(n)$、$y(n)$ 和 $f(n) = x(n) * y(n)$。

8. 设 $x(n)$ 的长度为 N，且

$$X(k) = \text{DFT}[x(n)], \quad 0 \le k \le N - 1$$

令

$$h(n) = x((n))_N \cdot R_{rN}(n)$$

$$H(k) = \text{DFT}[h(n)], \quad 0 \le k \le rN - 1$$

求 $H(k)$ 与 $X(k)$ 的关系式。

9. 已知两个有限长序列

$$x(n) = \cos\left(\frac{2\pi}{N}n\right) R_N(n) \qquad y(n) = \sin\left(\frac{2\pi}{N}n\right) R_N(n)$$

用直接卷积和 DFT 变换两种方法分别求解 $f(n) = x(n) \otimes y(n)$。

10. 设有一谱分析的信号处理器，采样点数必须为 2 的整数幂，假定没有采用任何特殊数据处理，要求频率分辨率小于 10Hz，如果采用的采样时间间隔为 0.1ms，试确定：(1) 最小记录长度；(2) 所允许处理的信号的最高频率；(3) 在一个记录中的最少点数。

11. 设 $x_1(n) = R_5(n)$。

(1) $X_1(e^{j\omega}) = \text{DTFT}[x_1(n)]$，画出它的幅频特性和相频特性（标出主要坐标值）。

(2) $X_2(k) = \text{DFT}[x_1((n))_{10} R_{10}(n)]$，画出它的幅频特性。

12. 已知两个序列：$x(n) = \{5, 4, 3, 2, 1, 0, 0\}$ 和 $y(n) = \{1, 1, 1, 1, 0, 0, 0\}$。

(1) 求 $x(n)$ 与 $y(n)$ 的周期卷积(周期长度 $N=6$)。

(2) 求 $x(n)$ 与 $y(n)$ 的循环卷积(序列长度 $N=6$),试问这个卷积结果与周期卷积结果有何不同?

(3) 求 $x(n)$ 与 $y(n)$ 的线性卷积。

(4) 求用 DFT 计算 $N_1=5$ 和 $N_1=8$ 的 $x(n)$ 与 $y(n)$ 的线性卷积。

13. 如果一台通用计算机的速度为平均每次复乘需 100ns,每次复加需 20ns。现用来计算 $N=1024$ 的 DFT,问直接运算需要多少时间?用 FFT 运算需要多少时间?

14. 试导出 $N=16$ 时的基—2 按时间抽取算法和按频率抽取算法的 FFT,并分别画出它们的流图。

15. 某信号 $x(n)$ 是由两种频率的正弦信号加白噪声组成,即

$$x(n) = a_1 \sin\left(\frac{2\pi f_1 n}{f_s}\right) + a_2 \sin\left(\frac{2\pi f_2 n}{f_s}\right) + n(t)$$

利用 MATLAB 实现:当 $a_1=5$, $a_2=3$, $f_1=2\text{Hz}$, $f_2=2.05\text{Hz}$, 采样频率 $f_s=10\text{Hz}$ 时信号 $x(n)$ 的 FFT 频谱及其 IFFT 变换。

16. 用 DFT 连续信号进行谱分析时,应该注意哪两个问题以及怎样解决两者的矛盾?

17. 设两个序列 $x(n)$ 和 $y(n)$ 分别为

$$x(n) = \begin{cases} a^{-n}, & 0 \leqslant n \leqslant N-1 \\ 0, & \text{其他} \end{cases} \qquad y(n) = \begin{cases} 1, & 0 \leqslant n \leqslant N-1 \\ 0, & \text{其他} \end{cases}$$

求 $x(n)$ 和 $y(n)$ 的循环相关与线性相关序列。

18. 已知序列 $x(n) = a^n u(n)$, $0<a<1$, 对 $x(n)$ 的 z 变换 $X(z)$ 在单位圆上的 N 点等间隔采样,采样值为

$$X(k) = X(z)\Big|_{z=W_N^{-k}}, \quad k=0,1,\cdots,N-1$$

求 N 点有限长序列 IDFT$[X(k)]$。

第5章 模拟滤波器的设计

教学目标与要求

(1) 掌握模拟滤波器的概念和分类。
(2) 掌握模拟滤波器的逼近原理。
(3) 掌握巴特沃斯滤波器和切比雪夫Ⅰ型滤波器的设计方法。
(4) 了解模拟滤波器的电路实现。

知识架构

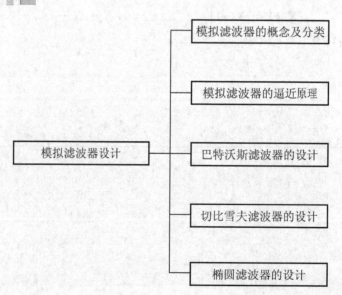

➡ **导入实例**

中山市文化艺术中心是中山市"十五"规划重点工程项目之一,如图5.1所示。该工程项目于2003年8月3日正式奠基动工,于2005年年底竣工。中山市文化艺术中心项目是中山市目前为止最复杂的公共

第5章 模拟滤波器的设计

建筑工程，其技术含量、施工难度、工种配合、质量要求、都超于一般建筑工程项目。

图5.1 中山市文化艺术中心

由于该艺术中心需要使用大量的单相设备，如灯光、音响、UPS等，而此类单相设备会产生大量的第三谐波电流，三谐波电流为零序谐波，会于中性线上累加，就会造成中性线电流过大，从而引发种种电气事故，严重时会发生无法预估的社会事故，其电气接线示意图如图5.2所示。有鉴于此，工程设计人员在设计阶段选用了中性线三谐波专用滤波器，将其并联在相线及中性线上，使中性线三谐波电流的大部分流入三次谐波滤波器，保护了中性线的电气安全，效果显著。滤波前后的第三谐波电流如图5.3所示。

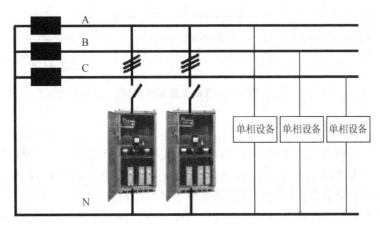

图5.2 电气接线示意图

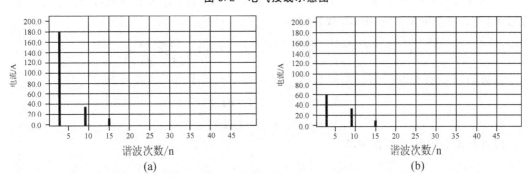

图5.3 滤波前后的第三谐波电流比较

(a)滤波前的第三谐波电流；(b)滤波后的第三谐波电流

在实际系统中，输入信号常常包含了一些不需要的噪声信号，为了挑选出有用信号，就要使用具有过滤作用的滤波器。允许输入信号的频率顺利通过，而较大地抑制另一部分频率的选频网络就称为滤波器，一般用于信号处理、数据传送和抑制干扰等。

早在 19 世纪 80 年代初，电阻、电容滤波器就已经出现。而滤波器理论的起源，要感谢德国的瓦格纳(Wagner)和美国贝尔实验室的坎贝尔(Campbell)，在 1915 年，他们分别提出关于滤波器的论文，被世界公认为是滤波器的独立发明者。从那时起，滤波器设计的理论和实践，随着"滤波器"术语的推广而进展。

1. 滤波器的分类

滤波器的分类方法有很多。按信号处理方式分类，有模拟滤波器和数字滤波器；按元件分类可分为无源滤波器和有源滤波器；按滤波功能分类，有低通滤波器、高通滤波器、带通滤波器、带阻滤波器及全通滤波器等。

考虑到其他滤波器都可以通过低通滤波器转换得出，而且 IIR 数字滤波器设计要基于模拟滤波器设计，所以本章只讨论模拟低通滤波器的设计。模拟滤波器的示意图如图 5.4 所示。

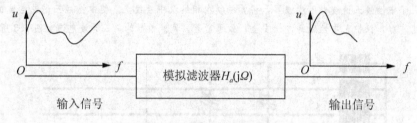

图 5.4 模拟滤波器示意图

2. 模拟滤波器的性能指标

理想滤波器在物理上是不可实现的，实际的滤波器不能实现从一个频带到另一个频带的突变，这两个带之间必须有一个过渡带；而且通带内不是严格等于 1，阻带内也不是严格等于零。在进行滤波器设计时，首先需要确定其性能指标。

一般滤波器的性能指标是以频率响应和幅度响应特性的允许误差来表征的。模拟低通滤波器的设计指标有通带截止频率 Ω_p，阻带截止频率 Ω_s，通带最大衰减系数 A_p 和阻带最小衰减系数 A_s。A_p 和 A_s 一般用 dB 数表示为

$$A_p = 10\lg \frac{|H_a(j0)|^2}{|H_a(j\Omega_p)|^2} \qquad A_s = 10\lg \frac{|H_a(j0)|^2}{|H_a(j\Omega_s)|^2}$$

如果 $\Omega = 0$ 处幅度已归一化到 1，即 $|H_a(j0)| = 1$，A_p 和 A_s 表示为

$$A_p = -10\lg |H_a(j\Omega_p)|^2$$
$$A_s = -10\lg |H_a(j\Omega_s)|^2$$

以上技术指标如图 5.5 所示。

第5章 模拟滤波器的设计

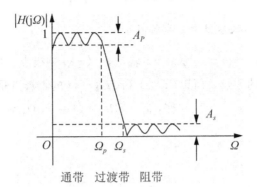

图 5.5 模拟滤波器指标

5.1 模拟滤波器的逼近

模拟滤波器的理论和设计方法已发展得相当成熟，且有典型的模拟滤波器供人们选择。主要有巴特沃斯（Butterworth）滤波器、切比雪夫（Chebyshev）滤波器、椭圆（Ellipse）滤波器、贝塞尔（Bessel）滤波器等。这些滤波器都有严格的设计公式与现成的曲线和图表供设计人员使用。本节主要介绍前 3 种滤波器的幅度平方函数及其特性，并重点分析巴特沃斯和切比雪夫滤波器的设计方法。

由幅度平方函数 $|H_a(j\Omega)|^2 = H_a(j\Omega)H_a^*(j\Omega)$，且其中 $h_a(t)$ 为实数，则 $|H_a(j\Omega)|^2 = H_a(j\Omega)H_a(-j\Omega)$。只要将 $|H_a(j\Omega)|^2$ 中的 Ω 全换为 js，就能得到函数中的多组零极点。选取使 $H_a(s)$ 因果稳定的零极点，就可以构成 $H_a(s)$。模拟滤波器的设计，就是用模拟系统的系统函数 $H_a(s)$ 来逼近某个理想滤波器特性。例如，对理想的低通滤波器（幅度特性如图 5.6 所示），便可以根据幅度平方函数来逼近。

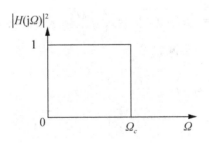

图 5.6 理想模拟低通滤波器的幅度特性

1. 由幅度平方函数 $|H_a(j\Omega)|^2$ 确定模拟滤波器的系统函数 $H_a(s)$

$$A(\Omega^2) = |H_a(j\Omega)|^2 = H_a(j\Omega)H_a(j\Omega) = H_a(j\Omega)H_a^*(-j\Omega) \quad (5.1)$$
$$A(\Omega^2) = H_a(s)H_a(-s)|_{s=j\Omega}$$

式中：$H_a(s)$ 为模拟滤波器的系统函数；$H_a(j\Omega)$ 为模拟滤波器的频率响应；$|H_a(j\Omega)|$ 为模拟滤波器的幅频特性。

2. $H_a(s)$ 幅度平方函数零极点分布特点

(1) 如果 s_1 是 $H_a(s)$ 的极点，那么 $-s_1$ 就是 $H_a(-s)$ 的极点，如果 s_0 是 $H_a(s)$ 的零点，那么 $-s_0$ 就是 $H_a(-s)$ 的零点，所以 $H_a(s)$ 和 $H_a(-s)$ 的零极点是镜像对称的，如图 5.7 所示。例如 $a_1+j\Omega_1$ 与 $-a_1-j\Omega_1$ 对称，$a_2-j\Omega_2$ 与 $-a_2+j\Omega_2$ 对称，a_3 与 $-a_3$ 对称，$j\Omega_4$ 与 $-j\Omega_4$ 对称。

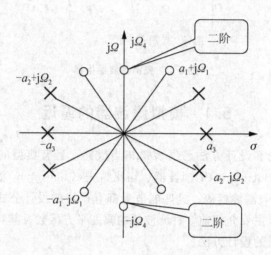

图 5.7 $|H_a(j\Omega)|^2$ 零极点分布特点

(2) $|H_a(j\Omega)|^2$ 虚轴上的零点一定是二阶的。

(3) 由于滤波器是稳定的，所以 $H_a(s)$ 的极点一定在左半平面。

(4) 零点分布与滤波器相位有关，如果要求滤波器具有最小相位则应选取 s 平面左半平面的零点。零点分配的不同组合可以满足不同的相位要求。

【例 5.1】 设已知 $A(\Omega^2)=|H_a(j\Omega)|^2=\dfrac{2+\Omega^2}{1+\Omega^4}$，求对应的 $H_a(s)$。

解 根据幅度平方函数公式得

$$H_a(s)H_a(-s)\Big|_{s=j\Omega}=|H_a(j\Omega)|^2$$

$$=\dfrac{2+\Omega^2}{1+\Omega^4}\Big|_{\Omega=\frac{s}{j}}=\dfrac{2-s^2}{1+s^4}$$

$$=\dfrac{(\sqrt{2}-s)(\sqrt{2}+s)}{\left(s-\dfrac{1+j}{\sqrt{2}}\right)\left(s+\dfrac{1+j}{\sqrt{2}}\right)\left(s-\dfrac{1-j}{\sqrt{2}}\right)\left(s+\dfrac{1-j}{\sqrt{2}}\right)}$$

取左半平面的零极点构成 $H_a(s)$，即

$$H_a(s)=\dfrac{\sqrt{2}+s}{\left(s+\dfrac{1+j}{\sqrt{2}}\right)\left(s+\dfrac{1-j}{\sqrt{2}}\right)}$$

其幅度平方函数零极点分布如图 5.8 所示。

第5章 模拟滤波器的设计

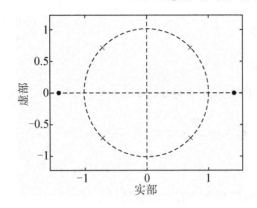

图5.8 例5.1幅度平方函数零极点分布图

MATLAB 程序如下。

```
a=[1 0 0 0 1];          % 输入已知幅度平方函数
b=[0 0 -1 0 2];
zplane(b, a)            % 求系统函数的零、极点
```

5.2 巴特沃斯滤波器

1. 幅度平方函数

$$A(\Omega^2) = |H_a(j\Omega)|^2 = \frac{1}{1+\left(\frac{\Omega}{\Omega_c}\right)^{2N}} \tag{5.2}$$

式中：N 为整数，称为滤波器的阶数，当 $\Omega = \Omega_c$ 时，$|H_a(j\Omega_c)|^2 = \frac{1}{2}$，所以 Ω_c 称为 3dB 衰减点，即不管 N 为多少，巴特沃斯幅度平方函数都通过 3dB 衰减点。幅度平方函数特性如图5.9所示。

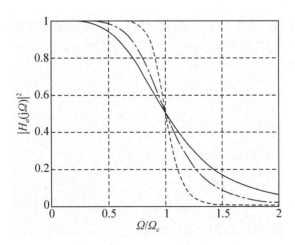

图5.9 巴特沃斯滤波器的幅度平方函数特性

2. 幅度平方函数特点

当 $\Omega=0$ 时，$|H_a(j\Omega)|^2=1$。

(1) 当 $\Omega=\Omega_c$ 时，$|H_a(j\Omega)|^2=\dfrac{1}{2}$。

(2) 当 $\Omega<\Omega_c$ 时，N 越大，$\left(\dfrac{\Omega}{\Omega_c}\right)^{2N}\to 0$，$|H_a(j\Omega)|^2\to 1$。

(3) 当 $\Omega>\Omega_c$ 时，N 越大，$\left(\dfrac{\Omega}{\Omega_c}\right)^{2N}\gg 1$，$|H_a(j\Omega)|^2\to 0$。

所以 N 值越大，滤波器通带和阻带的近似性越好。

3. 幅度平方函数的极点分布

根据式(5.1)得 $|H_a(j\Omega)|^2\big|_{\Omega=\frac{s}{j}}=H_a(s)H_a(-s)=\dfrac{1}{1+\left(\dfrac{s}{j\Omega_c}\right)^{2N}}$

其极点为

$$s_k=j\Omega_c(-1)^{1/2N}=\Omega_c e^{j\left(\frac{1}{2}+\frac{2k-1}{2N}\right)\pi},\quad k=1,2,\cdots,2N \tag{5.3}$$

例如，$(-1)^{1/2}=\pm j=e^{j\frac{\pi}{2}}$ 或 $e^{j\frac{3\pi}{2}}$，即为 $e^{j\frac{(2k-1)\pi}{2}}$，$k=1,2$ 或者 $e^{j\frac{(2k+1)\pi}{2}}$，$k=0,1$。分析其极点特点如下。

(1) 巴特沃斯滤波器幅度平方函数有 $2N$ 个极点，它们等角度地分布在 $|s|=\Omega_c$ 圆周上。

(2) 极点间的角度间隔为 $\dfrac{\pi}{N}$ rad，但第一个极点不一定是从 0 开始的。

(3) $H_a(s)$ 为稳定系统，则极点不能落在虚轴上，所以上式中的极点不能落在虚轴上。

(4) 判断在实轴上有无极点，只需看 $\left(\dfrac{1}{2}+\dfrac{2k-1}{2N}\right)\pi$ 与 $m\pi$（m 为整数）是否相等，即判断 $\dfrac{N+2k-1}{2N}$ 是否等于 m。

$2k-1$ 始终为一个范围在 $1\sim(4N-1)$ 的奇数，$2N$ 为偶数。当 N 为奇数时，$N+2k-1$ 中存在 $2N$ 的整数倍，这时实轴上有极点。当 N 为偶数时，$N+2k-1$ 为奇数，这时实轴上没有极点。可以计算出，$N=3$ 时的极点为

$$s_p=(-1)^{\frac{1}{2N}}(j\Omega_c)=(e^{j(2k-1)\pi})^{\frac{1}{2N}}e^{j\frac{\pi}{2}}\Omega_c=e^{j\left(\frac{1}{2}+\frac{2k-1}{2N}\right)\pi}\Omega_c=e^{j\left(\frac{1}{2}+\frac{2k-1}{6}\right)\pi}\Omega_c, k=1,2,\cdots,2N$$

$s_1=e^{j\frac{2\pi}{3}}\Omega_c \quad s_2=e^{j\pi}\Omega_c \quad s_3=e^{j\frac{4\pi}{3}}\Omega_c$

$s_4=e^{j\frac{5\pi}{3}}\Omega_c \quad s_5=e^{j2\pi}\Omega_c \quad s_6=e^{j\frac{7\pi}{3}}\Omega_c=e^{j\frac{\pi}{3}}\Omega_c$

图 5.10 给出 $N=3$ 时的极点分布。

第5章 模拟滤波器的设计

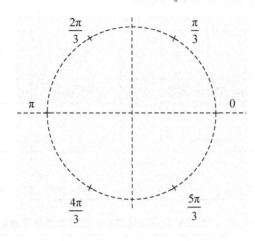

图 5.10 $N=3$ 时极点分布

绘制图 5.7 的 MATLAB 程序如下。

```
N= 3,wc= 1
b= [0 0 0 1]
a= [(1/(j* wc))^(2* N) 0 0 0 0 0 1]
subplot(221)
zplane(b, a);
title('N= 3零极点图')
```

4. 系统函数

因为滤波器是稳定的，取左半平面的极点为 $H_a(s)$ 的极点，这样极点有 N 个，即

$$s_p = \Omega_c e^{j(\frac{1}{2}+\frac{2k-1}{2N})\pi}, k=1,2,\cdots,N \tag{5.4}$$

$$H_a(s) = \frac{\Omega_c^N}{\prod_{k=1}^{N}(s-s_k)} \tag{5.5}$$

注意：在设计时，一般把式中的 Ω_c 选为 1rad/s，称为频率归一化。归一化后的巴特沃斯滤波器的极点分布、相应的系统函数、分母多项式都有现成的表格可查。表 5-1 列出了一些巴特沃斯归一化低通滤波器参数，表 5-2 列出了巴特沃斯归一化低通滤波器分母多项式参数。

表 5-1 巴特沃斯归一化低通滤波器参数

系统阶数 N \ 极点位置	$P_{0,N-1}$	$P_{1,N-2}$	$P_{2,N-3}$	$P_{3,N-4}$	$P_{4,N-5}$
1	-1.0000				
2	$-0.7071\pm j0.7071$				
3	$-0.5000\pm j0.8660$	-1.0000			
4	$-0.3827\pm j0.9239$	$-0.9239\pm j0.3827$			

续表

系统阶数 N \ 极点位置	$P_{0,N-1}$	$P_{1,N-2}$	$P_{2,N-3}$	$P_{3,N-4}$	$P_{4,N-5}$
5	$-0.3090\pm j0.9511$	$-0.8090\pm j0.5878$	-1.0000		
6	$-0.2588\pm j0.9659$	$-0.7071\pm j0.7071$	$-0.9659\pm j0.2588$		
7	$-0.2226\pm j0.9749$	$-0.6235\pm j0.7818$	$-0.9010\pm j0.4339$	-1.0000	
8	$-0.1951\pm j0.9808$	$-0.5556\pm j0.8315$	$-0.8315\pm j0.5556$	$-0.9808\pm j0.1951$	
9	$-0.1736\pm j0.9848$	$-0.5000\pm j0.8660$	$-0.7660\pm j0.6428$	$-0.9397\pm j0.3420$	-1.0000

表 5-2 巴特沃斯归一化低通滤波器分母多项式参数

系统阶数 N \ 分母多项式	\multicolumn{9}{c}{$B(p)=p^N+b_{N-1}p^{N-1}+b_{N-2}p^{N-2}+\cdots+b_1 p+b_0$}
	b_0	b_1	b_2	b_3	b_4	b_5	b_6	b_7	b_8
1	1.0000								
2	1.0000	1.4142							
3	1.0000	2.0000	2.0000						
4	1.0000	2.6131	3.4142	2.613					
5	1.0000	3.2361	5.2361	5.2361	3.2361				
6	1.0000	3.8637	7.4641	9.1416	7.4641	3.8637			
7	1.0000	4.4940	10.0978	14.5918	14.5918	10.0978	4.4940		
8	1.0000	5.1258	13.1371	21.8462	25.6884	21.8642	13.1371	5.1258	
9	1.0000	5.7588	16.5817	31.1634	41.9864	41.9864	31.1634	16.5817	5.7588

【例 5.2】 求三阶巴特沃斯低通滤波器的系统函数，$\Omega_c=2\text{rad/s}$，画出频率响应图。

解 方法 1：按幅度平方函数求解。因为

$$|H_a(j\Omega)|^2=\frac{1}{1+\left(\dfrac{\Omega}{2}\right)^6}$$

则

$$H_a(s)H_a(-s)=\frac{1}{1-\left(\dfrac{s}{2}\right)^6}$$

所有的极点为 $s_k=2e^{j\left(\frac{1}{2}+\frac{2k-1}{6}\right)\pi}$，$k=1,2,\cdots,6$，选出左半平面的 3 个极点，$s=-1$ 和 $s=-0.5000\pm 0.8660$

$$H_a(s)=\frac{\Omega_c^3}{(s-s_1)(s-s_2)(s-s_3)}=\frac{8}{s^3+4s^2+8s+8}$$

方法 2：查表法。查表得知归一化三阶巴特沃斯低通滤波器的 $H_a^1(s)=\dfrac{1}{s^3+2s^2+2s+1}$，用 $s/2$ 代替式中的 s 得到 $H_a(s)=\dfrac{8}{s^3+4s^2+8s+8}$。图 5.11 给出了该滤波器的频率特性。

第5章 模拟滤波器的设计

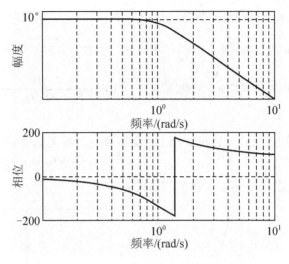

图 5.11 例 5.2 模拟滤波器的频率特性

MATLAB 程序如下。

```
N= 3
[z,p,k]= buttap(N);        % 求零极点
[b, a] = zp2tf(z, p, k);   % 得到传递函数
freqs(b, a);               % 幅度和相频特性分析
grid on;
```

总结以上内容,设计巴特沃斯滤波器的一般步骤如下。

(1) 由滤波器的设计指标 Ω_p、Ω_s、A_p、A_s 确定滤波器的阶数 N。

(2) 确定 Ω_c。

(3) 根据 $|H_a(j\Omega)|^2$ 求出其全部极点,并取左半平面的零极点。

(4) 确定滤波器的系统函数 $H_a(s)$。

【例 5.3】 设计一个模拟低通巴特沃斯滤波器,且满足以下要求:通带截止频率 $\Omega_p = 0.2\pi$ rad/s,通带波纹 $A_p = 1$dB,阻带截止频率 $\Omega_s = 0.3\pi$ rad/s,阻带波纹 $A_s = 17$dB。

解 本题的实质就是设计参数 N 和 Ω_c。

$$|H_a(j\Omega)|^2 = \frac{1}{1+\left(\dfrac{\Omega}{\Omega_c}\right)^{2N}}$$

通带最大衰减
$$A_p = -10\lg\left[\frac{1}{1+(\Omega_p/\Omega_c)^{2N}}\right]$$

阻带最小衰减
$$A_s = -10\lg\left[\frac{1}{1+(\Omega_s/\Omega_c)^{2N}}\right]$$

$$\left(\frac{\Omega_p}{\Omega_s}\right)^N = \sqrt{\frac{10^{A_p/10}-1}{10^{A_s/10}-1}}$$

$$N = \frac{\lg\sqrt{\dfrac{10^{A_p/10}-1}{10^{A_s/10}-1}}}{\lg\dfrac{\Omega_p}{\Omega_s}} = \frac{\lg\dfrac{10^{0.1}-1}{10^{1.7}-1}}{2\lg\dfrac{0.2\pi}{0.3\pi}} \approx 6.47$$

N 取大于等于所求结果的最小整数,所以取 $N=7$。

根据 $A_p = -10\lg\left[\dfrac{1}{1+(\Omega_p/\Omega_c)^{2N}}\right]$,解得 $\Omega_c = \dfrac{0.2\pi}{\sqrt[14]{10^{0.1}-1}} = 0.6920\text{rad/s}$

为了方便计算,取 $\Omega_c = 0.7\text{rad/s}$,代入 $A_s = -10\lg\left[\dfrac{1}{1+(\Omega_s/\Omega_c)^{2N}}\right]$,计算截止频率解得 $\Omega_s = 0.924\text{rad/s}$。

算出的截止频率比题目中给出的小,或者说在截止频率处的衰减大于 17dB,所以说阻带指标有富裕量。现在设计一个 $N=7$ 和 $\Omega_c = 0.7$ 的巴特沃斯滤波器,模拟滤波器 $H_a(s)$ 的设计类似于前例。图 5.12 给出了该滤波器的频率响应。

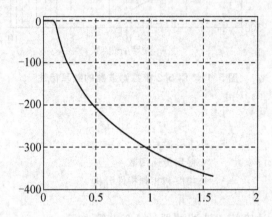

图 5.12 例 5.3 巴特沃斯低通滤波器的频率响应

MATLAB 程序如下。

```
rp= 1;
rs= 17;
wp= 0.2* pi;
ws= 0.3* pi;
% 求取滤波器阶数和 3dB 截止频率点
[N1,wn1]= buttord(wp, ws, rp, rs, 's');
% 巴特沃斯模拟低通原型滤波器设计
[b1, a1] = butter(N1, wn1, 's');
% 巴特沃斯模拟低通滤波器频率响应
[h1, w1] = freqs(b1, a1);
plot(w1/(2* pi), 20* log(abs(h1)))
grid on
```

程序运行结果如下。

```
N1= 7
wn1= 0.6283
b1=  0      0      0      0      0      0      0      0.0942
a1= 1.0000 3.2070 5.1424 5.3029 3.7842 1.8688 0.5935 0.0942
```

所以，该滤波器的系统函数为

$$H_a(s) = \frac{0.0942}{s^7 + 3.2070s^6 + 5.1424s^5 + 5.3029s^4 + 3.7842s^3 + 1.8688s^2 + 0.5935s + 0.0942}$$

5.3 切比雪夫滤波器

巴特沃斯滤波器的频率特性无论在通带与阻带都随频率变换而单调变化，因而如果在通带边缘满足指标，则在通带内肯定会有富余量，也就是会超过指标的要求，因而并不经济。在同样通带、阻带性能要求下，可设计出阶数较低的滤波器。这种精度均匀分布的办法可通过选择具有等波纹特性的逼近函数来实现。切比雪夫滤波器的幅度特性是在通带或阻带具有等波纹特性的。幅度特性在通带中是等波纹的，在阻带中是单调的，称为切比雪夫Ⅰ型。幅度特性在通带内是单调下降的，在阻带内是等波纹的，称为切比雪夫Ⅱ型。这里仅介绍切比雪夫Ⅰ型低通滤波器的幅度特性。

1. 幅度平方函数

$$A(\Omega^2) = |H_a(j\Omega)|^2 = \frac{1}{1 + \varepsilon^2 V_N^2\left(\frac{\Omega}{\Omega_c}\right)} \tag{5.6}$$

式中：Ω_c 为通带截止频率，不一定是 3dB 衰减点；ε 表示通带波纹的大小，$0<\varepsilon<1$，其值越大，通带波动越大；N 为滤波器的阶数；$V_N(x)$ 为 N 阶切比雪夫多项式。

设 $x=\Omega/\Omega_c$ 为归一化频率，则切比雪夫滤波器 $V_N(x)$ 为 N 阶为多项式

$$V_N(x) = \begin{cases} \cos(N\arccos x), & |x| \leqslant 1, \text{等波纹幅度特征} \\ \cosh(N\operatorname{arccosh} x), & |x| > 1, \text{单调递增} \end{cases} \tag{5.7}$$

式中：$\cosh(x) = \dfrac{e^x + e^{-x}}{2}$ 为双曲余弦函数。图 5.13 所示为切比雪夫多项式的图形。

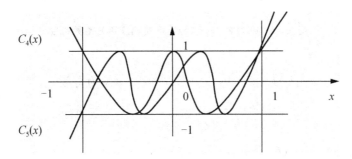

图 5.13 切比雪夫多项式的图形

式(5.7)可展开成多项式，见表 5-3。

表 5-3 切比雪夫多项式

N	$V_N(x)$
0	1
1	x
2	$2x^2 - 1$

续表

N	$V_N(x)$
3	$4x^3-3x$
4	$8x^4-8x^2+1$
5	$16x^5-20x^3+5x$
6	$32x^6-48x^4+18x^2-1$

2. 幅度函数特点

由切比雪夫幅度平方函数

$$|H_a(j\Omega)|=\frac{1}{\sqrt{1+\varepsilon^2 V_N^2\left(\dfrac{\Omega}{\Omega_c}\right)}}$$

得到其函数特点如图 5.14 所示。

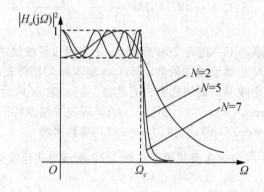

图 5.14　N 为 2、5、7 切比雪夫幅度平方函数特性

(1) 当 $\Omega=0$ 时，有

$$\begin{cases} |H_a(j0)|=1, & N\text{ 为奇数}\\ |H_a(j0)|=\dfrac{1}{\sqrt{1+\varepsilon^2}}, & N\text{ 为偶数} \end{cases}$$

(2) 当 $\Omega=\Omega_c$ 时，$|H_a(j\Omega)|=\dfrac{1}{\sqrt{1+\varepsilon^2}}$。

(3) 当 $\Omega<\Omega_c$ 时，即在通带内，$|H_a(j\Omega)|$ 在 $\left(1,\dfrac{1}{\sqrt{1+\varepsilon^2}}\right)$ 之间等波纹起伏。

(4) 当 $\Omega>\Omega_c$ 时，即在通带外，随着 Ω 的增大，$|H_a(j\Omega)|$ 迅速单调下降趋向 0。

3. 性能指标

切比雪夫滤波器特性参数有 3 个 ε、Ω_c 和 N，通常通带截止频率 Ω_c 是预先给定的。通带波纹 A_p（以 dB 表示）的定义为

$$A_p = 20\lg \frac{|H_a(j\Omega)|_{max}}{|H_a(j\Omega)|_{min}} = 20\lg \frac{1}{\frac{1}{\sqrt{1+\varepsilon^2}}}$$

可以推导出 A_p 与 ε 关系

$$A_p = 10\lg(1+\varepsilon^2)$$
$$\varepsilon^2 = 10^{0.1A_p} - 1 \tag{5.8}$$

4. N 阶特性

阶数 N 等于通带内最大和最小值个数的总和，可由图 5.14 中看出 N 阶数。N 越大越接近理想特性，且当 N 为奇数时，$\Omega=0$ 处有一最大值，当 N 为偶数时，$\Omega=0$ 处有一最小值。N 值是根据阻带的边界条件来确定的。

切比雪夫幅度平方公式

$$A^2(\Omega_r) = \frac{1}{1+\varepsilon^2 V_N^2\left(\frac{\Omega_r}{\Omega_c}\right)}$$

因为 $\frac{\Omega_r}{\Omega_c} > 1$，所以 $V_N\left(\frac{\Omega_r}{\Omega_c}\right) = \cosh\left[N\operatorname{arccosh}\left(\frac{\Omega_r}{\Omega_c}\right)\right] = \frac{1}{\varepsilon}\sqrt{\frac{1}{A^2(\Omega_r)}-1}$，可以推导出

$$N = \frac{\operatorname{arccosh}\left[\frac{1}{\varepsilon}\sqrt{\frac{1}{A^2(\Omega_r)}-1}\right]}{\operatorname{arccosh}\left(\frac{\Omega_r}{\Omega_c}\right)} \tag{5.9}$$

又由于 $A^2(\Omega_r) \leqslant \frac{1}{A^2}$，所以

$$N \geqslant \frac{\operatorname{arccosh}\left[\frac{1}{\varepsilon}\sqrt{\frac{1}{A^2(\Omega_r)}-1}\right]}{\operatorname{arccosh}\left(\frac{\Omega_r}{\Omega_c}\right)} \tag{5.10}$$

5. 极点及系统函数

由切比雪夫幅度平方函数（归一化）可得

$$H_a(j\Omega)H_a(-j\Omega) = \frac{1}{1+\varepsilon^2 V_N^2\left(\frac{j\Omega}{j}\right)}$$

用 s 代替 $j\Omega$，可以得到

$$H_a(s)H_a(-s) = \frac{1}{1+\varepsilon^2 V_N^2(-js)} \tag{5.11}$$

所以，$H_a(s)H_a(-s)$ 的极点就是方程 $1+\varepsilon^2 V_N^2(-js)$ 的根。可以证明，这些根共有 $2N$ 个，而且关于虚轴对称，呈复共轭出现。这 $2N$ 极点实际上分布在一个椭圆上，椭圆的短轴半径为 a，长轴半径为 b，这里

$$a = \frac{1}{2}(\beta^{\frac{1}{N}} - \beta^{-\frac{1}{N}}), \quad b = \frac{1}{2}(\beta^{\frac{1}{N}} + \beta^{-\frac{1}{N}}) \tag{5.12}$$

$$\beta = \varepsilon^{-1} + \sqrt{1+\varepsilon^{-2}}$$

取左半平面的 N 个极点构成 $H_a(s)$，设这 N 个极点为

$$s_k = \sigma_k + j\Omega_k, k = 1, 2, \cdots, N \tag{5.13}$$

$$\sigma_k = -a\sin\frac{(2k-1)\pi}{2N}, \Omega_k = -b\cos\frac{(2k-1)\pi}{2N}$$

根据极点和其幅度平方函数可以得到切比雪夫滤波器的系统函数为

$$H_a(s) = \frac{\varepsilon^{-1} 2^{N-1}}{(s-s_1)(s-s_2)\cdots(s-s_N)} \tag{5.14}$$

总结以上内容，可以归纳出设计的切比雪夫滤波器一般步骤。

(1) 根据给定指标确定通带截止频率 Ω_c。
(2) 由通带指标确定 ε。
(3) 由阻带指标确定 N。
(4) 根据 $|H_a(j\Omega)|^2$ 求出其全部极点，并取左半平面的零极点。
(5) 确定滤波器的系统函数 $H_a(s)$。

【例 5.4】 设计一个模拟低通切比雪夫滤波器，且满足以下要求：通带截止频率 $\Omega_p = 0.2\pi$，通带波纹 $A_p = 1\text{dB}$，阻带截止频率 $\Omega_s = 0.3\pi$，阻带波纹 $A_s = 17\text{dB}$。

解 编写 MATLAB 程序解答本题。图 5.15 为该滤波器的频率响应。MATLAB 程序如下。

```
rp= 1;
rs= 17;
% wp= 2* pi* fp;ws= 2* pi* fs;
wp= 0.2* pi;
ws= 0.3* pi;
% 求取滤波器阶数和 3dB 截至频率点
[N2,wn2]= cheb1ord(wp, ws, rp, rs, 's');
% 切比雪夫模拟低通原型滤波器设计
[b2, a2] = cheby1(N2, 3, wn2, 'low', 's');
% 切比雪夫模拟低通滤波器频率响应
[h2, w2] = freqs(b2, a2);
plot(w2, 20* log(abs(h2)));
axis( [0, 1, - 50, 0])
grid on;
```

程序运行结果如下。

```
N2= 4
wn2= 0.6283
b2= 0    0    0    0    0.0195
a2= 1.0000    0.3654    0.4615    0.1004    0.0276
```

由上述结果得到系统函数为

$$H_a(s) = \frac{0.0195}{s^3 + 0.3654s^3 + 0.4615s^2 + 0.1004s + 0.0276}$$

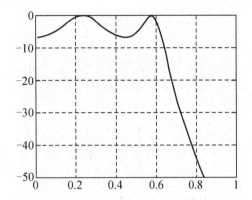

图 5.15　例 5.4 切比雪夫低通滤波器的频率响应

5.4　椭圆滤波器

1. 幅度平方函数

$$|H_a(\mathrm{j}\Omega)|^2 = A(\Omega^2) = \frac{1}{1+\varepsilon^2 R_N^2(\Omega,L)} \tag{5.15}$$

式中：$R_N(\Omega,L)$ 为 N 阶雅可比椭圆函数；L 为一个表示波纹性质的参量。

由图 5.16 可见，在归一化通带内（$-1 \leqslant \Omega \leqslant 1$），$R_N(\Omega,L)$ 在 $(0,1)$ 间振荡，而超过 Ω_L 后，$R_N(\Omega,L)$ 在 L^2 和 ∞ 间振荡。L 越大，Ω_L 也变大。这一特点使滤波器同时在通带和阻带具有任意衰减量。

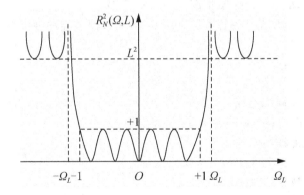

图 5.16　$N=5$ 时 $R_N(\Omega,L)$ 的特性曲线

2. 幅度函数特点

椭圆滤波器幅度平方函数和零极点分布的分析是相当复杂的，本章不做详细讨论，仅给出它的幅度平方函数的曲线图（如图 5.17 所示）。可见，通带和阻带内都是等波纹的，对于给定的阶数和给定的波纹要求，椭圆滤波器能获得较其他滤波器更窄的过渡带宽，就这点而言，椭圆滤波器是最优的。

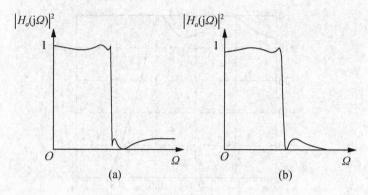

图 5.17 椭圆滤波器的幅度平方函数

(a)N 为奇数时的椭圆滤波器幅度平方函数；(b)N 为偶数时的椭圆滤波器幅度平方函数

椭圆滤波器中 ε 和 A 的定义与切比雪夫滤波器相同。当 Ω_c、Ω_s、ε 和 A 确定后，阶次 N 的确定方法为

$$\begin{cases} k = \dfrac{\Omega_c}{\Omega_s}, k_1 = \dfrac{\varepsilon}{\sqrt{A^2-1}} \\ N = \dfrac{K(k)K(\sqrt{1-k_1^2})}{K(k_1)K(\sqrt{1-k^2})} \end{cases} \tag{5.16}$$

式中：$K(x)$ 为第一类完全椭圆积分，具体表达式如下。

$$K(x) = \int_0^1 \dfrac{\mathrm{d}t}{\sqrt{(1-t)}\sqrt{(1-xt^2)}} \tag{5.17}$$

【例 5.5】 设计低通椭圆滤波器，各指标为通带截止频率 $\Omega_p = 0.2\pi$，通带波纹 $A_p = 1\text{dB}$，阻带截止频率 $\Omega_s = 0.3\pi$，阻带波纹 $A_s = 17\text{dB}$。

解 编写 MATLAB 程序解答本题。图 5.18 为该滤波器的频率响应。MATLAB 程序如下。

```
wp= 0.2*pi;ws= 0.3*pi;
rp= 1;rs= 17;
% 求取滤波器阶数和 3dB 截至频率点
[N3,wn3]= ellipord(wp, ws, rp, rs, 's');
% 椭圆模拟低通原型滤波器设计
[b3, a3] = ellip(N3, rp, rs, wn3, 's');
% 椭圆模拟低通原型滤波器频率响应
[h3, w] = freqs(b3, a3);
plot(w, 20* log(abs(h3)));
axis( [0, 2, - 160, 0]);
grid on;
```

程序运行结果如下。

N3= 3
wn3= 0.6283
b3= 0   0.2536   0.0000   0.1771

a3=   1.0000   0.6108   0.4869   0.1771

由上述结果得到系统函数为

$$H_a(s) = \frac{0.2536s^2 + 0.1771}{s^3 + 0.6108s^2 + 0.4869s + 0.1771}$$

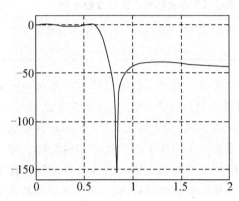

图 5.18　例 5.5 椭圆低通滤波器的频率响应

MATLAB 程序如下。

（1）由低通滤波器的 4 个参数通带和阻带截止频率、通带的波纹和阻带最小衰减，求出滤波器的阶数 N 和 Ω_c 两个参数。

```
[N,wc]= buttord(fp, fs, rp, rs, 's')       % 巴特沃斯
[N, wc1] = cheb1ord(fp, fs, rp, rs, 's')    % 切比雪夫 I 型
[N, wc2] = cheb2ord(fp, fs, rp, rs, 's')    % 切比雪夫 II 型
[N, we] = ellipord(fp, fs, rp, rs, 's')     % 椭圆
```

（2）根据阶数 N 和 Ω_c 就可以设计滤波器的系统函数。

```
[B,A]= butter(N, wc, 'ftype', 's');   % 当 ftype 为默认时，为低通；若 wc= [wcl, wcu],
```
则带通滤波器. 当 ftype= high 时，为高通；当 ftype= stop 时，为带阻。
```
[B, A] = cheby1(N, wc1, 'ftype', 's');
[B, A] = cheby2(N, wc2, 'ftype', 's');
[B, A] = ellip(N, we, 'ftype', 's');
```

（3）求模拟滤波器的频率响应。

```
[H,w]= freqs(B, A);
```

5.5　综合实例

为了比较 3 种滤波器的特点，列表 5－4 以供参考。

表 5－4　3 种最常用模拟低通滤波器的特性比较

滤波器名称	特　　性
巴特沃斯滤波器	在通带和阻带内均有平滑单调的特点，但在相同过渡带宽的条件下，该滤波器所需的阶数最多

续表

滤波器名称	特 性
切比雪夫滤波器	在通带或阻带内具有纹波，可以提高选择性，但在相同过渡带宽的条件下，该滤波器所需的阶数比巴特沃斯滤波器要少
椭圆滤波器	在通带和阻带内均有纹波出现，在相同过渡带宽的条件下，该滤波器所需的阶数最少

了解以上 3 种滤波器的特点，就可以根据具体要求选用不同类型的滤波器。如在通带截止频率 $\Omega_p=0.2\pi$，通带波纹 $A_p=1\text{dB}$，阻带截止频率 $\Omega_s=0.3\pi$，阻带波纹 $A_s=17\text{dB}$ 条件下，巴特沃斯滤波器阶数 $N=7$，切比雪夫 I 型 $N=4$，椭圆滤波器 $N=3$。

在实际中设计出的滤波器，其特性不可能达到理想特性，而且，前文中的几个典型模拟滤波器特性也是在所使用的电容器和电感线圈都具有理想特性的前提下得到的。如果用实际的元器件实现滤波器，其特性就更差一些。在最初设计者不知道使用哪种函数更合适的情况下，可以选取巴特沃斯滤波器。这种滤波器的衰减特性和相位特性都相当好，对构成滤波器的器件条件的要求也不很严格，比较容易得到符合设计值的特性。对于巴特沃斯低通无源滤波器的元件参数设计，工程上已经把其不同的 N 对应的归一化低通元件值列在表 5-5 中，以便设计时查询。

表 5-5 巴特沃斯低通无源滤波器归一化元件值表

N	L_1'	C_2'	L_3'	C_4'	L_5'	C_6'	L_7'
1	2.0000						
2	1.4142	1.4142					
3	1.0000	2.0000	1.0000				
4	0.7654	1.8478	1.8478	0.7654			
5	0.6180	1.6180	2.0000	1.6180	0.6180		
6	0.5176	1.4142	1.9319	1.9319	1.4142	0.5176	
7	0.4450	1.2470	1.8019	2.0000	1.8019	1.2470	0.4450
N	C_1'	L_2'	C_3'	L_4'	C_5'	L_6'	C_7'

注：(1) 表中首行元件号对应 T 型结构电路；(2) 表中末行元件号对应 Π 型结构电路。

【例 5.6】 设计并实现巴特沃斯低通滤波器，其设计指标为通带最大衰减 -1dB，通带截止频率 $\Omega_p=2\pi\times10^4\text{rad/s}$，阻带最小衰减 -20dB，阻带截止频率 $\Omega_s=2\pi\times2\times10^4\text{rad/s}$。信源内阻 R_S 和负载电阻 R_L 相等，都是 $1\text{k}\Omega$。

解 (1) 先求巴特沃斯滤波器的阶数 N 和 3dB 点 Ω_c。

已知幅度平方函数

$$|H_a(\text{j}\Omega)|^2 = \frac{1}{1+\left(\dfrac{\Omega}{\Omega_c}\right)^{2N}}$$

对其两边取对数有

$$20\lg|H_a(j\Omega)| = 20\lg\left[\frac{1}{1+\left(\frac{\Omega}{\Omega_c}\right)^{2N}}\right]^{1/2}$$

$$= -10\lg\left[1+\left(\frac{\Omega}{\Omega_c}\right)^{2N}\right] \quad (5.18)$$

将 A_p 和 A_s 分别代入(5.14)中可得

$$-10\lg\left[1+\left(\frac{2\pi\times 10^2}{\Omega_c}\right)^{2N}\right] \geqslant -1$$

$$-10\lg\left[1+\left(\frac{4\pi\times 10^4}{\Omega_c}\right)^{2N}\right] \leqslant -20$$

计算得出 $N=4.29$，因为 N 为整数，所以 N 取 5，得 $\Omega_c = 7.9357\times 10^4$。注意：$N$ 比实际设计的值大些，会让通带更平，阻带衰减更快，这对用脉冲响应不变法设计时的混叠效应有利。

（2）查表 5-2。当 $N=5$ 时，归一化模拟低通滤波器的系统函数为

$$H_{an}(s) = \frac{1}{s^5 + 3.2361s^4 + 5.2361s^3 + 5.2361s^2 + 3.2361s + 1}$$

用 $\frac{s}{7.9357\times 10^4}$ 代替系统中的 s，可得

$$H_a(s) = \frac{3.148\times 10^{24}}{s^5 + 2.568\times 10^5 s^4 + 3.298\times 10^{10} s^3 + 2.618\times 10^{15} s^2 + 1.284\times 10^{20} s + 3.148\times 10^{24}}$$

（3）电路结构及元件值计算。无源滤波器的实现有两种常用结构：T 型和 Π 型。由表 5-5 可以查到 $N=5$ 的巴特沃斯低通无源滤波器归一化元件值。

T 型结构：$L_1' = 0.618$ $C_2' = 1.618$ $L_3' = 2$ $C_4' = 1.618$ $L_5' = 0.618$

Π 型结构：$C_1' = 0.618$ $L_2' = 1.618$ $C_3' = 2$ $L_4' = 1.618$ $C_5' = 0.618$

根据已知条件，对元件去归一化值，得到 T 型结构元件值为

$$L_1 = \frac{R_S}{\Omega_C}L_1' = \frac{10^3}{7.9357\times 10^4}\times 0.618 = 7.79\text{mH}$$

$$C_2 = \frac{1}{\Omega_C R_S}C_2' = \frac{1}{7.9357\times 10^4 \times 10^3}\times 1.618 = 0.0204\mu\text{F}$$

$$L_3 = \frac{R_S}{\Omega_C}L_3' = \frac{10^3}{7.9357\times 10^4}\times 2 = 25.20\text{mH}$$

因为 $C_2 = C_4$，$L_1 = L_5$，所以 $C_4 = 0.0204\mu\text{F}$，$L_5 = 7.79\text{mH}$

Π 型结构元件值为

$$C_1 = \frac{1}{\Omega_C R_S}C_1' = \frac{1}{7.9357\times 10^4 \times 10^3}\times 0.618 = 77.9\text{pF}$$

$$L_2 = \frac{R_S}{\Omega_C}L_2' = \frac{10^3}{7.9357\times 10^4}\times 1.618 = 20.4\text{mH}$$

$$C_3 = \frac{1}{\Omega_C R_S}C_3' = \frac{1}{7.9357\times 10^4 \times 10^3}\times 2 = 0.0252\mu\text{F}$$

因为 $L_4 = L_2$，$C_5 = C_1$，所以 $L_4 = 20.4\text{mH}$，$C_5 = 77.4\text{pF}$

（4）无源滤波器电路实现。T 型电路和 Ⅱ 型电路的具体实现如图 5.19 和图 5.20 所示。

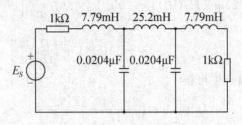

图 5.19　T 型电路

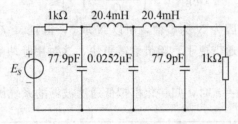

图 5.20　Ⅱ 型电路

小　结

本章重点介绍了滤波器的概念、分类及模拟滤波器的相关技术指标，重点讨论了巴特沃斯和切比雪夫Ⅰ型及椭圆模拟低通滤波器的特性和设计方法。其中巴特沃斯滤波器在通带和阻带均具有平滑幅度，切比雪夫Ⅰ型滤波器在通带内等波纹且阻带平滑，切比雪夫Ⅱ型滤波器在阻带内等波纹且通带平滑，椭圆滤波器在通带和阻带内均具有等波纹特性。在相同条件（阶数、波纹等）下，巴特沃斯滤波器的过渡带宽度大于切比雪夫滤波器，椭圆滤波器的过渡带宽度最小。巴特沃斯和切比雪夫滤波器在通带 3/4 内具有近似线性相位，椭圆滤波器在通带 1/2 内有近似线性相位。

习　题

1. 比较巴特沃斯滤波器、切比雪夫滤波器和椭圆滤波器的特点。

2. 已知幅度平方函数为 $|H_a(j\Omega)|^2 = \dfrac{(25-\Omega^2)^2}{(49+\Omega^2)(36+\Omega^2)}$，试求系统函数 $H_a(s)$。

3. 设 $\Omega_c = 3\text{rad/s}$，试导出三阶巴特沃斯滤波器的系统函数。

4. 已知通带波纹为 0.5dB，归一化截止频率 $\Omega_c = 2\text{rad/s}$，试导出二阶切比雪夫Ⅰ型滤波器的系统函数。

5. 已知模拟滤波器技术指标为：通带截止频率 $\Omega_p = 2\pi$，通带波纹 $A_p = 1\text{dB}$，阻带截止频率 $\Omega_s = 4\pi$，阻带波纹 $A_s = 30\text{dB}$，设计巴特沃斯低通滤波器。

6. 已知模拟滤波器技术指标为：通带截止频率 $\Omega_p = 2\pi$，通带波纹 $A_p = 1\text{dB}$，阻带截

止频率 $\Omega_s = 4\pi$，阻带波纹 $A_s = 30\text{dB}$，设计切比雪夫低通滤波器。

7. 已知模拟滤波器技术指标为：通带截止频率 $\Omega_p = 2\pi$，通带波纹 $A_p = 1\text{dB}$，阻带截止频率 $\Omega_s = 4\pi$，阻带波纹 $A_s = 30\text{dB}$，设计椭圆低通滤波器。

第6章 IIR 数字滤波器的设计

教学目标与要求

(1) 理解数字滤波器的基本概念、分类及特点。
(2) 了解利用模拟滤波器设计 IIR 数字滤波器的设计过程。
(3) 掌握双线性变换法设计 IIR 数字低通滤波器的具体设计方法及其原理。
(4) 掌握脉冲响应不变法设计 IIR 数字低通滤波器的具体设计方法及其原理。
(5) 了解利用频率变换法设计各种类型数字滤波器的方法。
(6) 了解 IIR 滤波器的最优化设计法。

知识架构

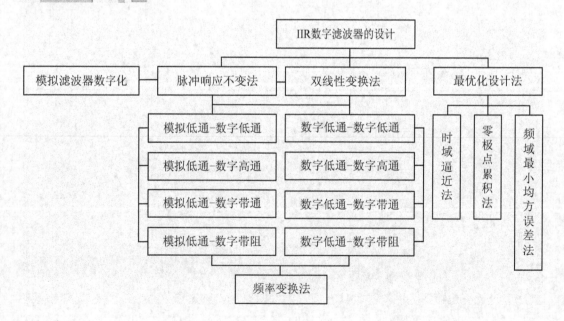

第6章 IIR数字滤波器的设计

导入实例

根据美国最新科技研究表明,一种名叫"脑电反馈"的训练系统可以明显改善和提高儿童的注意力。该系统通过对脑电波的监控和反馈,达到对儿童注意力进行测评和训练的目的。这项获得美国国家专利权的科技产品,采用了美国国家航空、宇宙航行局以及美国空军飞行员在机舱里训练持续注意力的技术,并加以改进使之更适合训练孩童的注意力。

在美国,"脑电反馈训练系统"已在300多家学校里被广泛有效地使用。脑电反馈训练系统运用传感器时刻监控使用者的脑电波。系统命令专用软件将脑电波输出的数据进行加工、整合,并及时反馈于电脑屏幕,使操作者立刻获取自己注意力状态,从而达到调整和加强注意力的目的。该系统获得了由美国相关部门评选的2002年度医疗和科学仪器类最佳产品金奖。目前这项全球最新脑神经科技产品已在上海首次引进使用。

在脑电反馈系统中,对脑电波进行滤波以获取系统处理所需频段信号是实现系统功能的一个重要部分,考虑到脑电信号的特点和无限冲击响应(IIR)滤波器具有的各种优点,在系统中该功能采用IIR滤波器实现,如图6.1所示。

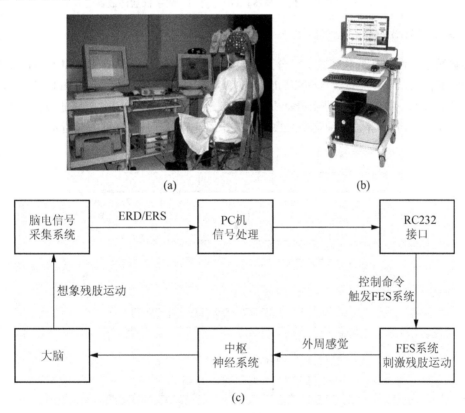

图 6.1 脑电反馈系统
(a)脑机接口实验;(b)脑电反馈训练系统;(c)脑电反馈训练系统框图

滤波器可分为3种:模拟滤波器、采样滤波器和数字滤波器。模拟滤波器可以是由R、L、C构成的无源滤波器,也可以是加上运放的有源滤波器,是连续时间系统;采样滤波器由电阻、电容、电荷转移器件、运放等组成,属于离散时间系统,幅度连续;数字滤波器就是用有限精度算法实现的时域离散的线性时不变系统,用于完成对信号的滤波处理。数字滤波器由加法器、乘法器、存储延迟单元、时钟脉冲发生器和逻辑单元等数字电路构成,精度高,稳定性好。其本质是将一组输入的数字序列通过一定的运算后转变为另一组输出的数字序列,即输入和输出均为数字信号。图 6.2 为一阶模拟低通和数字低通滤波器的基本结构,通过对比 RC 模拟低通滤波器和数字滤波器的结构,可以看出两者在结构上的差异。

许多信息处理过程,如信号的过滤、检测、预测等都要用到滤波器,数字滤波器是数字信号处理中使用最广泛的一种线性系统,是数字信号处理的重要基础。

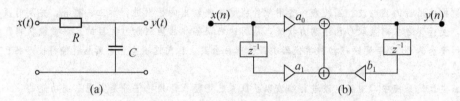

图 6.2 一阶模拟低通和数字低通滤波器结构
(a)一阶模拟低通滤波器;(b)一阶 IIR 数字低通滤波器

1. 数字滤波器的分类

经典数字滤波器从选频特性上可分为低通数字滤波器(Low－Pass Digital Filter,LPDF)、高通数字滤波器(High－Pass Digital Filter,HPDF)、带通数字滤波器(Band－Pass Digital Filter,BPDF)、带阻数字滤波器(Band－Stop Digital Filter,BSDF)、全通滤波器(All－Pass Digital Filter,APDF)等,各种类型的数字滤波器的理想幅频特性如图 6.3 所示。

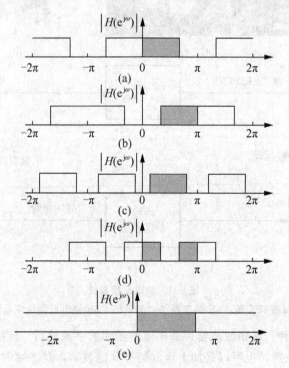

图 6.3 数字滤波器的理想幅频特性
(a)LPDF;(b)HPDF;(c)BPDF;(d)BSPP;(e)APDF

第6章 IIR数字滤波器的设计

数字滤波器从实现的网络结构或者从单位脉冲响应 $h(n)$ 的时宽分类，可以分成无限长度单位脉冲响应(Infinite Impulse Response，IIR)滤波器和有限长度单位脉冲响应(Finite Impulse Response，FIR)滤波器，FIR 滤波器将在第 7 章中详细讨论。

IIR 的系统函数为

$$H(z) = \frac{\sum_{i=0}^{M} a_i z^{-i}}{1 - \sum_{i=1}^{N} b_i z^{-i}} \tag{6.1}$$

IIR 数字滤波器的差分方程可描述为

$$y(n) = \sum_{i=0}^{M} a_i x(n-i) + \sum_{i=1}^{N} b_i y(n-i) \tag{6.2}$$

由式(6.1)和式(6.2)可见，IIR 数字滤波器采用递归型结构，不能保证稳定性，所以稳定性是设计 IIR 数字滤波器的重要组成部分。

2. 设计 IIR 数字滤波器的基本思路

数字滤波器的设计是确定其系统函数及其实现的过程，具体步骤如下。

(1) 根据任务，确定性能指标。一般滤波器的性能指标是用幅频响应特性的允许误差来表征的。以图 6.4 低通数字滤波器的特性指标为例，加以说明。

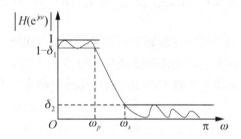

图 6.4 数字低通滤波器的特性指标

注：ω_p 为通带截止频率；ω_s 为阻带截止频率；$(\omega_p - \omega_s)$ 为过渡带。

在通带内，幅度响应以最大误差 δ_1 逼近于 1，即

$$1 - \delta_1 \leqslant |H(e^{j\omega})| \leqslant 1 \tag{6.3}$$

在阻带内，幅度响应以误差小于 δ_2 而逼近于零，即

$$|H(e^{j\omega})| \leqslant \delta_2 \tag{6.4}$$

通常，最大通带波动 A_p 和最小阻带衰减 A_s 表示为

$$A_p = 20\lg \frac{|H_a(e^{j\omega})|_{\max}}{|H_a(e^{j\omega})|_{\min}} = 20\lg \frac{1}{1-\delta_1} \tag{6.5}$$

$$A_s = 20\lg \frac{1}{|H_a(e^{j\omega})|_{\min}} = 20\lg \frac{1}{\delta_2} \tag{6.6}$$

(2) 用因果稳定的线性时不变 IIR 系统函数去逼近这一性能要求，系统函数如式(6.1)所示。IIR 数字滤波器系统函数的设计就是确定各系数 a_i、b_i 或零极点 c_i、d_i 及 A，以使滤波器满足给定的性能要求。

(3) 选择适当的运算结构实现这个系统函数,如级联型、并联型、卷积型、频率采样型以及快速卷积(FFT)型等。

(4) 利用适当的软、硬件技术实现。

3. IIR 数字滤波器的设计方法

通常,设计 IIR 数字滤波器有两种方法。

(1) 借助模拟滤波器的设计方法。首先,设计一个合适的模拟滤波器系统函数为 $H_a(s)$;然后,在保证稳定性的条件下,利用一定的映射关系将 $H_a(s)$ 转化成满足预定指标的数字滤波器 $H(z)$。这种方法很方便,因为模拟滤波器已经具有很多简单的设计公式,并且设计参数已表格化,设计起来既方便又准确。

(2) 采用最优化设计法设计滤波器。这种方法是在某种最优化准则意义上逼近所需要的频率响应。这种设计需要进行大量的迭代运算,故离不开计算机,所以最优化方法又称为计算机辅助设计法。

第 5 章已经对模拟滤波器进行了比较详细的说明,本章将重点讨论模拟滤波器数字化的两种方法,即脉冲响应不变法和双线性变换法,然后讨论数字滤波器的频带变换原理,最后简要介绍 IIR 数字滤波器的最优化设计方法。

6.1 根据模拟滤波器设计 IIR 数字滤波器

第 5 章针对常用的模拟原型滤波器如巴特沃斯滤波器、切比雪夫滤波器、椭圆滤波器等进行了分析和讨论。本章重点讲述模拟滤波器的数字化方法,即将传输函数 $H_a(s)$ 从 s 平面转换到 z 平面的映射变换。工程上常用的是利用脉冲响应不变法和双线性变换法来完成 IIR 数字滤波器的设计。

6.1.1 脉冲响应不变法

系统函数为 $H_a(s)$ 的模拟滤波器,只有它的所有极点都位于 s 平面的左半平面,系统才是稳定的。那么由模拟滤波器得到特性相近的数字滤波器,也即 s 平面转化成 z 平面时模拟系统频响与数字系统频响之间的转换应满足下列要求。

(1) s 平面的虚轴 $j\Omega$,映射到 z 平面的单位圆上。

(2) s 平面的左半平面,映射到 z 平面的单位圆内 $|z|<1$。

1. 变换原理

利用脉冲响应不变法设计 IIR 数字滤波器的基本步骤如下。

(1) 使数字滤波器的单位脉冲响应序列 $h(n)$ 逼近模拟滤波器的冲激响应 $h_a(t)$。

(2) 让 $h(n)$ 等于 $h_a(t)$ 的采样值,即 $h(n)=h_a(nT)$,T 是采样周期。

(3) 设计出符合要求的模拟滤波器的系统函数 $H_a(s)$。

(4) 将 $H_a(s)$ 展成部分分式的并联形式,利用变换关系公式设计出 $H(z)$。

利用脉冲响应不变法将模拟滤波器变换成数字滤波器的过程如图 6.5 所示。

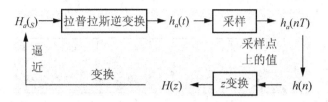

图 6.5 模拟滤波器变换成数字滤波器的过程

2. 具体步骤

(1) 当 $H_a(s)$ 只有单阶极点时，模拟滤波器的系统函数可以表示为部分分式的形式

$$H_a(s) = \sum_{i=1}^{N} \frac{A_i}{s - s_i} \tag{6.7}$$

(2) 将模拟滤波器系统函数 $H_a(s)$ 求拉普拉斯逆变换

$$h_a(t) = \sum_{i=1}^{N} A_i e^{s_i t} u(t) \tag{6.8}$$

(3) 对 $h_a(t)$ 采样，得到数字滤波器的单位脉冲响应序列为

$$h_a(nT) = \sum_{i=1}^{N} A_i e^{s_i nT} u(nT) = \sum_{i=1}^{N} A_i (e^{s_i T})^n u(nT) \tag{6.9}$$

(4) 令 $h(n)$ 等于 $h_a(t)$ 的采样值，即 $h(n) = h_a(nT)$，T 是采样周期。

(5) 对 $h(n)$ 取 z 变换，得到数字滤波器的系统函数为

$$\begin{aligned} H(z) &= \sum_{n=-\infty}^{\infty} h(n) z^{-n} = \sum_{n=-\infty}^{\infty} \sum_{i=1}^{N} A_i (e^{s_i T})^n u(nT) z^{-n} \\ &= \sum_{n=-\infty}^{\infty} u(nT) \sum_{i=1}^{N} A_i (e^{s_i T} z^{-1})^n = \sum_{n=0}^{\infty} \sum_{i=1}^{N} A_i (e^{s_i T} z^{-1})^n \\ &= \sum_{i=1}^{N} \frac{A_i}{1 - e^{s_i T} z^{-1}} \end{aligned} \tag{6.10}$$

即若已知 $H_a(s) = \sum_{i=1}^{N} \frac{A_i}{s - s_i}$，则可得到 $H(z) = \sum_{i=1}^{N} \frac{A_i}{1 - e^{s_i T} z^{-1}}$。可以看出，两种系统函数具有相同的系数 A_i，且 $s = s_i$ 为 s 平面极点，$z = e^{s_i T}$ 为 z 平面极点。式(6.7)的 N 阶模拟滤波器可由式(6.10)求出对应数字滤波器的系统函数。

【例 6.1】 已知模拟滤波器系统函数为 $H_a(s) = \dfrac{3}{s^2 + 4s + 3}$。试用脉冲响应不变法将其转化成数字滤波器，并画出模拟和数字滤波器的幅频响应，其中 $T = 0.5\text{s}$。

解 首先将 $H_a(s)$ 展成部分分式的并联形式

$$H_a(s) = \sum_{i=1}^{N} \frac{A_i}{(s - s_i)} = \frac{3}{s^2 + 4s + 3} = \frac{\frac{3}{2}}{s + 1} + \frac{-\frac{3}{2}}{s + 3}$$

根据变换关系可得

$$H(z) = \sum_{i=1}^{N} \frac{A_i}{1-e^{s_i T}z^{-1}} = \frac{\frac{3}{2}}{1-e^{-1\cdot T}z^{-1}} - \frac{\frac{3}{2}}{1-e^{-3\cdot T}z^{-1}}$$

$$= \frac{\frac{3}{2}}{1-e^{-0.5}z^{-1}} - \frac{\frac{3}{2}}{1-e^{-1.5}z^{-1}} = \frac{\frac{3}{2}(e^{-0.5}-e^{-1.5})z^{-1}}{1-(e^{-0.5}+e^{-1.5})z^{-1}+e^{-2}z^{-2}}$$

利用脉冲响应不变法设计数字滤波器，并画出对应的幅频响应可由下列 MATLAB 程序实现。

```
a= [0 0 3];b= [1 4 3];
[h1,w1]= freqs(a, b);
[az, bz] = impinvar(a, b, 2)
[h2, w2] = freqz(az, bz)
subplot(121)
plot(w1, 20* log(abs(h1)));
subplot(122)
plot(w2, 20* log(abs(h2)));
```

程序运行结果如下。

```
az=         0    0.2876         0
bz=    1.0000  - 0.8297    0.1353
```

转化为数字滤波器后，其系统函数为

$$H(z) = \frac{0.2876z^{-1}}{1-0.8297z^{-1}+0.1353z^{-2}}$$

如图 6.6 所示为模拟和数字滤波器的幅频响应。

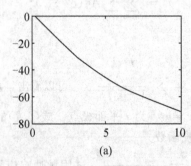
(a)

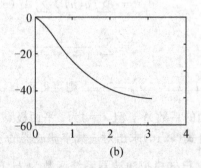
(b)

图 6.6　例 6.1 图
(a)模拟滤波器的幅频响应；(b)数字滤波器的幅频响应

3. 映射关系

这里从理想采样信号 $\hat{h}_a(t)$ 的拉普拉斯变换入手，找到 s 平面与 z 平面之间的映射关系。理想采样信号为

$$\hat{h}_a(t) = \hat{h}_a(t) \sum_{n=-\infty}^{\infty} \delta(t-nT) \tag{6.11}$$

其拉普拉斯变换为

$$\hat{H}_a(s) = \int_{-\infty}^{\infty} \left[h_a(t) \sum_{n=-\infty}^{\infty} \delta(t-nT) \right] e^{-st} dt$$
$$= \sum_{n=-\infty}^{\infty} \int_{-\infty}^{\infty} h_a(t) \delta(t-nT) e^{-st} dt \qquad (6.12)$$
$$= \sum_{n=-\infty}^{\infty} h_a(nT) e^{-nsT}$$

由于 $H(z) = \sum\limits_{n=-\infty}^{\infty} h(n) z^{-n}$,结合式(6.12),得到

$$H(z) \Big|_{z=e^{sT}} = H(e^{sT}) = \hat{H}_a(s) \qquad (6.13)$$

可见,理想采样 $\hat{h}_a(t)$ 的拉普拉斯变换 $\hat{H}_a(s)$ 与采样序列 $h(n)$ 的 z 变换 $H(z)$,存在 s 平面与 z 平面的映射关系

$$z = e^{sT} \qquad (6.14)$$

若将 $z = re^{j\omega}$ 和 $s = \sigma + j\Omega$ 代入式(6.14),可得

$$\begin{cases} r = e^{\sigma T} \\ \omega = \Omega T \end{cases} \qquad (6.15)$$

根据式(6.15)的变换关系,得出平面间的映射关系如图6.7所示,并得出以下结论。

(1) 当 $\sigma=0$ 时, $r=1$, 表明 s 平面的虚轴映射为 z 平面的单位圆上。

(2) 当 $\sigma<0$ 时, $r<1$, 表明 s 平面的左半平面映射为 z 平面的单位圆内部。

(3) 当 $\sigma>0$ 时, $r>1$, 表明 s 平面的右半平面映射为 z 平面的单位圆外部。

(4) $\omega=\Omega T$, Ω 在区间 $(-\frac{\pi}{T}, \frac{\pi}{T})$ 时, ω 将在 $(-\pi, \pi)$ 之间变化。表明 s 平面上每一条宽为 $\frac{2\pi}{T}$ 的横带都重叠地映射到 z 平面的整个平面上,并且横带的左半部映射到单位圆内,右半部分映射到单位圆外,$j\Omega$ 轴映射到单位圆上。

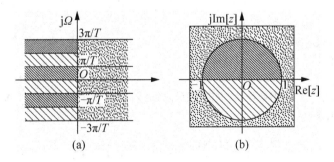

图 6.7 s 平面到 z 平面的映射关系
(a)s 平面;(b)z 平面

4. 混叠失真

实际上,从模拟信号 $h_a(t)$ 到采样信号 $\hat{h}_a(t)$,其拉普拉斯变换 $\hat{H}_a(s)$ 是 $H_a(s)$ 以 $\frac{2\pi}{T}$ 为周期的周期拓展,再利用 $z = e^{sT}$ 经过映射关系完成 s 平面到 z 平面的映射

$$H(z) = \big|_{z=e^{sT}} = \hat{H}_a(s) = \frac{1}{T}\sum_{m=-\infty}^{\infty}\hat{H}_a\left(s+\mathrm{j}\frac{2\pi}{T}m\right) \qquad (6.16)$$

如果原模拟信号 $h_a(t)$ 的频带不限于 $\pm\frac{\pi}{T}$ 之间，则映射到 z 平面上的 $\omega=\pm\pi$ 附近将产生频率混叠，所以采样间隔在脉冲响应不变法中起着比较重要的作用。

【例 6.2】 求系统函数 $H(s)=\dfrac{2}{(s+1)(s+3)}=\dfrac{1}{s+1}-\dfrac{1}{s+3}$，在采样间隔分别为 0.5、0.25、0.02 时数字滤波器的幅频响应。

解 根据脉冲响应不变法，可将模拟滤波器系统函数转化成数字滤波器，系统函数如下。

$$H(z)=\frac{1}{1-z^{-1}\mathrm{e}^{-T}}-\frac{1}{1-z^{-1}\mathrm{e}^{-3T}}=\frac{z^{-1}(\mathrm{e}^{-T}-\mathrm{e}^{-3T})}{1-z^{-1}(\mathrm{e}^{-T}+\mathrm{e}^{-3T})+\mathrm{e}^{-4T}z^{-2}}$$

该数字滤波器的幅频响应可通过下列 MATLAB 程序求得。

```
a= [0 0 2];b= [1 4 3];
[h,w]= freqs(a, b);
subplot(211)
plot(w/(2* pi), 20* log(abs(h)));
grid on
[az1, bz1] = impinvar(a, b, 2);
[h1, w] = freqz(az1, bz1);
subplot(212)
L1= plot(w/(2* pi), 20* log(abs(h1)), 'r- ');
hold on
[az2, bz2] = impinvar(a, b, 4);
[h2, w] = freqz(az2, bz2);
L2= plot(w/(2* pi), 20* log(abs(h2)), 'b- ');
hold on
[az3, bz3] = impinvar(a, b, 50);
[h3, w] = freqz(az3, bz3);
L3= plot(w/(2* pi), 20* log(abs(h3)), 'g- ');
grid on;
legend( [L1 L2 L3], '采样间隔 T= 0.5', '采样间隔 T= 0.25', '采样间隔 T= 0.02');
```

模拟滤波器系统函数为

$$H(S)=\frac{2}{S^2+4S+3}$$

程序运行结果如下。

```
T= 0.5
az1= 0          0.1917       0
bz1= 1.0000   - 0.8297      0.1353
```

所以数字滤波器系统函数为

$$H(z)=\frac{0.1917z^{-1}}{1-0.8297z^{-1}+0.1353z^{-2}}$$

T= 0.25
az2= 0   0.0766   0
bz2= 1.0000 - 1.2512   0.3679

所以数字滤波器系统函数为

$$H(z) = \frac{0.0766z^{-1}}{1 - 1.2512z^{-1} + 0.3679z^{-2}}$$

T= 0.02
az3= 0   0.0012   0
bz3= 1.0000 - 1.9220   0.9231

所以数字滤波器系统函数为

$$H(z) = \frac{0.0008z^{-1}}{1 - 1.9220z^{-1} + 0.9231z^{-2}}$$

不同频率下数字滤波器的幅频响应如图 6.8 所示。

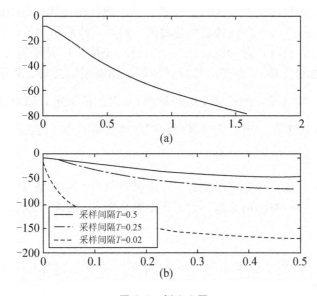

图 6.8　例 6.2 图
(a)模拟滤波器的幅频响应；(b)数字滤波器的幅频响应

可见，数学滤波器的幅频响应与采样间隔 T 有关，T 越小，衰减越大，混叠越小。如果采样频率很高，即 T 很小时，数字滤波器可能具有太高的增益，这是不希望的。用脉冲响应不变法进行设计时，无混叠的条件为

$$H(\mathrm{e}^{\mathrm{j}\omega}) = \frac{1}{T}H_a\left(\mathrm{j}\frac{\omega}{T}\right) \quad |\omega| < \pi \tag{6.17}$$

实际系统不可能严格限带，都会存在混叠失真，在 $|\Omega| > \frac{\pi}{T} = \frac{\Omega_s}{2}$ 处衰减越快，失真越小，如图 6.9 所示。

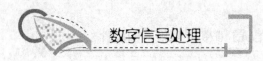

图 6.9 混叠失真

为了使数字滤波器增益不随采样频率而变化，可以做以下简单的修正，令 $h(n) = Th_a(nT)$，由式(6.10)可得 $H(z) = \sum_{k=1}^{N} \dfrac{TA_k}{1-e^{s_k T}z^{-1}}$，可进一步得出

$$H(e^{j\omega}) = \sum_{k=-\infty}^{\infty} H_a\left(j\dfrac{\omega}{T} - j\dfrac{2\pi}{T}k\right) \approx H_a\left(j\dfrac{\omega}{T}\right) \tag{6.18}$$

从以上讨论可以看出，如果不考虑频率混叠现象，脉冲响应不变法使得数字滤波器的单位脉冲响应完全逼近模拟滤波器的单位冲激响应，也就是时域逼近良好，而且模拟频率 Ω 和数字频率 ω 之间呈线性关系 $\omega = \Omega T$。因而，一个线性相位的模拟滤波器通过脉冲响应不变法得到的仍然是一个线性相位的数字滤波器。但是，脉冲响应不变法的最大缺点是有频率响应的混叠效应，所以，脉冲响应不变法只适用于限带的模拟滤波器(例如，衰减特性很好的低通或带通滤波器)。对于非带限滤波器，如高通滤波器、带阻滤波器，需要在模数变换之前加保护滤波器，滤除高于折叠频率 $\dfrac{\pi}{T}$ 以上的频带，以避免混叠现象。但这样会增加成本和系统的复杂程度，所以高通和带阻滤波器不适合用这种方法设计。

6.1.2 双线性变换法

当用脉冲响应不变法设计数字滤波器时，不可避免会产生混叠失真，这是因为从 s 平面到 z 平面映射不是一一对应的关系。为了克服混叠失真，可采用双线性变换法。

1. 变换原理

6.1.1 小节已经讨论了 s 平面与 z 平面的映射关系，可知 s 平面中一条宽为 $\dfrac{2\pi}{T}$（如 $-\dfrac{\pi}{T} \sim \dfrac{\pi}{T}$）的横带就可以变换到整个 z 平面。图 6.10 所示为先将整个 s 平面压缩到一个中介 s_1 平面的一条横带里，再通过 $z = e^{sT}$ 将此横带变换到整个 z 平面上，这样就使 s 平面和 z 平面上的点是一一对应的关系。从而消除多值映射，也就消除了频谱混叠。

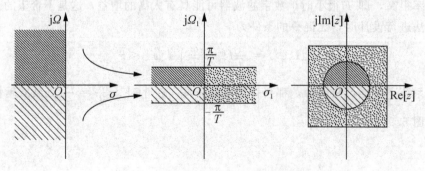

图 6.10 双线性变换的映射关系

第6章 IIR数字滤波器的设计

由图 6.10 可知，将 s 平面 $j\Omega$ 轴压缩到 s_1 平面的 $j\Omega_1$ 轴上的 $-\dfrac{\pi}{T} \sim \dfrac{\pi}{T}$ 范围内，这个过程可以通过正切变换来实现

$$\Omega = c \cdot \tan\left(\dfrac{\Omega_1 T}{2}\right) \tag{6.19}$$

式中：c 为任意常数，可进一步推导得

$$\Omega = c \cdot \tan\left(\dfrac{\Omega_1 T}{2}\right) = c \cdot \dfrac{e^{j\frac{\Omega_1 T}{2}} - e^{-j\frac{\Omega_1 T}{2}}}{e^{j\frac{\Omega_1 T}{2}} + e^{-j\frac{\Omega_1 T}{2}}} \cdot \dfrac{1}{j}$$

$$j\Omega = jc \cdot \tan\left(\dfrac{\Omega_1 T}{2}\right) = c \cdot \dfrac{e^{j\frac{\Omega_1 T}{2}} - e^{-j\frac{\Omega_1 T}{2}}}{e^{j\frac{\Omega_1 T}{2}} + e^{-j\frac{\Omega_1 T}{2}}}$$

若令 $s = j\Omega, s_1 = j\Omega_1$
则

$$s = c \cdot \dfrac{e^{j\frac{\Omega_1 T}{2}} - e^{-j\frac{\Omega_1 T}{2}}}{e^{j\frac{\Omega_1 T}{2}} + e^{-j\frac{\Omega_1 T}{2}}} = c \cdot \dfrac{e^{\frac{s_1 T}{2}} - e^{-\frac{s_1 T}{2}}}{e^{\frac{s_1 T}{2}} + e^{-\frac{s_1 T}{2}}} = c \cdot \dfrac{e^{s_1 T} - 1}{e^{s_1 T} + 1} \tag{6.20}$$

借助于 s_1 平面和 z 平面的关系 $z = e^{s_1 T}$，有

$$s = c \cdot \dfrac{z-1}{z+1} = c \cdot \dfrac{1-z^{-1}}{1+z^{-1}} \tag{6.21}$$

因而

$$z = \dfrac{c+s}{c-s} \tag{6.22}$$

式(6.21)和式(6.22)是 s 平面和 z 平面之间的单值映射关系。选择不同的 c 可以调节模拟滤波器特性和数字滤波器特性在不同频率处的对应关系，通常要求两者在低频处有确切的对应关系，当 Ω 和 ω 都比较小时，有

$$\Omega = c \cdot \dfrac{\omega}{2} \tag{6.23}$$

又因为在低频处，$\Omega \approx \Omega_1$，且 $\omega = \Omega_1 T$，因而可得到

$$c = \dfrac{2}{T} \tag{6.24}$$

【例 6.3】 设模拟滤波器 $H(s) = \dfrac{2}{(s+1)(s+3)}$，当采样周期 $T=0.5$、2、10 时，试用双线性变换法将它转变为数字系统函数，并画出幅频响应波形。

解 利用双线性变换法，可将变换公式 $s = \dfrac{2}{T} \cdot \dfrac{1-z^{-1}}{1+z^{-1}}$ 代入给定的模拟滤波器系统函数，可得到数字系统函数为

$$H(z) = H_a(s)\bigg|_{s=\frac{2}{T} \cdot \frac{1-z^{-1}}{1+z^{-1}}} = \dfrac{2}{\left(\dfrac{2}{T} \cdot \dfrac{1-z^{-1}}{1+z^{-1}} + 1\right)\left(\dfrac{2}{T} \cdot \dfrac{1-z^{-1}}{1+z^{-1}} + 3\right)}$$

$$= \dfrac{2(1+z^{-1})^2}{\left[\dfrac{2}{T}(1-z^{-1}) + 1 + z^{-1}\right]\left[\dfrac{2}{T}(1-z^{-1}) + 3(1+z^{-1})\right]}$$

$T=0.5$、2、10的系统函数可分别通过下列 MATLAB 程序求得。图 6.11 为相应的幅频响应波形。

```
clear
a= [0 0 2];
b= [1 4 3];
[az1,bz1]= bilinear(a, b, 2)
[h1, w] = freqz(az1, bz1);
L1= plot(w/(2* pi), 20* log(abs(h1)), '- ');
hold on
[az2, bz2] = bilinear(a, b, 0.5)
[h2, w] = freqz(az2, bz2);
L2= plot(w/(2* pi), 20* log(abs(h2)), '- .');
[az3, bz3] = bilinear(a, b, 0.1)
[h3, w] = freqz(az3, bz3);
L3= plot(w/(2* pi), 20* log(abs(h3)), ': ');
legend( [L1 L2 L3], '采样间隔 T= 0.5', '采样间隔 T= 2', '采样间隔 T= 10');
```

程序运行结果如下。

az1=　　0.0571　　0.1143　　0.0571
bz1=　　1.0000　 -0.7429　　0.0857

所以采样周期为 0.5 时，数字滤波器的系统函数为

$$H_1(z) = \frac{0.0571 + 0.1143z^{-1} + 0.0571z^{-2}}{1 - 0.7429z^{-1} + 0.0857z^{-2}}$$

az2=　　0.2500　　0.5000　　0.2500
bz2=　　1.0000　　0.5000　 -0.0000

所以采样周期为 2 时，数字滤波器的系统函数为

$$H_2(z) = \frac{0.2500 + 0.5000z^{-1} + 0.2500z^{-2}}{1 + 0.5000z^{-1}}$$

az3=　　0.5208　　1.0417　　0.5208
bz3=　　1.0000　　1.5417　　0.5833

所以采样周期为 10 时，数字滤波器的系统函数为

$$H_2(z) = \frac{0.5208 + 1.0417z^{-1} + 0.5208z^{-2}}{1 + 1.5417z^{-1} + 0.5833z^{-2}}$$

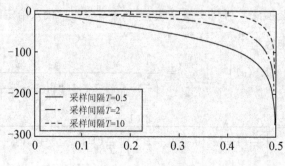

图 6.11　例 6.3 图

2. s 平面与 z 平面的映射关系

根据式(6.21) $s = c \cdot \dfrac{z-1}{z+1}$，对 z 求解得 $z = \dfrac{c+s}{c-s} = \dfrac{c+\sigma+j\Omega}{c-\sigma-j\Omega}$，即

$$|z| = \sqrt{\dfrac{(c+\sigma)^2 + \Omega^2}{(c-\sigma)^2 + \Omega^2}} \qquad (6.25)$$

所以 s 平面与 z 平面的映射关系如下。

(1) 当 $\sigma = 0$ 时，则有 $|z| = 1$，这表明 s 平面的 $j\Omega$ 轴映射到 z 平面的单位圆上。

(2) 当 $\sigma < 0$ 时，则有 $|z| < 1$，这表明 s 平面的左半平面映射到 z 平面的单位圆内。

(3) 当 $\sigma > 0$ 时，则有 $|z| > 1$，这表明 s 平面的右半平面映射到 z 平面的单位圆外。

因此，稳定的模拟滤波器经双线性变换后所得的数字滤波器也一定是稳定的。

3. 数字角频率和模拟角频率之间关系

将 $s = j\Omega, z = e^{j\omega}$ 代入双线性变换公式 $s = \dfrac{2}{T} \cdot \dfrac{1-z^{-1}}{1+z^{-1}}$，可得

$$\begin{aligned}
s = j\Omega &= \dfrac{2}{T} \cdot \dfrac{1-e^{-j\omega}}{1+e^{-j\omega}} \\
&= \dfrac{2}{T} \cdot \dfrac{(e^{j\frac{\omega}{2}} - e^{-j\frac{\omega}{2}})e^{-j\frac{\omega}{2}}}{(e^{j\frac{\omega}{2}} + e^{-j\frac{\omega}{2}})e^{-j\frac{\omega}{2}}} = \dfrac{2j}{T}\tan\left(\dfrac{\omega}{2}\right)
\end{aligned}$$

所以

$$\begin{aligned}
\Omega &= \dfrac{2}{T}\tan\left(\dfrac{\omega}{2}\right) \\
\omega &= 2\tan^{-1}\left(\dfrac{T}{2}\Omega\right)
\end{aligned} \qquad (6.26)$$

数字角频率与模拟角频率关系如图 6.12 所示。

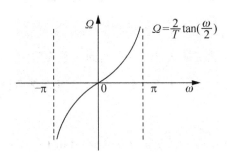

图 6.12　数字角频率与模拟角频率关系

可以看出：在零频率附近，模拟角频率 Ω 与数字频率 ω 之间的变换关系接近于线性关系；但当 Ω 进一步增加时，ω 增长得越来越慢，最后当 $\Omega \to \infty$ 时，ω 终止在折叠频率 $\omega = \pi$ 处。

(1) 当 Ω 从 $0 \to +\infty$ 时，ω 从 $0 \to \pi$，s 平面的正虚轴被映射到 z 平面的单位圆的上半部。

(2) 当 Ω 从 $0 \to -\infty$ 时，ω 从 $0 \to -\pi$，s 平面的负虚轴被映射到 z 平面的单位圆的下半部。

(3) 当 $\Omega \to \infty$ 时，$\omega = \pi$。

因而双线性变换就不会出现由于高频部分超过折叠频率，而混淆低频部分的现象，从而消除了频率混叠现象。

4. 频率的非线性失真

从以上分析可见，虽然双线性变换法避免了混叠失真，却带来了非线性的频率失真。图 6.13 所示为在零频附近，Ω 与 ω 之间的变换关系近似于线性，随着 Ω 的增加，表现出严重的非线性。因此，数字滤波器的幅频响应相对于模拟滤波器的幅频响应会产生畸变。因此双线性变换法适合设计分段常数特性的数字滤波器。实际中，一般滤波器的通带和阻带都要求是分段常数，如低通、高通、带通、带阻等选频滤波器。

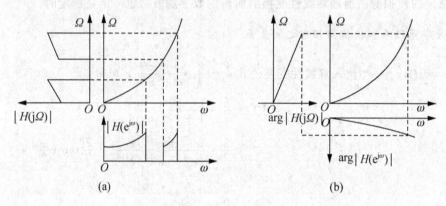

图 6.13 双线性变换法非线性映射
(a)幅度特性非线性映射；(b)相位特性非线性映射

5. 频率的预畸变

以上非线性可以通过频率的预畸变来加以校正，预畸变公式为

$$\Omega = \frac{2}{T}\tan\left(\frac{\omega}{2}\right) \tag{6.27}$$

前面已证明当利用双线性变换法进行 s 平面到 z 平面映射时，模拟角频率和数字角频率之间的关系为 $\Omega = \frac{2}{T}\tan\left(\frac{\omega}{2}\right)$，$\omega = 2\tan^{-1}\left(\frac{T}{2}\Omega\right)$。现在把所设计的模拟滤波器的截止频率映射成数字频率

$$\omega' = 2\tan^{-1}\left(\frac{\Omega T}{2}\right) = 2\tan^{-1}\left(\frac{2}{T}\tan\left(\frac{\omega}{2}\right)\frac{T}{2}\right) = \omega \tag{6.28}$$

【例 6.4】 利用双线性变换法设计一个低通 IIR 数字滤波器 $H(z)$，性能指标如下：$|H(e^{j0})| = 1$，$\omega_s = 0.55\pi$，$\omega_p = 0.25\pi$，$20\log_{10}|H(e^{j\omega_p})| \geqslant -0.5\text{dB}$，$20\log_{10}|H(e^{j\omega_s})| \leqslant -15\text{dB}$，$T = 2$。

解 利用双线性变换法设计数字滤波器，首先进行频率预畸变。

$$\Omega_p = \tan\left(\frac{\omega_p}{2}\right) = \tan\left(\frac{0.25\pi}{2}\right) = 0.4142136$$

$$\Omega_s = \tan(\frac{\omega_s}{2}) = \tan(\frac{0.55\pi}{2}) = 1.1708496$$

$$20\log_{10}\frac{1}{\sqrt{1+\varepsilon^2}} = -0.5 \Rightarrow \varepsilon^2 = 10^{0.05} - 1 = 0.1220185$$

根据例 5.3 巴特沃斯模拟滤波器求解方法可求得 $N=3$。

因为

$$\frac{1}{1+(\frac{\Omega_p}{\Omega_c})^{2N}} = \frac{1}{1+\varepsilon^2}$$

将 Ω_p 和 ε^2 代入上式，可以求出

$$\Omega_c = 0.355\pi$$

查表 6-1 可得三阶归一化低通巴特沃斯滤波器的系统函数为

$$H_a^1(s) = \frac{1}{S^3 + 2S^2 + 2S + 1}$$

进一步得到模拟滤波器的系统函数为

$$H_a(s) = H_a^1(\frac{s}{\Omega_c})$$

利用双线性变换法将模拟滤波器数字化

$$H(z) = H_a(s)\Big|_{s\frac{2}{T} \cdot \frac{1-z^{-1}}{1+z^{-1}}}$$

数字滤波器系统函数可由下列 MATLAB 程序求得。

```
wp= 0.25* pi;ws= 0.55* pi;
rp= 0.5;
rs= 15;
T= 2;
Omegap= (2/T)* tan(wp/2);
Omegas= (2/T)* tan(ws/2);
[N, Wc] = buttord(Omegap, Omegas, rp, rs, 's');    % 求取滤波器阶数和 3dB 截止频率点
[z, p, k] = buttap(N);
[num, den] = zp2tf(z, p, k);                       % 将模拟原型滤波器函数设计出的零点 Z, P 和增益 K 形式转化
                                                     为输出函数形式
[numt, dent] = lp2lp(num, den, Wc);                % 频率变换
w= linspace(0, 4* Wc, 512);
h1= freqs(num, den, w);
h2= freqs(numt, dent, w);
L1= plot(w, 20* log(abs(h1)), 'r- ');
hold on
L2= plot(w, 20* log(abs(h2)), 'b- ');
[azt, bzt] = bilinear(numt, dent, 1/T);            % 三零极点增益形式
[h3, w] = freqz(azt, bzt);
L3= plot(w, 20* log(abs(h3)), 'g- .');
legend( [L1 L2 L3], '模拟低通原型', '实际模拟低通', '设计的数字低通');
```

```
axis( [0 2.5 - 100 0]);
```
程序运行结果如下。
```
N= 3;Wc= 0.6620
num= 0        0        0        1.0000
den= 1.0000   2.0000   2.0000   1.0000
```
所以归一化模拟滤波器的系统函数为

$$H_a^1(s) = \frac{1}{s^3 + 2s^2 + 2s + 1}$$

```
dent= 1.0000   1.3239   0.8764   0.2901
numt= 0        0        0        0.2901
```
所以有

$$H_a(s) = \frac{0.2901}{s^3 + 1.3239s^2 + 0.8764s + 0.2901}$$

```
azt= 0.0831   0.2493   0.2493   0.0831
bzt= 1.0000  - 0.7384   0.4784  - 0.0752
```
所得数字滤波器的系统函数为

$$H(z) = \frac{0.0831 + 0.2493z^{-1} + 0.2493z^{-2} + 0.0831z^{-3}}{1 - 0.7384z^{-1} + 0.4784z^{-2} - 0.0752z^{-3}}$$

模拟滤波器和双线性变换法设计的低通数字滤波器幅频特性的比较，如图 6.14 所示。

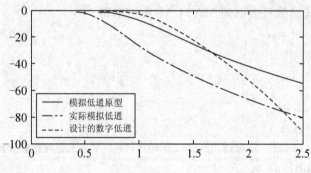

图 6.14 例 6.4 图

6. 查表法双线性变换

$$H_a(s) = \frac{\sum_{k=0}^{N} A_k s^k}{\sum_{k=0}^{N} B_k s^k} = \frac{A_0 + A_1 s + A_1 s^2 + \cdots + A_N s^N}{B_0 + B_1 s + B_2 s^2 + \cdots + B_N s^N} \quad (6.29)$$

利用 $H(z) = H_a(s)\mid_{s = c\frac{1-z^{-1}}{1+z^{-1}}}$，$C = \frac{2}{T}$，则

$$H(z) = \frac{\sum_{k=0}^{N} a_k z^{-k}}{\sum_{k=0}^{N} b_k z^{-k}} = \frac{a_0 + a_1 z^{-1} + a_2 z^{-2} + \cdots + a_N z^{-N}}{1 + b_1 z^{-1} + b_2 z^{-2} + \cdots + b_N z^{-N}} \quad (6.30)$$

对于式(6.29)和式(6.30)中的分子和分母多项式的系数，阶数 $N \leqslant 5$ 的系数关系见表6-1。

表6-1 双线性变换法模拟系统函数与数字滤波器系数变换表

滤波器阶数	数字滤波器系数	模拟滤波器系数
$N=1$	A	B_0+B_1C
	a_0	$(A_0+A_1C)/A$
	a_1	$(A_0-A_1C)/A$
	b_1	$(B_0-B_1C)/A$
$N=2$	A	$B_0+B_1C+B_2C^2$
	a_0	$(A_0+A_1C+A_2C^2)/A$
	a_1	$(2A_0-2A_2C^2)/A$
	a_2	$(A_0-A_1C+A_2C^2)/A$
	b_1	$(2B_0-2B_2C^2)/A$
	b_2	$(B_0-B_1C+B_2C^2)/A$
$N=3$	A	$B_0+B_1C+B_2C^2+B_3C^3$
	a_0	$(A_0+A_1C+A_2C^2+A_3C^3)/A$
	a_1	$(3A_0+A_1C-A_2C^2-3A_3C^3)/A$
	a_2	$(3A_0-A_1C-A_2C^2+3A_3C^3)/A$
	a_3	$(A_0-A_1C+A_2C^2-A_3C^3)/A$
	b_1	$(3B_0+B_1C-B_2C^2-3B_3C^3)/A$
	b_2	$(3B_0-B_1C-B_2C^2+3B_3C^3)/A$
	b_3	$(B_0-B_1C+B_2C^2-B_3C^3)/A$
$N=4$	A	$B_0+B_1C+B_2C^2+B_3C^3+B_4C^4$
	a_0	$(A_0+A_1C+A_2C^2+A_3C^3+A_4C^4)/A$
	a_1	$(4A_0+2A_1C-2A_3C^3-4A_4C^4)/A$
	a_2	$(6A_0-2A_2C^2+6A_4C^4)/A$
	a_3	$(4A_0-2A_1C+2A_3C^3-4A_4C^4)/A$
	a_4	$(A_0-A_1C+A_2C^2-A_3C^3+A_4C^4)/A$
	b_1	$(4B_0+2B_1C-2B_3C^3-4B_4C^4)/A$
	b_2	$(6B_0-2B_2C^2+6B_4C^4)/A$
	b_3	$(4B_0-2B_1C+2B_3C^3-4B_4C^4)/A$
	b_4	$(B_0-B_1C+B_2C^2-B_3C^3+B_4C^4)/A$

续表

滤波器阶数	数字滤波器系数	模拟滤波器系数
$N=5$	A	$B_0+B_1C+B_2C^2+B_3C^3+B_4C^4+B_5C^5$
	a_0	$(A_0+A_1C+A_2C^2+A_3C^3+A_4C^4+A_5C^5)/A$
	a_1	$(5A_0+3A_1C+A_2C^2-A_3C^3-3A_4C^4-5A_5C^5)/A$
	a_2	$(10A_0+2A_1C-2A_2C^2-2A_3C^3+2A_4C^4+10A_5C^5)/A$
	a_3	$(10A_0-2A_1C-2A_2C^2+2A_3C^3+2A_4C^4-10A_5C^5)/A$
	a_4	$(4A_0-2A_1C+2A_3C^3-4A_4C^4)/A$
	a_5	$(5A_0-3A_1C+A_2C^2+A_3C^3-3A_4C^4+5A_5C^5)/A$
	b_1	$(A_0-A_1C+A_2C^2-A_3C^3+A_4C^4-A_5C^5)/A$
	b_2	$(5B_0+3B_1C+B_2C^2-B_3C^3-3B_4C^4-5B_5C^5)/A$
	b_3	$(10B_0+2B_1C-2B_2C^2-2B_3C^3+2B_4C^4+10B_5C^5)/A$
	b_4	$(10B_0-2B_1C-2B_2C^2+2B_3C^3+2B_4C^4-10B_5C^5)/A$
	b_5	$(5B_0-3B_1C+B_2C^2+B_3C^3-3B_4C^4+5B_5C^5)/A$

【例 6.5】 设模拟滤波器 $H_a(s)=\dfrac{1}{s^2+s+1}$,采样周期 $T=2$,试用查表法将它转变为数字系统函数。

解 已知模拟滤波器的系统函数为 $H_a(s)=\dfrac{1}{s^2+s+1}$,可以得出 $k=2, C=\dfrac{2}{T}=1$。

通过查表 6-1 可得到

$$A_0=1, A_1=0, A_2=0, B_0=1, B_1=1, B_2=1$$

根据表中给出的公式可进一步求出

$$A=B_0+B_1C+B_2C^2=3$$

$$a_0=(A_0+A_1C+A_2C^2)/A=\frac{1}{3}$$

$$a_1=(2A_0-2A_2C^2)/A=\frac{2}{3}$$

$$a_2=(A_0-A_1C+2A_2C^2)/A=\frac{1}{3}$$

$$b_1=(2B_0-2B_2C^2)/A=\frac{2-2}{3}=0$$

$$b_2=(2B_0-B_1C+B_2C^2)/A=\frac{2-1+1}{3}=\frac{2}{3}$$

所以利用查表法求得的数字滤波器系统函数为

$$H(z)=\frac{a_0+a_1z^{-1}+a_2z^{-2}+\cdots+a_Nz^{-N}}{1+b_1z^{-1}+b_2z^{-2}+\cdots+b_Nz^{-N}}$$

第6章 IIR数字滤波器的设计

$$= \frac{\frac{1}{3} + \frac{2}{3}z^{-1} + \frac{1}{3}z^{-2}}{1 + \frac{2}{3}z^{-2}}$$

$$= \frac{1 + 2z^{-1} + z^{-2}}{3 + z^{-2}}$$

$$= \frac{(1 + z^{-1})^2}{3 + z^{-2}}$$

可见，查表法大大简化了双线性变换法设计滤波器的过程。总结 6.1.1 小节和 6.1.2 小节可以得到以下结论。

（1）脉冲响应不变法随频率的增加，与原模拟滤波器的幅度特征差别越大，这是由于频率的混叠现象引起的。但是频率是线性变换的，所以曲线形状与原模拟滤波器很相近。

（2）双线性变换法设计的数字滤波器幅频响应曲线的形状与原模拟滤波器的幅频特性曲线的形状相比，偏离较大，这是由于变换算法的非线性造成的，ω 小时，非线性的影响少一些，所以适合于分段常数滤波器的设计。故双线性变换只能用于设计低通、高通、带通、带阻等选频滤波器。

下面通过一个设计实例，可以进一步将两种变换算法所得到的数字滤波器幅频和相频特性进行对比。

【例 6.6】 试分别用脉冲响应不变法和双线性变化法将图 6.15(a)所示的 RC 低通滤波器转换成数字滤波器，其中 $1/RC=1$，$T=0.5$。

解 模拟 RC 低通滤波器的频率响应函数为

$$H_a(\mathrm{j}\Omega) = \frac{\frac{1}{\mathrm{j}\Omega C}}{R + \frac{1}{\mathrm{j}\Omega C}}$$

可以得出对应的系统函数为

$$H_a(s) = H_a(\mathrm{j}\Omega)\Big|_{\mathrm{j}\Omega=s} = \frac{\frac{1}{sC}}{R + \frac{1}{sC}} = \frac{\frac{1}{RC}}{s + \frac{1}{RC}}$$

利用脉冲响应不变法转换，数字滤波器的系统函数 $H_1(z)$ 为

$$H_1(z) = \frac{\frac{1}{RC}}{1 - \mathrm{e}^{\frac{1}{RC}T}z^{-1}}$$

利用双线性变换法转换，数字滤波器的系统函数 $H_2(z)$ 为

$$H_2(z) = H_a(s)\Big|_{s=\frac{2}{T}\cdot\frac{1-z^{-1}}{1+z^{-1}}} = \frac{1 + z^{-1}}{\left(1 + \frac{2RC}{T}\right) + \left(1 - \frac{2RC}{T}\right)z^{-1}}$$

两种不同方法设计的数字滤波器的幅频响应和相频特性可由下列 MATLAB 程序求出。

```
clear
a= [0 1];
```

```
b= [1 1];
freqs(a, b);
figure
[az, bz] = bilinear(a, b, 2);
freqz(az, bz);
figure
[az1, bz1] = impinvar(a, b, 2)
freqz(az1, bz1);
```

运行结果如图 6.15 所示。

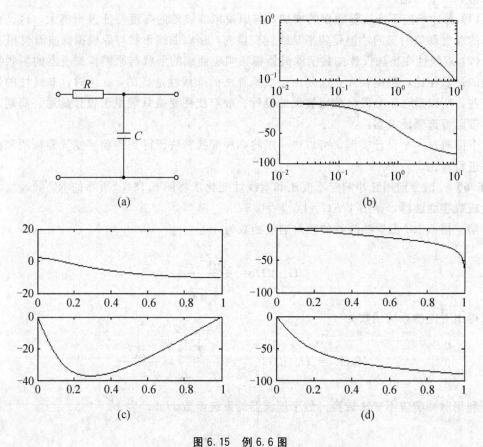

图 6.15　例 6.6 图

(a)一阶模拟滤波器；(b)模拟滤波器幅度和相位特性；
(c)脉冲响应不变法设计数字滤波器幅频和相频特性；(d)双线性变换法设计数字滤波器幅频和相频特性

6.2　IIR 数字滤波器的最优化设计法

前面介绍的 IIR 数字滤波器设计方法是通过先设计模拟滤波器，再进行 s 到 z 平面的映射，来达到设计数字滤波器的目的。这种设计方法实际上是数字滤波器的间接设计法，幅度特性受所选的模拟滤波器特性的限制。对于要求任意幅度特性的滤波器，则不适合采用。数字滤波器最优化设计法的特点是适合设计任意幅度特性的滤波器,本节仅针对几种常用的方法作简要介绍。

1. 零极点累积法

这种设计方法是根据滤波器的幅度特性确定零极点的位置,再按照确定的零极点写出其系统函数,画出幅度特性,并与理想特性进行比较。如不满足要求,可通过移动零极点位置或增减零极点进行修正,这种修正要进行多次,因而称为零极点累积法,确定零极点位置时要注意以下几点。

(1) 极点位于单位圆内,以保证系统因果稳定。
(2) 复数零极点必须共轭成对,以保证系统函数有理式的系数是实数。

2. 频域最小均方误差法

(1) 要选择一种最优准则,然后在此准则下,确定系统函数的系数。例如,选择最小均方误差准则、最大误差最小准则等。最小均方误差准则是指在一组离散的频率 $\{\omega_i\}$ ($i=1,2,\cdots,M$) 上,所设计出的实际频率响应的幅频特性函数 $|H(e^{j\omega})|$ 与所要求的理想频率响应的幅频特性函数 $|H_d(e^{j\omega})|$ 的均方误差 ε 最小。

(2) 求在此最佳准则下滤波器系统函数的系数 a_i 和 b_i。一般是通过不断改变滤波器系数 a_i 和 b_i,分别计算 ε;最后,找到使 ε 最小时的一组系数系数 a_i 和 b_i,从而完成设计。这种设计需要进行大量的迭代运算,故离不开计算机。所以最优化方法又称为计算机辅助设计法。

3. 时域逼近法

设计一个实际单位脉冲响应 $h(n)$,使其充分逼近理想的单位脉冲响应 $h_d(n)$。

6.3 设计 IIR 数字滤波器的频率变换法

前面一节介绍了利用脉冲响应不变法和双线性变换法设计 IIR 数字低通滤波器,在实际应用中,数字滤波器还包括低通、高通、带通和带阻等多种类型。概括起来,设计各种类型的数字滤波器所进行的频带变换有两种方法。

方法一:设计一个归一化 $\Omega_c=1$ 的模拟低通滤波器,在模拟域(Ω 域)进行频带变换,使其成为不同类型的模拟滤波器,再将其数字化,变换成所要求的数字滤波器,具体过程如图 6.16(a) 所示。

方法二:设计一个归一化 $\Omega_c=1$ 的模拟低通滤波器进行数字化,使其成为数字低通滤波器,再将其在数字域进行频带变换,化成所要求的数字滤波器,具体过程如图 6.16(b) 所示。

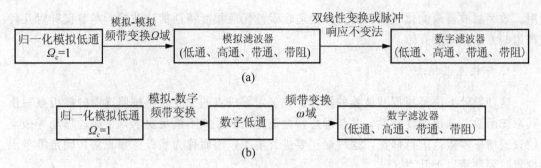

图 6.16 设计数字滤波器的频率变换
(a)方法一；(b)方法二

6.3.1 低通变换

1. 模拟域频率变换

按照方法一，首先将数字低通滤波器的性能要求转换为与之相对应的模拟低通滤波器的性能要求，根据此性能要求设计模拟低通滤波器。然后通过脉冲响应不变法或双线性变换法，将此模拟低通滤波器 $H_a(s)$ 数字化为所需的数字低通滤波器。下面详细介绍这种变换方法。

低通数字滤波器特性指标如图 6.4 所示，若模拟低通滤波器 $\Omega_c = 1$ 时的归一化原形为 $H_a^1(s)$，那么

$$H_a(s) = H_a^1(s)\Big|_{s=s/\Omega_c} \tag{6.31}$$

式(6.31)完成了将归一化的 $H_a^1(s)$ 变换成截止频率为 Ω_c 的低通滤波器，低通变换模拟角频率与数字角频率的关系为线性变换 $\omega = \Omega T$，如图 6.17 所示。

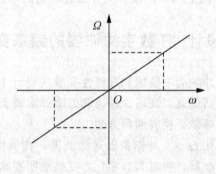

图 6.17 低通变换模拟角频率与数字角频率关系

例 6.4 是以双线性变化法设计数字滤波器的例子，这里以脉冲响应不变法为例，再次阐述模拟域低通变换方法。

【例 6.7】 利用脉冲响应不变法设计一个低通 IIR 数字滤波器 $H(z)$，性能指标如下：$|H(e^{j0})|=1$，$\omega_s=0.55\pi$，$\omega_p=0.25\pi$，$20\log_{10}|H(e^{j\omega_p})|\geqslant-0.5\text{dB}$，$20\log_{10}|H(e^{j\omega_s})|\leqslant-15\text{dB}$，$T=2$。

解 设脉冲响应不变法中的采样间隔为 T，确定模拟滤波器的 3dB 截频为

第6章 IIR数字滤波器的设计

$$\Omega_c = \frac{\omega_c}{T}$$

设计模拟滤波器 3dB 截频为 Ω_c 的一阶巴特沃斯低通滤波器为

$$H(s) = \frac{\Omega_c}{s + \Omega_c}$$

将模拟滤波器转换为数字滤波器,其系统函数为

$$H(z) = \frac{\omega_c/T}{1 - e^{-\omega_c}z^{-1}} = \frac{1}{T} \frac{\omega_c}{1 - e^{-\omega_c}z^{-1}}$$

数字滤波器的幅频响应可由下列 MATLAB 程序得到。

```
wp= 0.25* pi;ws= 0.55* pi;
rp= 0.5;   rs= 15;
T= 2;
Omegap= wp/T;
Omegas= ws/T;
[N,Omegac]= buttord(Omegap, Omegas, rp, rs, 's');      % 求滤波器阶数和 3dB 截止频率点
[z, p, k] = buttap(N);
[num, den] = zp2tf(z, p, k);          % 将模拟原型滤波器函数设计出的零点 Z,P 和增益 K 形式
                                        转化为传输函数形式
[numt, dent] = lp2lp(num, den, Omegac);           % 频率变换
w= linspace(0, 4* Omegac, 512);
h1= freqs(num, den, w);
h2= freqs(numt, dent, w);
L1= plot(w, 20* log(abs(h1)), '- ');
hold on
L2= plot(w, 20* log(abs(h2)), '- .');
[azt, bzt] = impinvar(numt, dent, 1/T);
[h3, w] = freqz(azt, bzt);
L3= plot(w, 20* log(abs(h3)), ': ');
legend( [L1 L2 L3], '模拟低通原型', '截止频率 Wc 模拟低通', '截止频率 Wc 数字低通');
```

程序运行结果如下。

N= N1= 4;Omegac= 0.5633
numt= 0.1007
dent= 1.0000   1.4719   1.0833   0.4670   0.1007

所以可以求出实际模拟滤波器的系统函数为

$$H_a(s) = \frac{0.1007}{s^4 + 1.7719s^3 + 1.0833s^2 + 0.467s + 0.1007}$$

azt= 0   0.1212   0.2211   0.0281
bzt= 1.0000   - 1.2987   0.9685   - 0.3529   0.0527

所以对应的数字滤波器的系统函数为

$$H(z) = \frac{0.1212z^{-1} + 0.2211z^{-2} + 0.0281z^{-3}}{1 - 1.2987z^{-1} + 0.9685z^{-2} - 0.3529z^{-3} + 0.0527z^{-4}}$$

模拟滤波器与应用脉冲响应不变法设计低通数字滤波器幅频特性的比较,如图 6.18 所示。

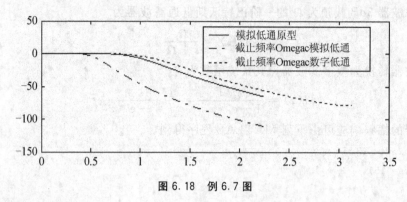

图 6.18 例 6.7 图

2. 数字域频率变换

根据方法二,如果已知数字滤波器低通原型的系统函数 $H_p(z)$,可以通过变换来设计其他各种不同类型数字滤波器的系统函数 $H(z)$。这种变换是两个 z 平面间的映射变换。设变换前 z 平面定义为 u 平面,变换后 z 平面仍为 z 平面。

(1) 平面间变换关系为

$$H(z) = H_p(u)\Big|_{u^{-1}=G(z^{-1})} \tag{6.32}$$

若 $e^{j\theta}$ 和 $e^{j\omega}$ 分别表示 u 平面和 z 平面的单位圆,即 $u=e^{j\theta}$,$z=e^{j\omega}$,则

$$e^{-j\theta} = G(e^{-j\omega}) = |G(e^{-j\omega})| e^{j\varphi(\omega)} \tag{6.33}$$

由于映射必须是全通的,因而满足

$$u^{-1} = G(z^{-1}) = \pm \prod_{k=1}^{n} \frac{z^{-1} - \alpha}{1 - \alpha z^{-1}} \tag{6.34}$$

可以证明当 $n=1$ 时为低通变换映射函数,即

$$u^{-1} = G(z^{-1}) = \frac{z^{-1} - \alpha}{1 - \alpha z^{-1}} \tag{6.35}$$

$H_p(e^{j\theta})$ 和 $H(e^{j\omega})$ 都是低通函数,只是截止频率互不相同(或低通滤波器的带宽不同),如图 6.19 所示。

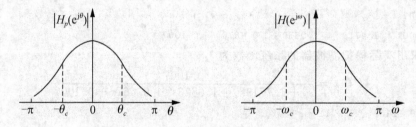

图 6.19 数字低通到数字低通滤波器幅频特性变化

可见,$\theta=0$ 映射到 $\omega=0$,$\theta=\pi$ 映射到 $\omega=\pi$,$\theta=\theta_c$ 映射到 $\omega=\omega_c$,$\theta\in(0,\pi)$,变换后 $\omega\in(0,\pi)$。即 $H_p(e^{j\theta})$ 低通数字滤波器变换后的 $H(e^{j\omega})$ 也是低通数字滤波器,只是它们

的截止频率不同。

(2) 频率变换关系。

将 $u=e^{j\theta}$，$z=e^{j\omega}$ 代入式(6.35)得

$$e^{-j\theta} = \frac{e^{-j\omega} - \alpha}{1 - \alpha e^{-j\omega}}$$

$$e^{-j\theta} - \alpha e^{-j(\theta+\omega)} = e^{-j\omega} - \alpha$$

$$\alpha = \frac{e^{-j\omega} - e^{-j\theta}}{1 - e^{-j(\theta+\omega)}}$$

$$= \frac{(e^{-j\frac{(\omega-\theta)}{2}} - e^{j\frac{(\omega-\theta)}{2}})e^{-j\frac{(\omega+\theta)}{2}}}{(e^{-j\frac{(\omega+\theta)}{2}} - e^{j\frac{(\omega+\theta)}{2}})e^{-j\frac{(\omega+\theta)}{2}}}$$

进一步解得

$$\alpha = \frac{\sin\left(\frac{\theta-\omega}{2}\right)}{\sin\left(\frac{\theta+\omega}{2}\right)} \tag{6.36}$$

式中：α 值可以由变换前后通带的截止频率求得，即

$$\omega = \tan^{-1}\frac{(1-\alpha^2)\sin\theta}{2\alpha + (1+\alpha^2)\cos\theta} \tag{6.37}$$

数字低通到数字低通的频率变化如图 6.20 所示，α 不同时幅度响应如图 6.21 所示。

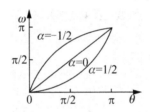

图 6.20　数字低通到数字低通的频率变换关系

(1) 当 $\alpha=0$ 时，$\omega=\theta$，即 ω,θ 呈线性关系，其余为非线性。

(2) 当 $\alpha>0$ 时，$\omega<\theta$，代表频率压缩，带宽变窄。

(3) 当 $\alpha<0$ 时，$\omega>\theta$，代表频率扩张，带宽变宽。

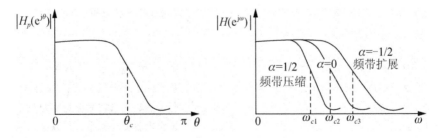

图 6.21　α 取不同值时频带变化关系

由此可得出以下结论。

【例 6.8】　利用脉冲响应不变法设计一个低通 IIR 数字滤波器，其系统函数为

$$H(z) = \frac{0.1212z^{-1} + 0.2211z^{-2} + 0.0281z^{-3}}{1 - 1.2987z^{-1} + 0.9685z^{-2} - 0.3529z^{-3} + 0.0527z^{-4}}$$

并且 $\omega_p = 0.25\pi$ 将其转化成为截止频率 $\omega_p = 0.4\pi$ 的数字低通滤波器。

解 首先可以求出 $\alpha = \dfrac{\sin[(0.25\pi - 0.4\pi)/2]}{\sin[(0.25\pi + 0.4\pi)/2]} = -0.2738$，$\alpha < 0$，所以变化后低通滤波器频率扩张，带宽变宽。

将 α 代入式 (6.35) $u^{-1} = G(z^{-1}) = \dfrac{z^{-1} - \alpha}{1 - \alpha z^{-1}}$，可以得到变换后的数字滤波器的系统函数，该系统函数和幅频特性曲线可以由下列 MATLAB 程序得到（本程序是在运行例 6.7 程序的基础上进一步运算的）。

```
figure
% 数字低通滤波器截止频率
wphp= 0.4* pi;                                          % 通带边缘频率
alpha= sin((0.25* pi- 0.4* pi)/2)/sin((0.25* pi+ 0.4* pi)/2)    % 低通-低通频带变换
Nz= [- alpha, 1]; Dz= [1, - alpha];
L3= plot(w, 20* log(abs(h3)), 'g- .');
[a, b] = map(azt, bzt, Nz, Dz);
[h4, w] = freqz(a, b);
hold on
L4= plot(w, 20* log(abs(h4)), 'r');
legend( [L3 L4], '原数字低通', '改变截止频率数字低通');
```

调用下列子程序。

```
function[az,bz]= map(aZ, bZ, Nz, Dz)
% az, bz= 变换后的滤波器分子分母系数向量；aZ, bZ= 变换前的滤波器分子分母系数向量；Nz, Dz
= 变换所用的算子的分子分母系数向量
N1= (length(aZ)- 1)* (length(Nz)- 1);                  % 确定变换后的分子阶数
N2= (length(bZ)- 1)* (length(Dz)- 1);                  % 确定变换后的分母阶数
az= zeros(1, N1+ 1);                                    % 分子系数向量初始化为零向量
for k= 0: N1                                            % 依次求各多项式乘积结果
    pln= [1];
    for l= 0: k- 1
    pln= conv(pln, Nz); end                             % 求 Nz 的 k 次乘积
    pld= [1];
    for l= 0: N1- k- 1
    pld= conv(pld, Dz); end                             % 求 Dz 的 bzord-k 次乘积
    az= az+ aZ(k+ 1)* conv(pln, pld); end               % 求 aZ* Nz^k* Dz^(bzord-k)
    bz= zeros(1, N2+ 1);                                % 分母系数向量初始化为零向量
for k= 0: N2                                            % 依次求各多项式乘积结果
    pln= [1];
    for l= 0: k- 1
    pln= conv(pln, Nz); end                             % 求 Nz 的 k 次乘积
    pld= [1];
```

```
    for l= 0: N2- k- 1
    pld= conv(pld, Dz); end                    % 求 Dz 的 bzord- k 次乘积
    bz= bz+ bZ(k+ 1)* conv(pln, pld);          % 求累加
end
bz1= bz(1); bz= bz/bz1; az= az/bz1;            % 将分母多项式首项归一化
```

程序运行结果如下。

```
alpha=   - 0.2738
az=       0.0709    0.3821    0.4875    0.1376
bz=       1.0000   - 0.0035   0.3938   - 0.0306    0.0107
```

所以，变换后低通滤波器的系统函数为

$$H(z) = \frac{0.0709 + 0.3821z^{-1} + 0.4875z^{-2} + 0.1367z^{-3}}{1 - 0.0035z^{-1} + 0.3938z^{-2} - 0.0306z^{-3} + 0.0107z^{-4}}$$

改变截止频率后的数字低通滤波器与原数字低通滤波器的比较，如图 6.22 所示。

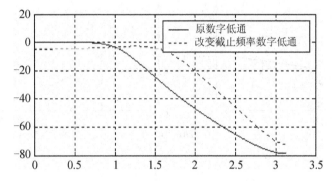

图 6.22　改变截止频率后的数字低通滤波器与原数字低通滤波器的频率响应特性比较

6.3.2　高通变换

1. 模拟域变换

1) 高通滤波器的性能指标

如图 6.23 所示，ω_p 为通带截止频率，又称为通带下限频率；A_p 为通带衰减；ω_s 为阻带截止频率，又称阻带上限截止频率；A_s 为阻带衰减。

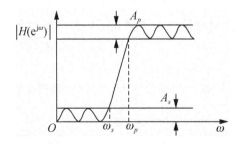

图 6.23　高通滤波器性能指标

2) 变换方法

由于倒数关系不改变模拟滤波器的稳定性，因此也不会影响双线变换后的稳定条件，

所以模拟低通滤波器变换至数字高通滤波器的方法是将双线性变换中的 s 用其倒数代替，即

$$s = \frac{T}{2} \cdot \frac{1+z^{-1}}{1-z^{-1}} \tag{6.38}$$

令 $s = j\Omega, z = e^{j\omega}$，则

$$j\Omega = \frac{T}{2} \cdot \frac{1+e^{-j\omega}}{1-e^{-j\omega}} = \frac{T}{2} \cdot \frac{(e^{j\frac{\omega}{2}} + e^{-j\frac{\omega}{2}})e^{-j\frac{\omega}{2}}}{(e^{j\frac{\omega}{2}} - e^{-j\frac{\omega}{2}})e^{-j\frac{\omega}{2}}} = \frac{T}{2j}\cot\left(\frac{\omega}{2}\right)$$

所以可推出模拟角频率和数字角频率关系

$$\Omega = -\frac{T}{2}\cot\left(\frac{\omega}{2}\right) \tag{6.39}$$

这一曲线的形状与双线性变换时的频率非线性关系曲线相对应，只是将 ω 坐标倒置，因而通过这一变换后可直接将模拟低通滤波器变为数字高通滤波器，如图 6.24 所示。

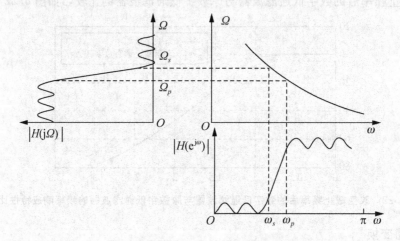

图 6.24 低通到高通映射模拟角频率与数字角频率关系

$\Omega = 0$ 映射到 $\omega = \pi$，$\Omega = \infty$ 映射到 $\omega = 0$，可见高通变换的计算步骤和低通变换一样，但在确定模拟原型预畸变的临界频率时，不必加负号，因临界频率只有大小意义而无正负意义。

$$\Omega = \frac{T}{2}\cot\left(\frac{\omega}{2}\right) \tag{6.40}$$

【例 6.9】 应用双线性变换变法设计一个高通 IIR 数字滤波器 $H(z)$，性能指标为 $\omega_s = 0.55\pi$，$\omega_p = 0.25\pi$，$20\log_{10}|H(e^{j\omega_p})| \geqslant 1\mathrm{dB}$，$20\log_{10}|H(e^{j\omega_s})| \leqslant -15\mathrm{dB}$，$T=2$，并将其变换为高通滤波器。

解 首先利用式(6.40)将数字滤波器的指标转化成模拟指标。

$$\Omega_p = \frac{T}{2}\cot\left(\frac{\omega_p}{2}\right) = 0.3742$$

$$\Omega_s = \frac{T}{2}\cot\left(\frac{\omega_s}{2}\right) = 0.7125$$

根据给定指标可以求解模拟滤波器的系统函数(第 5 章已介绍其求解方法)，利用双线性变换法将其数字化，具体过程可以通过下列 MATLAB 程序求得。

第6章 IIR数字滤波器的设计

```
wp= 0.25* pi;ws= 0.55* pi;
rp= 1;   rs= 15;
T= 2;
Omegap= (T/2)* atan(wp/2);
Omegas= (T/2)* atan(ws/2);
[N, Wc] = buttord(Omegap, Omegas, rp, rs, 's');      % 求取滤波器阶数和3dB截止频率点
% 巴特沃斯模拟低通原型滤波器设计
[z, p, k] = buttap(N);
[num, den] = zp2tf(z, p, k);              % 将模拟原型滤波器函数设计出的零点z, P和增益K形式
                                            转化为传输函数形式
[numt, dent] = lp2hp(num, den, 1);             % 频率变换
[h1, w] = freqs(num, den);
subplot(211)
plot(w, 20* log(abs(h1)));
[azt, bzt] = bilinear(numt, dent, 1/T);
[h2, w] = freqz(azt, bzt);
subplot(212)
plot(w, 20* log(abs(h2)));
```

程序运行结果如下。

```
N= 4,Wc= 0.5739
num= 0         0         0         0         1
den= 1.0000    2.6131    3.4142    2.6131    1.0000
```

所以实际设计的模拟滤波器的系统函数为

$$H_a(s) = \frac{1}{s^4 + 2.6131s^3 + 3.1442s^2 + 2.6131s + 1}$$

```
azt= 0.0940   - 0.3759    0.5639   - 0.3759    0.0940
bzt= 1.0000    0.0000     0.4860   - 0.0000    0.0177
```

变换后数字滤波器的系统函数为

$$H(z) = \frac{0.094 - 0.3759z^{-1} + 05639z^{-2} - 0.3759z^{-3} + 0.0940z^{-4}}{1 + 1.486z^{-2} + 0.0177z^{-4}}$$

双线性变化法设计高通滤波器与模拟低通滤波器幅频响应特性的比较,如图6.25所示。

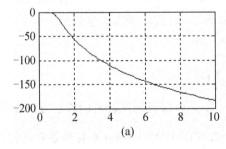
(a)

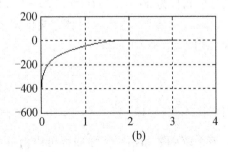
(b)

图6.25 例6.9图
(a)模拟低通滤波器幅频响应函数;(b)数字高通滤波器幅频响应函数

2. 数字域变换

通过将单位圆旋转 $180°$，能使低通数字滤波器变到高通数字滤波器，如图 6.26 所示。

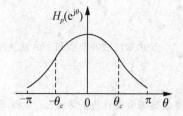
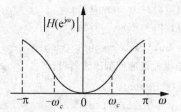

图 6.26 数字低通到数字高通的变化关系

由此可知，$\theta=0$ 映射到 $\omega=\pi$，$\theta=\pi$ 映射到 $\omega=0$，$\theta=\theta_c$ 映射到 $\omega=-\omega_c$，$\theta=-\theta_c$ 映射到 $\omega=\omega_c$，$\theta\in(-\pi,0)$ 变换后 $\omega\in(0,\pi)$。所以在上述低通到低通变换中，将 z 代以 $-z$，得低通到高通变换关系，式(6.34)为负，且阶数为 1 阶，于是

$$u=\frac{-z^{-1}-\alpha}{1+\alpha z^{-1}}=-\frac{z^{-1}+\alpha}{1+\alpha z^{-1}} \tag{6.41}$$

将 $u=e^{j\theta}$，$z=e^{j\omega}$ 代入式(6.41)得

$$e^{j\theta}=-\frac{e^{-j\omega}+\alpha}{1+\alpha e^{-j\omega}}$$

$$e^{j\theta}+\alpha e^{-j(\theta+\omega)}=-e^{-j\omega}-\alpha$$

$$\alpha=-\frac{e^{-j\omega}+e^{j\theta}}{e^{-j(\theta+\omega)}+1}=-\frac{(e^{-j\frac{(\omega-\theta)}{2}}+e^{j\frac{(\omega-\theta)}{2}})e^{-j\frac{(\omega+\theta)}{2}}}{(e^{-j\frac{(\omega+\theta)}{2}}+e^{j\frac{(\omega+\theta)}{2}})e^{-j\frac{(\omega+\theta)}{2}}}$$

所以

$$\alpha=-\frac{\cos\left(\dfrac{\omega+\theta}{2}\right)}{\cos\left(\dfrac{\omega-\theta}{2}\right)} \tag{6.42}$$

其中 α 值可以由变换前后通带的截止频率求得。

【例 6.10】 例 6.4 已经利用双线性变换法设计一个低通 IIR 数字滤波器，系统函数为

$$H(z)=\frac{0.0831+0.2493z^{-1}+0.2493z^{-2}+0.0831z^{-3}}{1-0.7384z^{-1}+0.4784z^{-2}-0.0752z^{-3}}$$

实现的性能指标为 $20\log_{10}|H(e^{j\omega_p})|\geqslant-0.5\text{dB}$，$20\log_{10}|H(e^{j\omega_s})|\leqslant-15\text{dB}$，$\omega_s=0.55\pi$，$\omega_p=0.25\pi$，$T=2$，将其转化成为截止频率 $\omega_p=0.4\pi$ 的数字高通滤波器。

解 根据式(6.24)可得

$$\alpha=-\frac{\cos[(0.2\pi+0.4\pi)/2]}{\cos[(0.2\pi-0.4\pi)/2]}=-0.2738$$

将 α 代入式(6.41) $u^{-1}=G(z^{-1})=-\dfrac{z^{-1}+\alpha}{1+\alpha z^{-1}}$，可以得到变换后的数字滤波器的系统函数，该系统函数和幅频特性曲线可以由下列 MATLAB 程序得到(本程序是在运行例 6.7 程序的基础上进一步运算的)。

第6章 IIR数字滤波器的设计

```
figure
% 数字高通滤波器截止频率
wphp= 0.4* pi;% 通带边缘频率
% 低通- 高通频带变换:
alpha= - cos((0.25* pi+ 0.4* pi)/2)/cos((0.25* pi- 0.4* pi)/2)
Nz= - [alpha, 1]; Dz= [1, alpha];
L3= plot(w, 20* log(abs(h3)), 'g- ');
[aztt, bztt] = map(azt, bzt, Nz, Dz);
[h4, w] = freqz(aztt, bztt);
hold on
L4= plot(w, 20* log(abs(h4)), 'r- .');
axis( [0, 3, - 70, 5]);
legend( [L3 L4], '原数字低通', '改变截止频率数字高通');
```

数字高通滤波器与数字原低通滤波器幅频响应特性的比较,如图6.27所示。

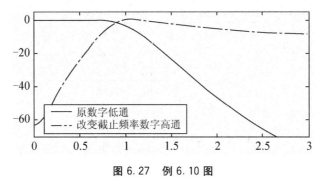

图 6.27 例 6.10 图

6.3.3 带通变换

1. 模拟域变换

1) 带通滤波器的性能指标

带通滤波器的性能指标如图 6.28 所示。ω_{p2} 为通带段上限截止频率,ω_{p1} 为下限截止频率;A_p 为通带波纹;ω_{s2} 为阻带段上限截止频率,ω_{s1} 为下限截止频率。A_s 为阻带衰减,ω_0 为带通滤波器的中心频率。

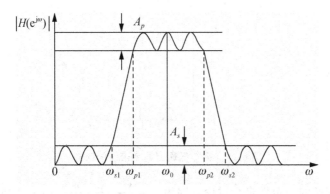

图 6.28 带通滤波器的性能指标

2) 变换关系

满足变换的双线性变换为

$$s = \frac{z^2 - 2z\cos\omega_0 + 1}{z^2 - 1} \tag{6.43}$$

令 $s = j\Omega, z = e^{j\omega}$

$$\Omega = \frac{\cos\omega_0 - \cos\omega}{\sin\omega} \tag{6.44}$$

映射关系如图 6.29 所示，可以看出 $\Omega = 0$ 映射在 $\omega = \omega_0$ 上，$\Omega = \pm\infty$ 映射在 $\omega = 0$，$\omega = \pi$ 两端。在设计带通滤波器时，一般只给出上下边带的边界频率 $\omega_{p1} = \omega_1$、$\omega_{s2} = \omega_2$ 作为设计要求，所以

$$\Omega_1 = \frac{\cos\omega_0 - \cos\omega_1}{\sin\omega_1}, \Omega_2 = \frac{\cos\omega_0 - \cos\omega_2}{\sin\omega_2} \tag{6.45}$$

由于 Ω_1 和 Ω_2 是一对镜像 $\Omega_1 = -\Omega_2$

$$\frac{\cos\omega_0 - \cos\omega_1}{\sin\omega_1} = -\frac{\cos\omega_0 - \cos\omega_2}{\sin\omega_2}$$

所以有

$$\cos\omega_0 = \frac{\sin(\omega_1 + \omega_2)}{\sin\omega_1 + \sin\omega_2}$$

进一步得出

$$\omega_0 = \arccos\left[\frac{\sin(\omega_1 + \omega_2)}{\sin\omega_1 + \sin\omega_2}\right] \tag{6.46}$$

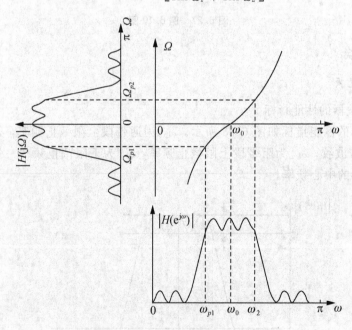

图 6.29 模拟低通到数字带通的映射

下面对这一变换的稳定性进行讨论，因为 $s = \dfrac{z^2 - 2z\cos\omega_0 + 1}{z^2 - 1}$，所以有

第6章 IIR数字滤波器的设计

$$\sigma = \frac{r^2 + 1 - 2r\cos\omega_c}{r^2 - 1} = \frac{(r-1)^2 + 2r(1-\cos\omega_c)}{r^2 - 1}$$

因为 $(r-1)^2 + 2r(1-\cos\omega_c) \geqslant 0$

所以 $r < 1$ 时,$\sigma < 0$;$r > 1$ 时,$\sigma > 0$。

由此可见,s 左半平面映射在单位圆内,而右半平面映射在单位圆外,这种变换关系是稳定的变换关系,可用它来完成带通的变换。

【例 6.11】 采用巴特沃斯模拟低通滤波器、利用双线性变换法,设计一个数字带通滤波器,通带范围为 $0.3\pi \sim 0.4\pi$,通带内最大衰减为 $0.2\mathrm{dB}$,0.2π 以下和 0.5π 以上为阻带,阻带内最小衰减为 $17\mathrm{dB}$。

解 根据式(6.46)可求解带通滤波器的中心频率

$$\omega_0 = \arccos\left[\frac{\sin(\omega_1 + \omega_2)}{\sin\omega_1 + \sin\omega_2}\right] = \arccos\left[\frac{\sin(0.3\pi + 0.4\pi)}{\sin 0.3\pi + \sin 0.4\pi}\right] = 1.0932$$

根据式(6.45)将数字角频率转化成模拟角频率

$$\Omega_1 = \frac{\cos\omega_0 - \cos\omega_1}{\sin\omega_1} = 0.1584$$

$$\Omega_2 = \frac{\cos\omega_0 - \cos\omega_2}{\sin\omega_2} = 0.4596$$

数字滤波器设计及幅频特性可通过下列 MATLAB 程序得到。

```
wp1= 0.3* pi;wp2= 0.4* pi;
ws1= 0.2* pi;ws2= 0.5* pi;
rp= 0.2;rs= 17;
T= 2;
Omega0= acos(sin(wp1+ wp2)/(sin(wp1)+ sin(wp2)));
Omega1= (cos(Omega0)- cos(wp2))/sin(wp2);
Omega2= (cos(Omega0)- cos(ws2))/sin(ws2);
B= Omega2- Omega1;
% 求取滤波器阶数和 3dB 截止频率点
[N, Wc] = buttord(Omega1, Omega2, rp, rs, 's');
% 巴特沃斯模拟低通原型滤波器设计
[z, p, k] = buttap(N);
[num, den] = zp2tf(z, p, k);       % 将模拟原型滤波器函数设计出的零点 Z,P 和增益 K 形式
                                    转化为传输函数形式
[numt, dent] = lp2bp(num, den, Omega0, B);    % 频率变换
[h1, w] = freqs(num, den);
subplot(211)
plot(w, 20* log(abs(h1)));
[azt, bzt] = bilinear(numt, dent, 1/T);
[h2, w] = freqz(azt, bzt);
subplot(212)
plot(w, 20* log(abs(h2)));
```

程序运等结果如下。

```
num= 0    0    0    0    1
den= 1.0000  2.6131  3.4142  2.6131  1.0000
```

所以模拟低通滤波器的系统函数为

$$H_a(s) = \frac{1}{1 + 2.6131s + 3.4142s^2 + 2.6131s^3 + s^4}$$

```
azt= 0.0002  -0.0000  -0.0010  -0.0000  0.0015  -0.0000  -0.0010  -0.0000  0.0002
bzt= 1.0000  0.6477   3.4459   1.6238   4.3701  1.3586   2.4142   0.3786   0.4890
```

所以数字滤波器的系统函数为

$$H(z) = \frac{0.0002 - 0.001z^{-2} + 0.0015z^{-4} + 0.001z^{-6} + 0.0002z^{-8}}{1 + 0.65z^{-1} + 3.45z^{-2} + 1.62z^{-3} + 4.37z^{-4} + 1.36z^{-5} + 2.41z^{-6} + 0.38z^{-7} + 0.49z^{-8}}$$

模拟低通滤波器幅频特性与数字带通滤波器幅频特性的比较，如图 6.30 所示。

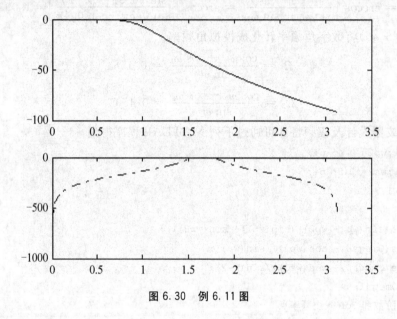

图 6.30　例 6.11 图

2. 数字域变换

由数字低通到数字带通变换关系如图 6.31 所示。

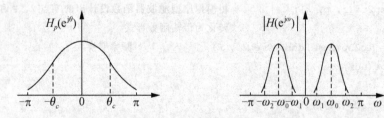

图 6.31　数字低通到数字带通的变化关系

同理可以证明低通到高通变换全通函数取负号，且阶数为 2 阶。

$$u^{-1} = g(z^{-1}) = -\frac{z^{-2} + r_1 z^{-1} + r_2}{r_2 z^{-2} + r_1 z^{-1} + 1} \tag{6.47}$$

$$\alpha = \frac{\cos\left(\frac{\omega_2 + \omega_1}{2}\right)}{\cos\left(\frac{\omega_2 - \omega_1}{2}\right)} \quad (6.48)$$

式中：$r_1 = \frac{2\alpha k}{k+1}, r_2 = \frac{k-1}{k+1}, k = \cot\left(\frac{\omega_2 - \omega_1}{2}\right)\tan\frac{\theta_c}{2}$。

6.3.4 带阻变换

1. 模拟域变换

1) 带阻滤波器的性能指标

图 6.32 所示为带阻滤波器的性能指标。ω_{p2} 为通带截止频率的上限截止频率，ω_{p1} 为下限截止频率；A_p 为通带波纹；ω_{s2} 为阻带截止频率的上限截止频率，ω_{s1} 为下限截止频率；A_s 为阻带衰减。

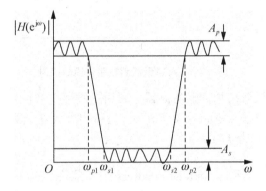

图 6.32 带阻滤波器的性能指标

2) 低通到带阻变换关系

$$s = \frac{z^2 - 1}{z^2 - 2z\cos\omega_0 + 1} \quad (6.49)$$

令 $j\Omega = s, z = e^{j\omega}$

所以有

$$j\Omega = \frac{e^{j2\omega} - 1}{e^{j2\omega} - 2e^{j\omega}\cos\omega_0 + 1} = \frac{(e^{j\omega} - e^{-j\omega})e^{j\omega}}{(e^{j\omega} - 2\cos\omega_0 + e^{-j\omega})e^{j\omega}} = \frac{2j\sin\omega}{2\cos\omega - 2\cos\omega_0}$$

进一步得出

$$\Omega = \frac{\sin\omega}{\cos\omega - \cos\omega_0} \quad (6.50)$$

令 $\omega_{p1} = \omega_1$，$\omega_{p2} = \omega_2$，于是

$$\cos\omega_0 = \frac{\sin(\omega_1 + \omega_2)}{\sin\omega_1 + \sin\omega_2} \quad (6.51)$$

其变换关系曲线如图 6.33 所示，$\Omega = 0$ 映射到 $\omega = 0$，$\omega = \pi$，$\Omega \to \pm\infty$ 映射到 $\omega = \omega_0$，也就是说，低通滤波器的通带（$\Omega = 0$ 附近）映射到带阻滤波器的阻带范围之外（$\omega = 0$ 和 $\omega = \pi$），低通滤波器的阻带（$\Omega \to \pm\infty$）映射到带阻滤波器的阻带上（$\omega = \omega_0$ 附近）。

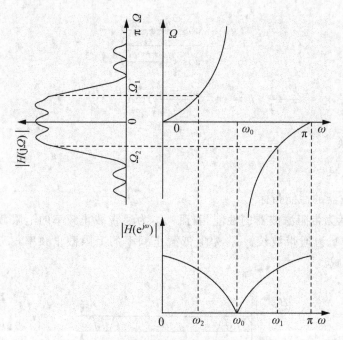

图 6.33 模拟低通到数字带阻的映射

【例 6.12】 采用巴特沃斯模拟低通滤波器,利用双线性变换法,设计一个数字带阻滤波器,通带截止频率分别为 0.2πrad 和 0.5πrad,通带内最大衰减为 0.2dB,$0.3\pi \sim 0.4\pi$rad 为阻带,阻带内最小衰减为 17dB。

解 根据式(6.49) $\cos \omega_0 = \dfrac{\sin(\omega_1+\omega_2)}{\sin \omega_1+\sin \omega_2}$,可求得

$$\omega_0 = \arccos \dfrac{\sin(\omega_1+\omega_2)}{\sin \omega_1+\sin \omega_2} = 1.0932$$

根据式(6.48) $\Omega = \dfrac{\sin \omega}{\cos \omega - \cos \omega_0}$,可求得

$$\Omega_1 = \dfrac{\sin \omega_2}{\cos \omega_2 - \cos \omega_0} = 0.1584$$

$$\Omega_2 = \dfrac{\sin \omega_1}{\cos \omega_1 - \cos \omega_0} = 0.4596$$

数字滤波器设计及幅频特性可通过下列 MATLAB 程序得到。

```
wp1= 0.3* pi;wp2= 0.4* pi;
ws1= 0.2* pi;ws2= 0.5* pi;
rp= 0.2;  rs= 17;
T= 2;
Omega0= acos(sin(wp1+ wp2)/(sin(wp1)+ sin(wp2)));
Omega1= (cos(Omega0)- cos(wp2))/sin(wp2);
Omega2= (cos(Omega0)- cos(ws2))/sin(ws2);
B= Omega2- Omega1;
% 求取滤波器阶数和 3dB 截止频率点
[N, Wc] = buttord(Omega1, Omega2, rp, rs, 's');
```

```
% 巴特沃斯模拟低通原型滤波器设计
[z, p, k] = buttap(N);
[num, den] = zp2tf(z, p, k);         % 将模拟原型滤波器函数设计出的零点 Z,P 和增益 K 形式
                                       转化为传输函数形式
[numt, dent] = lp2bs(num, den, Omega0, B);    % 频率变换
[h1, w] = freqs(num, den);
subplot(211)
plot(w, 20* log(abs(h1)));
title('模拟低通原型')
grid on
[azt, bzt] = bilinear(numt, dent, 1/T);
[h2, w] = freqz(azt, bzt);
subplot(212)
plot(w, 20* log(abs(h2)));
title('数字带阻滤波器')
```

程序运行结果如下。

```
num=      0       0       0       0       1
den=   1.0000  2.6131  3.4142  2.6131  1.0000
```

所以模拟低通滤波器的系统函数为

$$H_a(s) = \frac{1}{1 + 2.6131s + 3.4142s^2 + 2.6131s^3 + s^4}$$

```
azt= 0.6993  0.4972  2.9296  1.5072  4.4614  1.5072  2.9296  0.4972  0.6993
bzt= 1.0000  0.6477  3.4459  1.6238  4.3701  1.3586  2.4142  0.3786  0.4890
```

所以数字带阻滤波器的系统函数为

$$H(z) = \frac{0.70 + 0.50z^{-1} + 2.93z^{-3} + 1.50z^{-3} + 4.46z^{-4} + 1.50z^{-5} + 2.93z^{-6} + 0.50z^{-6} + 0.70z^{-7}}{1 + 0.65z^{-1} + 3.45z^{-3} + 1.62z^{-3} + 4.37z^{-4} + 1.36z^{-5} + 2.41z^{-6} + 0.38z^{-6} + 0.49z^{-7}}$$

双线性变化法设计带阻滤波器与模拟低通原型幅频响应特性的比较，如图 6.34 所示。

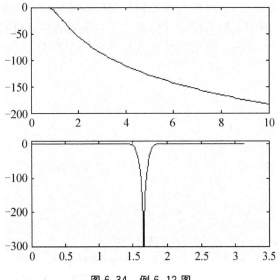

图 6.34 例 6.12 图

2. 数字域变换

由低通数字到带阻数字变换关系如图 6.35 所示。

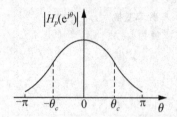
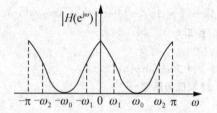

图 6.35 数字低通到数字带阻的变化关系

带阻的中心频率 ω_0 映射到 $\theta=\pm\pi$，$\omega\in(\omega_0,\pi)$ 映射到 $\theta\in(-\pi,0)$，$\omega\in(0,\omega_0)$ 映射到 $\theta\in(0,\pi)$，$\omega\in(0,\pi)$ 映射到 $\theta\in(-\pi,\pi)$。可见 θ 的变化范围为 2π，故低通到带通变换全通函数取正号，且阶数为 2 阶。

$$u^{-1}=g(z^{-1})=\frac{z^{-2}+r_1 z^{-1}+r_2}{r_2 z^{-2}+r_1 z^{-1}+1} \tag{6.52}$$

$$\alpha=\frac{\cos\left(\dfrac{\omega_2+\omega_1}{2}\right)}{\cos\left(\dfrac{\omega_2-\omega_1}{2}\right)} \tag{6.53}$$

其中，$r_1=-\dfrac{2\alpha}{k+1}$，$r_2=\dfrac{k-1}{k+1}$，$k=\tan(\dfrac{\omega_2-\omega_1}{2})\tan\dfrac{\theta_c}{2}$。

6.4 综合实例

利用 IIR 数字滤波器对加噪语音信号进行滤波，要求录制一段个人的加噪语音信号，并对录制的信号进行采样；画出采样后语音信号的时域波形和频谱图；给定滤波器的性能指标，设计一个 IIR 滤波器，然后用设计的滤波器对采集的信号进行滤波，画出滤波后信号的时域波形和频谱，并对滤波前后的信号进行对比，分析信号的变化，回放语音信号。

MATLAB 程序如下。

```
s= 44100;
x1= wavread('yuyin.wav')* 100;
t= 0: 1/44100: (size(x1)- 1)/44100;
Au= 1;
d=  [Au* cos(2* pi* 15000* t)]';      % 噪声为 15000Hz 的余弦信号
f= fs* (0: 511)/1024;
x2= x1+ d;
y2= fft(x2, 1024);
subplot(2, 2, 1); plot(t, x1); title('原语音信号');
subplot(2, 2, 2); plot(t, x2); title('原噪声后的语音信号');
subplot(2, 2, 3); plot(f, abs(y1(1: 512))); title('原始语音信号频谱');
```

```matlab
subplot(2, 2, 4); plot(f, abs(y2(1: 512))); title('加噪后的信号频谱');
% 滤波器设计
wp= 0.25* pi;                        % 通带截止频率
ws= 0.3* pi;                         % 阻带截止频率
Rp= 1;                               % 通带衰减
Rs= 15;                              % 阻带最小衰减
Fs= 44100;                           % 采样频率
Ts= 1/Fs;
wp1= 2/Ts* tan(wp/2);                % 将模拟指标转换成数字指标
ws1= 2/Ts* tan(ws/2);
[N, Wn] = buttord(wp1, ws1, Rp, Rs, 's');   % 选择滤波器的最小阶数 N
[Z, P, K] = buttap(N);               % 创建巴特沃斯模拟滤波器
[Aap, Bap] = zp2tf(Z, P, K);
[a, b] = lp2lp(Aap, Bap, Wn);
[az, bz] = bilinear(a, b, Fs);       % 用双线性变换法实现模拟滤波器到数字滤波器的转换
[H, W] = freqz(az, bz);              % 绘制幅频响应曲线
figure(1)
plot(W* Fs/(2* pi), abs(H)); grid; xlabel('频率/Hz'); ylabel('幅频响应幅度')
f1= filter(az, bz, x2);
figure(2)
subplot(2, 2, 1)
plot(t, x2)                          % 画出滤波前的时域图
title('滤波前的时域波形');
subplot(2, 2, 2)
plot(t, f1);                         % 画出滤波后的时域图
title('滤波后的时域波形');
sound(f1, 22050);                    % 播放滤波后的信号
F0= fft(f1, 1024);
f= fs* (0: 511)/1024;
y2= fft(x2, 1024);
subplot(2, 2, 3);
plot(f, abs(y2(1: 512)));            % 画出滤波前的频谱图
title('滤波前的频谱')
subplot(2, 2, 4)
F1= plot(f, abs(F0(1: 512)));        % 画出滤波后的频谱图
title('滤波后的频谱')
```

程序运行结果如图 6.36 所示。

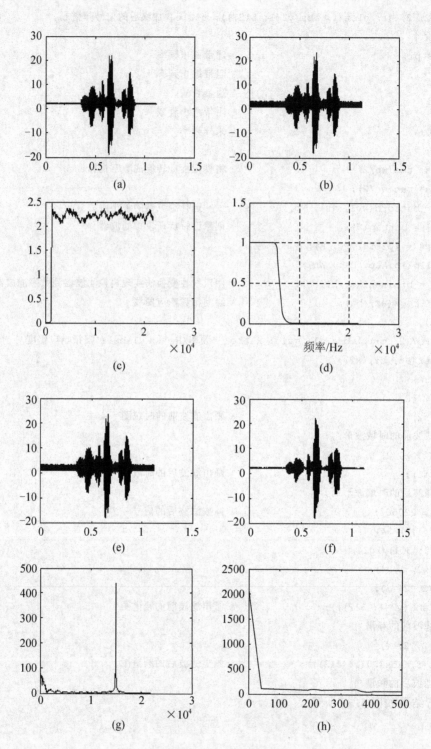

图 6.36 综合实例图

(a)原语音信号；(b)原噪声后的语音信号；(c)原始语音信号频谱；(d)滤波后的频谱；
(e)滤波前的时域波形；(f)滤波后的时域波形；(g)滤波前的频谱波形；(h)滤波后的频谱波形

第6章 IIR数字滤波器的设计

小 结

本章重点学习了 IIR 数字滤波器的设计方法，强调了脉冲响应数字和双线性变换法这两种从模拟滤波器到数字滤波器的设计方法，同时对模拟低通滤波器到各种类型数字滤波器的变换方法和数字低通到各种类型数字滤波器的变换方法进行了详细的讨论，并整理出表 6-2 和表 6-3 便于掌握和对比。

表 6-2 模拟低通原型到各种数字滤波器的变换

变换类型	变 换	角频率变换参数
低通—低通	$s \to s/\Omega_c$	(1) 脉冲响应不变法 $\Omega_c = 2\pi f_c, \omega_c = \Omega_c T$ (2) 双线性法预畸变 $\Omega_c = \dfrac{2}{T}\tan\left(\dfrac{\omega_c}{2}\right)$
低通—高通	$s = \dfrac{T}{2} \cdot \dfrac{1+z^{-1}}{1-z^{-1}}$	$\Omega_c = -\dfrac{T}{2}\cot\left(\dfrac{\omega_c}{2}\right),\ \|\Omega_c\| = \dfrac{T}{2}\cot\left(\dfrac{\omega_c}{2}\right)$
低通—带通	$s = \dfrac{z^2 - 2z\cos\omega_0 + 1}{z^2 - 1}$	$\Omega_c = \dfrac{\cos\omega_0 - \cos\omega_1}{\sin\omega_1}$
低通—带阻	$s = \dfrac{z^2 - 1}{z^2 - 2z\cos\omega_0 + 1}$	$\Omega_c = \dfrac{\sin\omega_2}{\cos\omega_2 - \cos\omega_0}$

表 6-3 数字低通到各种数字滤波器的变换

变换类型	变 换	角频率变换参数
低通—低通	$u^{-1} = G(z^{-1}) = \dfrac{z^{-1} - \alpha}{1 - \alpha z^{-1}}$	$\alpha = \dfrac{\sin\left(\dfrac{\theta - \omega}{2}\right)}{\sin\left(\dfrac{\theta + \omega}{2}\right)}$ $\omega = \tan^{-1}\dfrac{(1-\alpha^2)\sin\theta}{2\alpha + (1+\alpha^2)\cos\theta}$
低通—高通	$u^{-1} = \dfrac{-z^{-1} - \alpha}{1 + \alpha z^{-1}} = -\dfrac{z^{-1} + \alpha}{1 + \alpha z^{-1}}$	$\alpha = -\dfrac{\cos\left(\dfrac{\omega_c + \theta_c}{2}\right)}{\cos\left(\dfrac{\omega_c - \theta_c}{2}\right)}$
低通—带通	$u^{-1} = g(z^{-1}) = \dfrac{z^{-2} + r_1 z^{-1} + r_2}{r_2 z^{-2} + r_1 z^{-1} + 1}$	$\alpha = \dfrac{\cos\left(\dfrac{\omega_2 + \omega_1}{2}\right)}{\cos\left(\dfrac{\omega_2 - \omega_1}{2}\right)}$ $r_1 = \dfrac{2\alpha k}{k+1},\ r_2 = \dfrac{k-1}{k+1}$ $k = \cot\left(\dfrac{\omega_2 - \omega_1}{2}\right)\tan\dfrac{\theta_c}{2}$

续表

变换类型	变换	角频率变换参数
低通—带阻	$u^{-1} = g(z^{-1}) = -\dfrac{z^{-2} + r_1 z^{-1} + r_2}{r_2 z^{-2} + r_1 z^{-1} + 1}$	$\alpha = \dfrac{\cos\left(\dfrac{\omega_2 + \omega_1}{2}\right)}{\cos\left(\dfrac{\omega_2 - \omega_1}{2}\right)}$ $r_1 = -\dfrac{2\alpha}{k+1},\ r_2 = \dfrac{k-1}{k+1}$ $k = \tan\left(\dfrac{\omega_2 - \omega_1}{2}\right)\tan\dfrac{\theta_c}{2}$

习 题

1. 在采样周期不同的条件下,分别利用冲激响应不变法设计和双线性变换法设计 IIR 滤波器,画出两种变换后滤波器幅频响应波形,说明 T 对滤波器的影响,并说明此两种方法的优缺点。设模拟滤波器的系统函数为

$$H_a(s) = \frac{4}{(s+2)(s+3)},\ T=0.5,\ T=2$$

2. 用脉冲响应不变法设计一个数字滤波器,模拟滤波器的系统函数为

$$H_a(s) = \frac{s+a}{(s+a)^2 + b^2}$$

3. 用脉冲响应不变法将 $H_a(s)$ 的一阶极点 $s = s_k$ 映射为 $H(z)$ 的极点 $z = e^{s_k T}$,确定脉冲响应不变法如何映射二阶极点。

4. 设计一个数字低通滤波器,通带截止频率 $\omega_p = 0.375$,$A_p = 0.01$,阻带截止频率 $\omega_s = 0.5\pi$,$A_s = 0.01$。用双线性变换法设计该滤波器,满足设计技术指标所需的巴特沃斯、切比雪夫和椭圆滤波器的阶数分别为多少?

5. 试导出三阶巴特沃斯数字滤波器系统函数,设 $\Omega_c = 2\text{rad/s}$。

6. 一个二阶连续时间滤波器的系统函数为 $H_a(s) = \dfrac{1}{s-a} + \dfrac{1}{s-b}$,其中 $a<0,b<0$ 都是实数。

(1) 如果用双线性变换法设计滤波器,$T=2$,确定 $H(z)$ 的极点和零点位置。

(2) 用脉冲响应不变法,$T=2$,重复(1)。

7. 设 $H_a(s)$ 是一个全极点滤波器,在有限 s 平面内没有零点。$H_a(s) = A\prod\limits_{k=1}^{p}\dfrac{1}{s-s_k}$,如果用双线性变换将 $H_a(s)$ 映射为数字滤波器,$H(z)$ 是全极点滤波器吗?

8. 用脉冲响应不变法设计一个满足下列指标的巴特沃斯低通滤波器,$\omega_s = 0.6\pi$,$\omega_p = 0.4\pi$,通带衰减 $20\log_{10}|H(e^{j\omega_p})| \geq -1\text{dB}$,阻带衰减 $20\log_{10}|H(e^{j\omega_s})| \leq -17\text{dB}$,$T=2$。先手工计算,然后用 MATLAB 编程实现,对比两者的结果。

9. 用双线性变换变法设计出一个高通 IIR 数字滤波器 $H(z)$,性能指标如下:
$\omega_s = 0.5\pi$,$\omega_p = 0.25$,$20\log_{10}|H(e^{j\omega_p})| \geq 0.5\text{dB}$,$20\log_{10}|H(e^{j\omega_s})| \leq -17\text{dB}$,$T=0.5$。先手工计算,然后用 MATLAB 编程实现,对比两者的结果。

10. 用双线性变换法设计一个三阶巴特沃斯数字带通滤波器,通带范围为 $0.3\pi \sim 0.4\pi\text{rad}$,通带内最大衰减为 3dB,$0.2\pi\text{rad}$ 以下和 $0.5\pi\text{rad}$ 以上为阻带,阻带内最小衰减为 18dB,$T=2$。用 MATLAB 编程实现,并画出幅频特性。

11. 用双线性变换法设计一个三阶巴特沃斯数字带阻滤波器，采样频率800Hz，通带的截止频率为40Hz和320Hz，阻带的截止频率为120～240Hz，通带衰减 $20\log_{10}|H(e^{j\omega_p})| \geqslant 1\text{dB}$，阻带衰减 $20\log_{10}|H(e^{j\omega_s})| \leqslant -13\text{dB}$，用MATLAB编程实现，并画出幅频特性。

12. 证明 $G(z^{-1}) = \pm \prod_{i=1}^{N} \dfrac{z^{-1} - \alpha_i^*}{1 - \alpha_i z^{-1}}$ 满足全通特性。

第 7 章 FIR 数字滤波器的设计

教学目标与要求

（1）掌握线性相位 FIR 数字滤波器的幅度函数特性、相位特性及零点特性。
（2）掌握用窗函数设计 FIR 数字滤波器的原理与方法。
（3）熟悉各种窗函数对数字滤波器性能的影响。
（4）了解频率采样法设计 FIR 数字滤波器的原理与方法。
（5）了解 FIR 和 IIR 数字滤波器的性能对比与分析。

知识架构

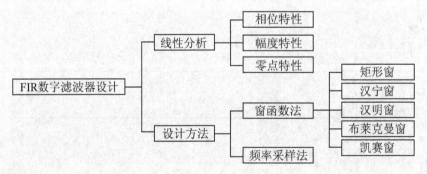

导入实例

随着电力电子的高速发展，变频器、开关式高频电源等电力电子装置在电力系统中得到了广泛的应用，致使电网的谐波污染问题越来越严重。电力谐波治理已经成为一个被广泛关注的课题。目前大量应用于电力系统的是滤波器，而滤波器的工作性能在很大程度上取决于对电流基无功电流的高精度、实时检测。现今数字滤波技术在电力系统中应用广泛，如微机保护中故障信号的处理等，都可能采用数字滤波器。FIR 数字滤波器是有限长单位脉冲响应数字滤波器的简称，它是目前数字滤波技术中应用较为广泛的一种滤波器。由于它具有线性相位、稳定性好和计算量小等特点，因此被大量应用在电力系统的控制、保护等微机型自动装置、在线监测中的抗干扰措施中。滤波器的设计对于研制高性能自动化装置极为重要,但由于系统多在变电站和线路中使用,其周围电磁环境复杂,且在试验电源中也可能含有谐波分量,所以设计出十分理想的线性 FIR 数字滤波器并不是件容易的事。

图 7.1 所示的电力滤波装置,主要用于钢铁、冶金、化工以及有谐波源的场所,起就近吸收谐波源所产生的谐波电流,改善系统电能质量的作用。

图 7.1 电力滤波装置

从第 6 章可以看出 IIR 数字滤波器可以利用模拟滤波器设计的结果,而模拟滤波器的设计有大量图表可查,因而 IIR 数字滤波器设计起来十分方便。脉冲响应不变法使得数字滤波器的单位脉冲响应完全模仿模拟滤波器的冲激响应,也就是时域逼近良好。但是,脉冲响应不变法的最大缺点是有频率响应的混叠效应,而双线性变换法避免了混叠失真,却带来了非线性的频率失真。在有些对滤波器线性相位要求比较高的实际应用场合,如数据传输、图像处理等系统中,IIR 数字滤波器是不实用的。正是这个原因,使得具有线性相位的 FIR 数字滤波器得到大力发展和广泛应用。本章将针对 FIR 数字滤波器的线性相位特性、零点特性、幅度特性展开讨论,并详细介绍 FIR 数字滤波器设计的两种方法——窗函数法和频率采样法,并就 IIR 和 FIR 数字滤波器的不同特性进行比较。

已知单位脉冲响应 $h(n)$ 长度为 N 的 FIR 数字滤波器,其系统函数为

$$H(z) = \sum_{n=0}^{N-1} h(n) z^{-n} \tag{7.1}$$

FIR 滤波器系统差分方程为

$$y(n) = h(n) * x(n) = \sum_{i=0}^{N-1} h(i) x(n-i) \tag{7.2}$$

通过以上两式可以看出,FIR 数字滤波器具有许多优点。

(1) 系统函数 $H(z)$ 是 $z-1$ 的 $N-1$ 次多项式,它在 z 平面上原点 $z=0$ 处存在 $N-1$ 阶极点。而除原点外在 z 平面上没有极点,所以 $H(z)$ 总是稳定的。

(2) FIR 数字滤波器的单位脉冲响应是有限长的,因而滤波器一定是稳定的,只要经过一定的延时,任何非因果有限长序列都变成因果的有限序列。

(3) FIR 数字滤波器在保证幅度特性满足技术要求的同时,很容易做到严格的线性相位特性。

(4) 稳定和线性相位特性是 FIR 数字滤波器突出的优点,而且允许设计多通带(或多阻带)滤波器,其中线性相位和多通带滤波器设计都是 IIR 系统不易实现的。

(5) FIR 数字滤波器可以采用 FFT 算法实现。

7.1 FIR 数字滤波器的线性相位特性

长度为 N 的 $h(n)$，系统的频率响应可由系统函数 $H(z) = \sum_{n=0}^{N-1} h(n)z^{-n}$，令 $z = e^{j\omega}$ 得到

$$H(e^{j\omega}) = \sum_{n=0}^{N-1} h(n)e^{-j\omega n} = H(\omega)e^{j\varphi(\omega)} \tag{7.3}$$

式中：$H(\omega)$ 称为幅度特性，是关于 ω 的实函数，可取负值，不同于 $|H(e^{j\omega})|$，它描述了在稳态情况下，当系统输入不同频率的谐波信号时，输入和输出的幅值之比随频率而变化的规律。$H(\omega) < 1$ 时，幅值衰减，$H(\omega) > 1$ 时，幅值增大。$\varphi(\omega)$ 称为相频特性，它描述了在稳态情况下，当系统输入不同频率的谐波信号时，相位差随频率而变化的规律，其相位产生超前时 $\varphi(\omega) > 0$，滞后时 $\varphi(\omega) < 0$。对于物理可实现系统，相位一般是滞后的，即 $\varphi(\omega)$ 一般是负值。

7.1.1 线性相位的定义

所谓的线性相位意味着一个系统的相频特性是频率的线性函数，线性函数有以下两种情况。

第一类线性相位

$$\varphi(\omega) = -\alpha\omega \tag{7.4}$$

第二类线性相位

$$\varphi(\omega) = \beta - \alpha\omega \tag{7.5}$$

式中：α 为常数，此时通过这一系统的各频率分量的时延（所谓时延是指信号通过传输通道所需要的传输时间）为相同的常数。系统的群延时是滤波器平均延迟的一个度量，定义为相频特性对角频率 ω 的一阶导数的负值，即

$$\tau(\omega) = -\frac{d(\arg H(e^{j\omega}))}{d\omega} = -\frac{d\varphi(\omega)}{d\omega} \tag{7.6}$$

7.1.2 线性相位的条件

1. 第一类线性相位条件

将式 (7.4) 代入式 (7.3)，可得

$$H(e^{j\omega}) = H(\omega)e^{-j\alpha\omega} = \sum_{n=0}^{N-1} h(n)e^{-j\omega n}$$

可推出

$$H(\omega)\cos(\omega\alpha) - jH(\omega)\sin(\omega\alpha) = \sum_{n=0}^{N-1} h(n)\cos(n\omega) - j\sum_{n=0}^{N-1} h(n)\sin(n\omega)$$

等式两边实部与虚部应当各自相等,可得
$$\begin{cases} H(\omega)\cos(\omega\alpha) = \sum_{n=0}^{N-1} h(n)\cos(n\omega) \\ H(\omega)\sin(\omega\alpha) = \sum_{n=0}^{N-1} h(n)\sin(n\omega) \end{cases}$$

式中:$H(\omega)$是正或负的实函数。所以实部与虚部的比值也相等,可进一步得出

$$\frac{\sin(\alpha\omega)}{\cos(\alpha\omega)} = \frac{\sum_{n=0}^{N-1} h(n)\sin(\omega n)}{\sum_{n=0}^{N-1} h(n)\cos(\omega n)}$$

$$\sum_{n=0}^{N-1} h(n)\cos(\omega n)\sin(\alpha\omega) = \sum_{n=0}^{N-1} h(n)\sin(\omega n)\cos(\alpha\omega)$$

$$\sum_{n=0}^{N-1} h(n)\sin[(\alpha-n)\omega] = 0 \tag{7.7}$$

式中:正弦函数 $\sin[(\alpha-n)\omega]$ 为奇对称函数,对称中心为$(N-1)/2$,这样使式(7.7)成立的条件是$h(n)$关于$(N-1)/2$偶对称,这一结论也可以通过数学归纳法得到证明。

$$\begin{cases} \alpha = \dfrac{N-1}{2} \\ h(n) = h(N-1-n), 0 \leqslant n \leqslant N-1 \end{cases} \tag{7.8}$$

综上所述,第一类线性相位的条件有以下两个。

(1) $h(n)$为偶对称,其对称中心在$\alpha=(N-1)/2$处。

(2) 群延时 $\tau(\omega)=\alpha=(N-1)/2$。

可以证明这个条件是一个充分必要条件。当系统满足下列条件时

$$\begin{cases} \alpha = \dfrac{N-1}{2}, \text{群时延 } \tau = \alpha = \dfrac{N-1}{2} \\ h(n) = h(N-1-n), 0 \leqslant n \leqslant N-1, h(n) \text{ 以 } \dfrac{N-1}{2} \text{点偶对称} \end{cases}$$

下面对这一充分必要条件加以证明。首先,将式(7.8)中$h(n) = h(N-1-n)$代入FIR数字滤波器的系统函数表达式

$$H(z) = \sum_{n=0}^{N-1} h(n)z^{-n} = \sum_{n=0}^{N-1} h(N-1-n)z^{-n}$$

令 $N-1-n=m$,则有

$$H(z) = \sum_{m=0}^{N-1} h(m)z^{-(N-1-m)} = z^{-(N-1)} \sum_{m=0}^{N-1} h(m)z^{m}$$

因为

$$H(z^{-1}) = \sum_{m=0}^{N-1} h(m)z^{m}$$

所以有

$$H(z) = z^{-(N-1)} H(z^{-1}) \tag{7.9}$$

则可将 $H(z)$ 表示为

$$H(z) = \frac{1}{2}[H(z) + z^{-(N-1)}H(z^{-1})]$$
$$= \frac{1}{2}\left[\sum_{n=0}^{N-1}h(n)z^{-n} + z^{-(N-1)}\sum_{n=0}^{N-1}h(n)z^{n}\right] \quad (7.10)$$
$$= \frac{1}{2}\sum_{n=0}^{N-1}h(n)[z^{-n} + z^{-(N-1)}z^{n}]$$
$$= z^{-\frac{N-1}{2}}\sum_{n=0}^{N-1}h(n)\left[\frac{z^{-n+\frac{N-1}{2}} + z^{n-\frac{N-1}{2}}}{2}\right]$$

将 $z = \mathrm{e}^{\mathrm{j}\omega}$ 代入式(7.10)，可得

$$H(\mathrm{e}^{\mathrm{j}\omega}) = \mathrm{e}^{-\mathrm{j}(\frac{N-1}{2})\omega}\sum_{n=0}^{N-1}h(n)\left[\frac{(\mathrm{e}^{-\mathrm{j}(n-\frac{N-1}{2})\omega} + \mathrm{e}^{\mathrm{j}(n-\frac{N-1}{2})\omega}}{2}\right]$$
$$= \mathrm{e}^{-\mathrm{j}(\frac{N-1}{2})\omega}\sum_{n=0}^{N-1}h(n)\cos\left[(n-\frac{N-1}{2})\omega\right]$$

所以幅度函数 $H(\omega)$ 为

$$H(\omega) = \sum_{n=0}^{N-1}h(n)\cos\left[\left(n-\frac{N-1}{2}\right)\omega\right] \quad (7.11)$$

相位函数为

$$\varphi(\omega) = -\left(\frac{N-1}{2}\right)\omega$$

群时延为

$$\tau(\omega) = \left(\frac{N-1}{2}\right)$$

以上过程证明了只要 $h(n)$ 为实序列，并为偶对称，该 FIR 数字滤波器就一定具有第一类线性相位特性。图 7.2(a) 和图 7.2(b) 画出了 $h(n)$ 为偶对称的情况下，N 分别为偶数和奇数时的图形，图 7.2(c) 为 $h(n)$ 偶对称时的线性相位特性。

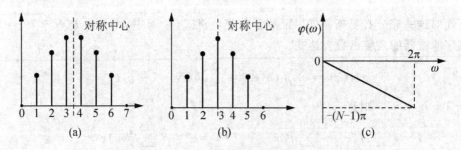

图 7.2 $h(n)$ 偶对称时的线性相位特性

(a)$N=8$ 时且 $h(n)$ 偶对称；(b)$N=7$ 时且 $h(n)$ 偶对称；(c)$h(n)$ 偶对称时线性相位特性

2. 第二类线性相位的条件

同理可以证明满足第二类线性相位的充分必要条件为

$$\begin{cases} \alpha = \dfrac{N-1}{2}, \text{群时延 } \tau = \alpha = \dfrac{N-1}{2} \\ \beta = \pm \dfrac{\pi}{2} \\ h(n) = -h(N-1-n), 0 \leqslant n \leqslant N-1, h(n) \text{ 以 } \dfrac{N-1}{2} \text{ 点奇对称} \end{cases}$$

图 7.3(a)和图 7.3(b)为 $h(n)$ 奇对称时，N 分别为偶数和奇数的图形，图 7.3(c)为 $h(n)$ 奇对称时的线性相位特性。

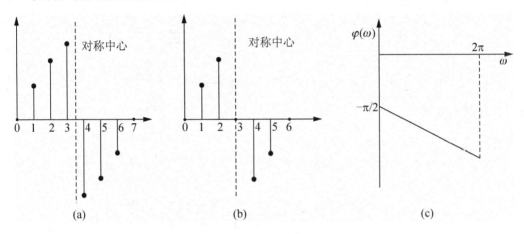

图 7.3 $h(n)$ 奇对称时的线性相位特性

(a) $N=8$ 时且 $h(n)$ 奇对称；(b) $N=7$ 时且 $h(n)$ 奇对称；(c) $h(n)$ 奇对称时线性相位特性

从第二类线性相位特性图中可看出，零频率即 $\omega=0$ 有 $\pi/2$ 的截距，说明 FIR 数字滤波器不仅有 $\tau(\omega) = \dfrac{N-1}{2}$ 个抽样间隔的延时，而且还产生一个 90°的相移，这实际上是一个正交变换网络，也就是说 $h(n)$ 为奇对称时，FIR 数字滤波器是一个具有准确的线性相位的理想正交变换网络，它具有重要的理论和实际意义。

综上所述，FIR 数字滤波器的线性相位特性仅取决于 $h(n)$ 的对称性，而与 $h(n)$ 的取值无关。

7.2 幅度特性

由于 $h(n)$ 的长度 N 取奇数还是偶数，对 $H(\omega)$ 的特性有影响，因此，对于两类线性相位，需要分 4 种情况讨论其幅度特性的特点。

7.2.1 $h(n)$ 偶对称，N 为奇数

当 $h(n)$ 偶对称且 N 为奇数时，单位脉冲响应序列满足 $h(n)=h(N-1-n)$，对应的系统函数为

$$H(z) = \sum_{n=0}^{N-1} h(n) z^{-n} = \sum_{n=0}^{N-1} h(N-1-n) z^{-n}$$

可得到相应的频率响应为

$$H(e^{j\omega}) = H(\omega)e^{j\varphi(\omega)}$$

$$= \sum_{n=0}^{N-1} h(n)e^{-j\omega n}$$

$$= \sum_{n=0}^{\frac{N-1}{2}-1} h(n)e^{-j\omega n} + h\left(\frac{N-1}{2}\right)e^{-j\omega\left(\frac{N-1}{2}\right)} + \sum_{n=\frac{N+1}{2}}^{N-1} h(n)e^{-j\omega n}$$

$$= \sum_{n=0}^{\frac{N-1}{2}-1} h(n)e^{-j\omega n} + h\left(\frac{N-1}{2}\right)e^{-j\omega\left(\frac{N-1}{2}\right)} + \sum_{n=\frac{N-3}{2}}^{0} h(N-1-n)e^{-j\omega(N-1-n)}$$

$$= \sum_{n=0}^{\frac{N-3}{2}} h(n)\left[e^{-j\omega n} + e^{-j\omega(N-1-n)}\right] + h\left(\frac{N-1}{2}\right)e^{-j\omega\left(\frac{N-1}{2}\right)}$$

进一步化简，得到

$$H(e^{j\omega}) = e^{-j\omega\left(\frac{N-1}{2}\right)} \left\{ \sum_{n=0}^{\frac{N-3}{2}} h(n)\left(e^{-j\omega\left(n-\frac{N-1}{2}\right)} + e^{j\omega\left(n-\frac{N-1}{2}\right)}\right) + h\left(\frac{N-1}{2}\right) \right\}$$

$$= e^{-j\omega\left(\frac{N-1}{2}\right)} \left\{ \sum_{n=0}^{\frac{N-3}{2}} 2h(n)\cos\left[\omega\left(n-\frac{N-1}{2}\right)\right] + h\left(\frac{N-1}{2}\right) \right\}$$

$$H(\omega) = h\left(\frac{N-1}{2}\right) + \sum_{n=0}^{(N-3)/2} 2h(n)\cos\left[\omega\left(n-\frac{N-1}{2}\right)\right] \quad (7.12)$$

可见

$$\varphi(\omega) = -\frac{N-1}{2}\omega$$

令 $m = n - \frac{N-1}{2}$，所以

$$H(\omega) = h\left(\frac{N-1}{2}\right) + \sum_{m=1}^{(N-1)/2} 2h\left(\frac{N-1}{2}+m\right)\cos\omega m \quad (7.13)$$

$$a(0) = h\left(\frac{N-1}{2}\right), a(n) = 2h\left(\frac{N-1}{2}+n\right)$$

整理式(7.11)后得

$$H(\omega) = \sum_{n=0}^{\frac{N-1}{2}} a(n)\cos n\omega \quad (7.14)$$

【例 7.1】 已知 FIR 数字滤波器的脉冲响应序列为 $h(n) = \{1,2,3,4,5,4,3,2,1\}$，$h(n)$ 为偶对称序列，且 $N=9$，求解并画出其幅度函数波形。

解 将已知条件代入式(7.14)，可得

第7章 FIR数字滤波器的设计

$$H(\omega) = \sum_{n=0}^{\frac{N-1}{2}} a(n)\cos n\omega$$

$$= h\left(\frac{N-1}{2}\right) + \sum_{n=1}^{\frac{N-1}{2}} 2h\left(\frac{N-1}{2}+n\right)\cos n\omega$$

$$= 5 + 8\cos\omega + 6\cos(2\omega) + 4\cos 3\omega + 2\cos 4\omega$$

其幅度函数波形可通过下列 MATLAB 程序得到。

```
h= [1 2 3 4 5 4 3 2 1]
N= length(h); a= (N- 1)/2;        % N为奇数α= (N- 1)/2
a0= h(a);                          % 求 a0 的值
n= 1: a
an= 2* h(a+ n);
w= 0: 0.01: 4* pi;
hw= cos(w'* n)* (a0+ an)';        % 求幅度函数 H(ω)
subplot(121)
stem(h)
subplot(122)
plot(w/pi, hw)
```

程序运行结果如图 7.4 所示。

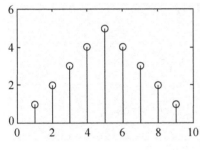
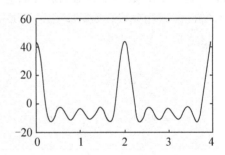

图 7.4　例 7.1 图

从例 7.1 可以看出，$\cos(n\omega)$ 关于 $\omega=0$，π，2π 皆为偶对称，所以幅度函数 $H(\omega)$ 关于 $\omega=0$，π，2π 也皆为偶对称，且 $H(0)$，$H(\pi/2)$，$H(\pi)$，$H(2\pi)$ 都可不为零。因此 ω 在 $0\sim2\pi$ 范围内，系统无任何约束，可以设计成任何一种经典滤波器，如低通、高通、带通、带阻滤波器。

7.2.2　$h(n)$ 偶对称，N 为偶数

当 $h(n)$ 偶对称且 N 为偶数时，单位脉冲响应序列满足 $h(n)=h(N-1-n)$，可得到相应的频率响应为

$$H(\mathrm{e}^{\mathrm{j}\omega}) = \sum_{n=0}^{\frac{N}{2}-1} h(n)\mathrm{e}^{-\mathrm{j}\omega n} + \sum_{n=0}^{\frac{N}{2}-1} h(N-1-n)\mathrm{e}^{-\mathrm{j}\omega(N-1-n)}$$

$$= \sum_{n=0}^{\frac{N}{2}-1} h(n)\left[\mathrm{e}^{-\mathrm{j}\omega n} + \mathrm{e}^{-\mathrm{j}\omega(N-1-n)}\right]$$

$$= \mathrm{e}^{-\mathrm{j}\omega(\frac{N-1}{2})} \sum_{n=0}^{\frac{N}{2}-1} 2h(n)\cos\left[\omega\left(n-\frac{N-1}{2}\right)\right]$$

可见

$$\varphi(\omega) = -\frac{N-1}{2}\omega$$

则相应的幅度函数为

$$H(\omega) = \sum_{n=0}^{\frac{N}{2}-1} 2h(n)\cos\left[\omega\left(n-\frac{N-1}{2}\right)\right] \tag{7.15}$$

令 $m = n - \left(\frac{N}{2}-1\right)$，即有 $n = m + \frac{N}{2} - 1$，所以

$$H(\omega) = \sum_{m=1}^{\frac{N}{2}} 2h\left(\frac{N}{2}-1+m\right)\cos\left[\omega\left(m-\frac{1}{2}\right)\right] \tag{7.16}$$

令 $b(n) = 2h\left(\frac{N}{2}-1+n\right)$，则式(7.16)可进一步表示为

$$H(\omega) = \sum_{n=1}^{\frac{N}{2}} b(n)\cos\left[\omega\left(n-\frac{1}{2}\right)\right] \tag{7.17}$$

【例7.2】 已知FIR数字滤波器的脉冲响应为偶对称序列，且 $N=10$，$h(n) = \{1,2,3,4,5,5,4,3,2,1\}$，求出幅度函数，画出波形并分析特性。

解 根据式(7.16)可得

$$H(\omega) = \sum_{m=1}^{\frac{N}{2}} 2h\left(\frac{N}{2}-1+m\right)\cos\left[\omega\left(m-\frac{1}{2}\right)\right]$$

$$= 2h(5)\cos\left(\frac{\omega}{2}\right) + 2h(6)\cos\left(\frac{3}{2}\omega\right) + 2h(7)\cos\left(\frac{5}{2}\omega\right) + 2h(8)\cos\left(\frac{7}{2}\omega\right) + 2h(9)\cos\left(\frac{9}{2}\omega\right)$$

$$= 10\cos\left(\frac{\omega}{2}\right) + 8\cos\left(\frac{3}{2}\omega\right) + 6\cos\left(\frac{5}{2}\omega\right) + 4\cos\left(\frac{7}{2}\omega\right) + 2\cos\left(\frac{9}{2}\omega\right)$$

其幅度函数波形可通过下列MATLAB程序得到。

```
h= [1 2 3 4 5 5 4 3 2 1]
N= length(h);
a= N/2;                   % N为奇数 a= (N- 1)/2
n= 1: a
bn= 2* h(a+ n- 1);
w= 0: 0.01: 4* pi;
hr= cos(w'* (n- 1/2))* bn';
subplot(121)
stem(h)
subplot(122)
plot(w/pi, hr)
```

程序运行结果如图 7.5 所示。

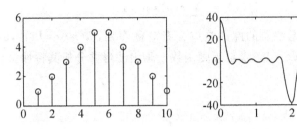

图 7.5 例 7.2 图

由图 7.5 可知,当 $\omega=\pi$ 时,$\cos\left[\omega\left(n-\frac{1}{2}\right)\right]=0$,即 $H(\pi)=0$,并且由于 $\cos\left[\omega\left(n-\frac{1}{2}\right)\right]$ 关于 $\omega=\pi$ 奇对称,所以 $H(\omega)$ 也是奇对称的。这时不能用于设计 $H(\pi)\neq 0$ 的滤波器,如高通和带阻滤波器。

7.2.3 $h(n)$奇对称,N 为奇数

当 $h(n)$ 奇对称且 N 为奇数时,单位脉冲响应序列满足 $h(n)=-h(N-1-n)$,且中间项为 0。可得到相应的频率响应为

$$H(e^{j\omega})=\sum_{n=0}^{\frac{N-3}{2}}h(n)e^{-j\omega n}+\sum_{n=\frac{N+1}{2}}^{N-1}h(n)e^{-j\omega n}$$

$$=\sum_{n=0}^{\frac{N-3}{2}}h(n)\left[e^{-j\omega n}-e^{-j\omega(N-1-n)}\right]$$

$$=e^{-j\left[\omega\left(\frac{N-1}{2}\right)+\frac{\pi}{2}\right]}\sum_{n=0}^{\frac{N-3}{2}}2h(n)\sin\left[\omega\left(n-\frac{N-1}{2}\right)\right]$$

可见

$$\phi(\omega)=-\frac{N-1}{2}\omega-\frac{\pi}{2}$$

则相应的幅度函数为

$$H(\omega)=\sum_{n=0}^{\frac{N-3}{2}}2h(n)\sin\left[\omega\left(n-\frac{N-1}{2}\right)\right] \tag{7.18}$$

令 $n=m+\frac{N-1}{2}$,所以

$$H(\omega)=\sum_{m=-\frac{N-1}{2}}^{-1}2h\left(\frac{N-1}{2}+m\right)\sin m\omega$$

$$=\sum_{m=1}^{\frac{N-1}{2}}2h\left(\frac{N-1}{2}+m\right)\sin m\omega \tag{7.19}$$

令 $c(n)=2h\left(\frac{N-1}{2}+n\right)$,可以进一步得到

$$H(\omega) = \sum_{n=1}^{\frac{N-1}{2}} c(n) \sin n\omega \tag{7.20}$$

【例 7.3】 已知 FIR 数字滤波器的脉冲响应为奇对称序列，$h(n) = \{1,2,6,4,5,0,-5,-4,-6,-2,-1\}$，且 $N=11$，求出幅度函数，画出波形并分析其特性。

解 根据式(7.19)可得

$$H(\omega) = \sum_{m=1}^{\frac{N-1}{2}} 2h\left(\frac{N-1}{2}+m\right) \sin m\omega$$

$$= 2h(6)\sin\omega + 2h(7)\sin 2\omega + 2h(8)\sin 3\omega + 2h(9)\sin 4\omega + 2h(10)\sin 5\omega$$

$$= -10\sin\omega - 8\sin 2\omega - 6\sin 3\omega - 4\sin 4\omega - 2\sin 5\omega$$

其幅度函数波形可通过下列 MATLAB 程序得到。

```
h= [1 2 6 4 5 0 -5 -4 -6 -2 -1]
N= length(h);
L= (N- 1)/2;
n= 1: L
cn= 2* h(L+ n);
w= 0: 0.01: 4* pi;
hr= sin(w'* n)* cn';
subplot(121)
stem(h)
subplot(122)
plot(w/pi, hr)
```

程序运行结果如图 7.6 所示。

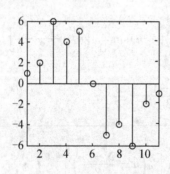
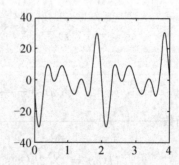

图 7.6 例 7.3 图

由图 7.6 可知，$\sin(n\omega)$ 对于 $\omega=0$，π，2π 处皆为 0，即 $H(\omega)$ 在 $\omega=0$，π，2π 处必为 0。$\sin(n\omega)$ 对 $\omega=0$，π，2π 呈奇对称形式。不能用于设计低通、高通和带阻等 $H(0)\neq 0$ 或 $H(\pi)\neq 0$ 的滤波器。

7.2.4 $h(n)$ 奇对称，N 为偶数

当 $h(n)$ 奇对称且 N 为偶数时，单位脉冲响应序列满足 $h(n)=-h(N-1-n)$，可得到相应的频率响应为

$$H(e^{j\omega}) = e^{-j\left[\omega\left(\frac{N-1}{2}\right)+\frac{\pi}{2}\right]} \sum_{n=0}^{\frac{N}{2}-1} 2h(n)\sin\left[\omega\left(n-\frac{N-1}{2}\right)\right]$$

可见

$$\phi(\omega) = -\frac{N-1}{2}\omega - \frac{\pi}{2}$$

令 $m = n - \dfrac{N}{2} + 1$，得到相应的幅度函数为

$$H(\omega) = \sum_{m=1}^{\frac{N}{2}} 2h\left(\frac{N}{2}-1+m\right)\sin\left[\omega\left(m-\frac{1}{2}\right)\right] \tag{7.21}$$

再令 $d(n) = 2h\left(\dfrac{N}{2}-1+n\right)$，则可进一步得到

$$H(\omega) = \sum_{n=1}^{\frac{N}{2}} d(n)\sin\left[\left(n-\frac{1}{2}\right)\omega\right] \tag{7.22}$$

【例 7.4】 已知 FIR 数字滤波器的脉冲响应为奇对称序列，$h(n) = \{1,2,6,4,5,-5,-4,-6,-2,-1\}$，且 $N=10$，求出幅度函数，画出波形并分析其特性。

解 根据式(7.21)可得

$$H(\omega) = \sum_{m=1}^{\frac{N}{2}} 2h\left(\frac{N}{2}-1+m\right)\sin\left[\omega\left(m-\frac{1}{2}\right)\right]$$

$$= 2h(5)\sin\frac{\omega}{2} + 2h(6)\sin\frac{3\omega}{2} + 2h(7)\sin\frac{5\omega}{2} + 2h(8)\sin\frac{7\omega}{2} + 2h(9)\sin\frac{9\omega}{2}$$

$$= -10\sin\frac{\omega}{2} - 8\sin\frac{3\omega}{2} - 12\sin\frac{5\omega}{2} - 4\sin\frac{7\omega}{2} - 2\sin\frac{9\omega}{2}$$

其幅度函数波形可通过下列 MATLAB 程序得到。

```
h= [1 2 6 4 5 -5 -4 -6 -2 -1]
N= length(h);
L= N/2;
n= 1: L
dn= 2* h(L+ n- 1);
w= 0: 0.01: 4* pi;
hr= sin(w'* (n- 1/2))* dn';
subplot(121)
stem(h)
subplot(122)
plot(w/pi, hr)
```

程序运行结果如图 7.7 所示。

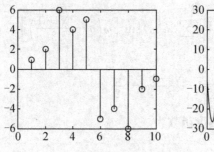

图 7.7 例 7.4 图

由图 7.7 可知,由于 $\sin\left[\left(n-\dfrac{1}{2}\right)\omega\right]$ 在 $\omega=0$,2π 处为 0,$H(\omega)$ 在 $\omega=0$,2π 也为 0。且 $H(\omega)$ 在 $\omega=0$,2π 处呈奇对称,在 $\omega=\pi$ 处偶对称。$H(0)=0$,只能设计带通、高通滤波器。

总结以上 4 种情况,归纳为表 7—1,以便掌握。

表 7—1 4 种线性相位 FIR 数字滤波器性质

类 型	I	II	III	IV
阶数 N	奇数	偶数	奇数	偶数
$h[n]$ 的对称性	偶对称	偶对称	奇对称	奇对称
$H(\omega)$ 关于 $\omega=0$ 的对称性	偶对称	偶对称	奇对称	奇对称
$H(\omega)$ 关于 $\omega=\pi$ 的对称性	偶对称	奇对称	奇对称	偶对称
$H(\omega)$ 在 $\omega=0$ 的值	任意	任意	0	0
$H(\omega)$ 在 $\omega=\pi$ 的值	任意	0	0	任意
可设计的数字滤波器类型	低通、高通、带通、带阻	低通、带通	带通	带通、高通

综上所述,可以得出以下结论。

(1) FIR 数字滤波器的相位特性只取决于 $h(n)$ 的对称性,而与 $h(n)$ 的值无关。

(2) 幅度特性取决于 $h(n)$。

(3) 当设计 FIR 数字滤波器时,在保证 $h(n)$ 对称的条件下,只要完成幅度特性的逼近即可。

7.3 零点特性

FIR 数字滤波器在原点有 $N-1$ 阶极点,而 $h(n)$ 是因果稳定的有限长序列,因此 $H(z)$ 在有限 z 平面上是稳定的。对于线性相位 FIR 数字滤波器,由于 $h(n)$ 所具有的对称条件,使得零点也具有某种对称性。

7.3.1 零点的对称性

由于线性相位 FIR 数字滤波器的单位脉冲响应具有对称性,即 $h(n)=\pm h(N-1-n)$,根

据 z 变换的性质则有 $H(z)=\pm z^{-(N-1)}H(z^{-1})$，下面讨论零点特性。

(1) 若 $z=z_i$ 是 $H(z)$ 的零点，则 $z=z_i^{-1}$ 也是零点。

证 由于 $H(z_i)=0,H(z)=\pm z^{-(N-1)}H(z^{-1})$，因此有
$$H(z_i^{-1})=\pm(z_i^{-1})^{-(N-1)}H((z_i^{-1})^{-1})=\pm z_i^{N+1}H(z_i)=0$$

(2) 若 $z=z_i$ 是 $H(z)$ 的零点，则 $z=z_i^*$ 及 $z=\dfrac{1}{z_i^*}$ 也是零点。

证 由于 $H(z^*)=\sum\limits_{n=0}^{N-1}h(n)(z^*)^{-n}=\left(\sum\limits_{n=0}^{N-1}h(n)z^{-n}\right)^*=(H(z))^*$，因此有
$$H(z_i)=(H(z_i))^*=0$$

同理可证 $H\left(\dfrac{1}{z_i}\right)=\left(H\left(\dfrac{1}{z_i}\right)\right)^*=0$

7.3.2 零点对称的 4 种情况

线性相位滤波器的零点必须是互为倒数的共轭对，z_i 的位置有 4 种可能情况，如图 7.8 所示。

(1) 当系统函数基本单元为 $H_1(z)=1+az^{-1}+bz^{-2}+az^{-3}+z^{-4}$ 时，零点为 4 个互为倒数的两组共轭对，它们既不在单位圆上、也不在实轴上，如图 7.8 中的 z_1、z_1^*、$1/z_1$、$1/z_1^*$ 称为零点星座图。

(2) 当系统函数基本单元为 $H_2(z)=1+az^{-1}+z^{-2}(0<a<2)$ 时，零点在单位圆上，但不在实轴上，因零点倒数就是自己的共轭，所以有一对共轭零点，如图 7.8 中的 z_2、z_2^*。

(3) 当系统函数基本单元为 $H_3(z)=1+az^{-1}+z^{-2}(a>2)$ 时，零点不在单位圆上，但在实轴上，该零点是实数，与自身共轭相同，所以有一对互为倒数的零点，如图 7.8 中的 z_3、$1/z_3$。

(4) 当系统函数基本单元为 $H_4(z)=1\pm z^{-1}$ 时，零点即在单位圆上，又在实轴上，共轭和倒数都合为一点，所以只有一个零点，只有两种可能，如图 7.8 中的 $z_4=1$ 或 $z_5=-1$。

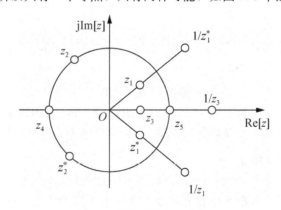

图 7.8 零点位置有 4 种情况

【**例 7.5**】 $h(n)$ 分别为 $\{1,2,6,4,0,4,6,2,1\}$，$\{1,2,6,4,5,5,4,6,2,1\}$，$\{1,2,6,4,0,-4,-6,-2,-1\}$，$\{1,2,6,4,5,-5,-4,-6,-2,-1\}$ 时，分析 4 种不同类型的线性相位系统零点特性。

解 4种不同类型的线性相位系统的零点可以通过以下 MATLAB 程序求得。

```
h1= [1 2 6 4 0 4 6 2 1]
h2= [1 2 6 4 5 5 4 6 2 1]
h3= [1 2 6 4 0 -4 -6 -2 -1]
h4= [1 2 6 4 5 -5 -4 -6 -2 -1]
subplot(221)
zplane(h1)
subplot(222)
zplane(h2)
subplot(223)
zplane(h3)
subplot(224)
zplane(h4)
```

程序运行结果如图 7.9 所示。

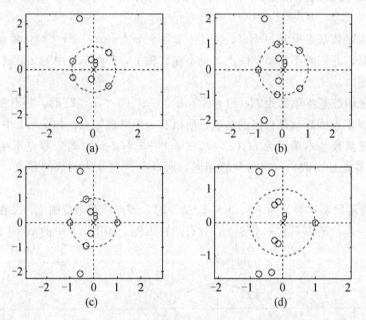

图 7.9 例 7.5 图

(a)$h(n)$偶对称，N 为奇数零点分布图；(b)$h(n)$偶对称，N 为偶数零点分布图；
(c)$h(n)$奇对称，N 为奇数零点分布图；(d)$h(n)$奇对称，N 为偶数零点分布图

由运行结果可得以下结论。

(1) $h(n)$偶对称，N 为奇数，图 7.9(a)为 $h(n) = \{1,2,6,4,0,4,6,2,1\}$，$N=9$ 时的零点分布，从图中可以看出系统在原点处存在一个八阶的极点，在 $\omega=0$ 和 $\omega=\pi$ 处均不为零。有四个零点成一组的星座和两组位于单位圆上的零点对。

(2) $h(n)$偶对称，N 为偶数，图 7.9(b)为 $h(n) = \{1,2,6,4,5,5,4,6,2,1\}$，$N=10$ 时的零点分布，从图中可以看出在 $\omega=\pi$ 处为零点，另外还有四个零点成一组的星座、两组单位圆上的零点对和一个位于 $z=-1$ 处的单个零点。

(3) $h(n)$奇对称，N 为奇数，图 7.9(c)为 $h(n)=\{1,2,6,4,0,-4,-6,-2,-1\}$，$N=9$ 时的零点分布，从图中可以看出在 $\omega=0$ 和 $\omega=\pi$ 处均为零点，且有四个零点成一组的星座、一组零点对和两个位于 $z=-1$，$z=+1$ 处的单个零点。

(4) $h(n)$奇对称，N 为偶数，图 7.9(d)为 $h(n)=\{1,2,6,4,5,-5,-4,-6,-2,-1\}$，$N=10$ 时的零点分布，从图中可以看出在 $\omega=0$ 处为零点，且有四个零点成两组的星座和一个位于 $z=+1$ 处的单个零点。

总之，FIR 数字滤波器的设计问题就是根据 FIR 数字滤波器理想状态下的频率响应，然后确定线性相位特性的幅度函数 $H(\omega)$ 与脉冲相应 $h(n)$，在实际使用时应根据需要选择合适的类型，并在设计时遵循其约束条件。

7.4 窗口函数法设计 FIR 数字滤波器

7.4.1 窗函数法设计 FIR 数字滤波器的基本思想

FIR 数字滤波器的设计问题在于寻求系统函数 $H(z)$，使其频率响应 $H(e^{j\omega})$ 逼近滤波器要求的理想频率响应 $H_d(e^{j\omega})$，其对应的单位脉冲响应 $h_d(n)$。以理想低通滤波器，下面简述其基本步骤。

(1) 假定理想频率响应为 $H_d(e^{j\omega})$，幅频特性为 $|H_d(e^{j\omega})|=1$，相频特性为 $\varphi(\omega)=0$，理想低通滤波器是矩形频率特性由式(7.23)给出，其特性如图 7.10 所示。

$$H_d(e^{j\omega}) = \begin{cases} 1 \cdot e^{-j\omega\alpha}, & |\omega| \leqslant \omega_c \\ 0, & \omega_c < |\omega| \leqslant \pi \end{cases} \tag{7.23}$$

式中：ω_c 为截止频率；α 为低通滤波器的延时。

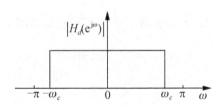

图 7.10 理想低通滤波器幅频响应

(2) 从时域的单位脉冲响应序列着手，使 $h(n)$ 逼近理想的单位脉冲响应序列 $h_d(n)$。$h_d(n)$ 可由理想频响 $H_d(e^{j\omega})$ 通过傅氏反变换获得，即

$$\begin{aligned} h_d(n) &= \frac{1}{2\pi}\int_0^{2\pi} H_d(e^{j\omega}) e^{j\omega n} d\omega \\ &= \frac{1}{2\pi}\int_{-\omega_c}^{\omega_c} e^{-j\omega\alpha} e^{j\omega n} d\omega \\ &= \frac{\sin(\omega_c(n-\alpha))}{\pi(n-\alpha)} \end{aligned} \tag{7.24}$$

图 7.11 为理想低通滤波器的单位脉冲响应 $h_d(n)$，可以看出 $h_d(n)$ 是无限长序列，而

且是非因果的。但 FIR 数字滤波器的 $h(n)$ 是有限长的，下一步就是要用一个有限长的序列去近似无限长的 $h_d(n)$。

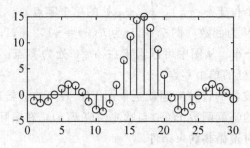

图 7.11 理想低通滤波器的单位脉冲响应

(3) 直接截取一段 $h_d(n)$ 得到有限长的因果的 FIR 数字滤波器的 $h(n)$，必须有

$$h(n) = \begin{cases} h_d(n), & 0 \leqslant n \leqslant N-1 \\ 0, & \text{其他} \end{cases} \tag{7.25}$$

这种截取等效于在 $h_d(n)$ 上施加了一个长度为 N 的窗，按照线性相位滤波器的要求，$h(n)$ 必须是偶对称的。由于对称中心等于滤波器的延时且为常数，有

$$\begin{cases} h(n) = h_d(n)w(n) \\ \alpha = (N-1)/2 \end{cases} \tag{7.26}$$

其中

$$w(n) = \begin{cases} \text{关于 } \alpha \text{ 对称的函数}, & 0 \leqslant n \leqslant N-1 \\ 0, & \text{其他} \end{cases}$$

根据 $w(n)$ 的不同定义，可得到不同的窗函数，若

$$w(n) = R_N(n) = \begin{cases} 1, & 0 \leqslant n \leqslant N-1 \\ 0, & \text{其他} \end{cases} \tag{7.27}$$

则称 $R_N(n)$ 为矩形窗，如图 7.12(a) 所示，它的频率响应如图 7.12(b) 所示。

$$\begin{aligned} W(e^{j\omega}) &= \sum_{n=-\infty}^{\infty} w(n) e^{-j\omega n} \\ &= \sum_{n=0}^{N-1} e^{-j\omega n} \\ &= \frac{1 - e^{-jN\omega}}{1 - e^{-j\omega}} \\ &= e^{-j\omega \left(\frac{N-1}{2}\right)} \frac{\sin(\omega N/2)}{\sin(\omega/2)} \end{aligned} \tag{7.28}$$

相应的幅度函数为

$$W_R(\omega) = \frac{\sin(\omega N/2)}{\sin(\omega/2)} \tag{7.29}$$

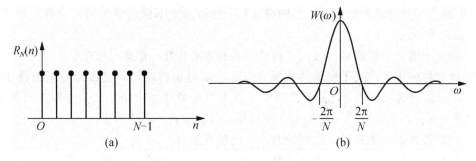

图 7.12 矩形窗与幅度函数
(a)矩形窗 $w(n)$；(b)幅度函数 $W_R(\omega)$

从图 7.12 可以看出，矩形窗的幅度函数在 $-\dfrac{2\pi}{N} \leqslant \omega \leqslant \dfrac{2\pi}{N}$ 范围内形成主瓣，两侧则形成衰减的旁瓣。需要注意的是理想的窗口应有尽可能窄的主瓣和尽可能小的旁瓣，而在实际中两者是不可能同时满足的。

(4) 在频域中，因果 FIR 数字滤波器响应 $H(e^{j\omega})$ 是由 $H_d(e^{j\omega})$ 和窗响应 $W(e^{j\omega})$ 的周期卷积得到的，即 $H(e^{j\omega}) = \dfrac{1}{2\pi} H_d(e^{j\omega}) * W(e^{j\omega})$。由卷积定义得到

$$H(e^{j\omega}) = \frac{1}{2\pi}\int_{-\pi}^{\pi} H_d(e^{j\theta}) W(e^{j(\omega-\theta)}) d\theta$$

$$\begin{aligned}
H(e^{j\omega}) &= H_d(e^{j\omega}) * W_R(e^{j\omega}) \\
&= \frac{1}{2\pi}\int_{-\pi}^{\pi} H_d(e^{j\theta}) W[e^{j(\omega-\theta)}] d\theta \\
&= \frac{1}{2\pi}\int_{-\pi}^{\pi} H_d(\theta) e^{-j\theta\alpha} W(\omega-\theta) e^{-j(\omega-\theta)\alpha} d\theta \\
&= e^{-j\omega\alpha}\left[\frac{1}{2\pi}\int_{-\pi}^{\pi} H_d(\theta) W(\omega-\theta) d\theta\right]
\end{aligned} \quad (7.30)$$

则实际 FIR 数字滤波器的幅度函数 $H(\omega)$ 为

$$H(\omega) = \frac{1}{2\pi}\int_{-\pi}^{\pi} H_d(\theta) W(\omega-\theta) d\theta \quad (7.31)$$

式(7.30)表明，$H(e^{j\omega})$ 的相位特性函数 $\varphi(\omega) = -\alpha\omega$ 是线性的，幅度特性正好是理想滤波器幅度函数 $H_d(\omega)$ 与窗函数幅度函数 $W(\omega)$ 的卷积，卷积结果如图 7.13 所示。

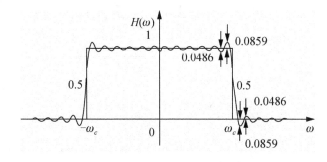

图 7.13 FIR 数字滤波器的幅度函数 $H(\omega)$

（5）最后对所完成的滤波器进行频谱分析，比较加矩形窗后的低通频谱和理想低通频谱可得到以下结论。

① 加矩形窗后的低通频谱改变了理想频响的边沿特性，形成过渡带。

② 过渡带的带宽取决于窗谱的主瓣宽度。在矩形窗情况下，过渡带宽近似是 $4\pi/N$。N 越大，过渡带越窄、越陡，需要注意的是这里所说的过渡带是指正负尖峰之间的宽度，与滤波器真正的过渡带还有一些区别。滤波器的过渡带比 $4\pi/N$ 稍小。

③ 过渡带两旁产生肩峰，肩峰的两侧形成起伏振荡。

④ 肩峰幅度取决于窗谱主瓣和旁瓣面积之比，矩形窗情况下是 0.0859，与 N 无关。

这种现象称为吉布斯（Gibbs）效应。图 7.14 给出了 $N=60$ 和 $N=30$ 时滤波器的幅频响应，很好地说明了这一现象。

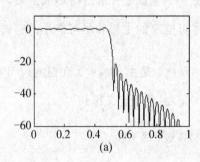 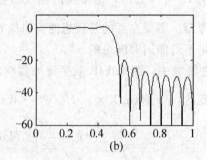

图 7.14 吉布斯效应
(a) $N=60$ 时滤波器的幅频响应；(b) $N=30$ 时滤波器的幅频响应

【**例 7.6**】 用矩形窗设计 FIR 线性相位低通数字滤波器。已知 $\omega_c = 0.5\pi$，分别写出当 $N=21$ 和 $N=81$ 时滤波器的单位脉冲响应 $h(n)$ 和幅度函数 $H(\omega)$ 表达式，并画出相应的波形。

解 理想滤波器的频率响应为

$$H_d(e^{j\omega}) = \begin{cases} 1 \cdot e^{-j\omega\alpha}, & |\omega| \leqslant \omega_c \\ 0, & \omega_c < |\omega| \leqslant \pi \end{cases}$$

对其求傅里叶反变换可得到

$$h_d(n) = \frac{1}{2\pi}\int_{-\pi}^{\pi} H_d(e^{j\omega}) e^{j\omega n} d\omega$$

$$= \frac{1}{2\pi}\int_{-\omega_c}^{\omega_c} e^{-j\omega\alpha} e^{j\omega n} d\omega$$

$$= \frac{\omega_c}{\pi} \cdot \frac{\sin[\omega_c(n-\alpha)]}{\omega_c(n-\alpha)}$$

其中

$$\alpha = (N-1)/2 \quad \omega_c = 0.5\pi$$

故

第7章 FIR数字滤波器的设计

$$h(n) = h_d(n)w(n) = \begin{cases} \dfrac{-\sin\left[\dfrac{n\pi}{2}\right]}{\pi(n-10)}, & 0 \leqslant n \leqslant N-1 \\ 0, & \text{其他} \end{cases}$$

$$H(\omega) = \frac{1}{2\pi}\int_{-\pi}^{\pi} H_d(\theta) W_R(\omega - \theta) d\theta$$

根据式（7.29）可得

$$W_R(\omega - \theta) = \frac{\sin\left[(\omega-\theta)N/2\right]}{\sin\left[(\omega-\theta)/2\right]}$$

其幅频响应可通过下列 MATLAB 程序得到。

```
M1= 81;
wc= 0.5* pi;
a= (M1- 1)/2;
n= [0: 1: (M1- 1)];
m= n- a+ eps;
hd1= sin(wc* m)./(pi* m);
wn1= boxcar(M1);                    % 矩形窗
hn1= hd1.* wn1';                    % 加窗
[hw1, w1] = freqz(hn1, 1);
M2= 21;
n= [0: 1: (M2- 1)];
a= (M2- 1)/2;
m= n- a+ eps;
hd2= sin(wc* m)./(pi* m);
wn2= boxcar(M2);                    % 矩形窗
hn2= hd2.* wn2';                    % 加窗
[hw2, w2] = freqz(hn2, 1);
subplot(221)
stem(hn1)
axis( [0 81 - 0.2   0.6]);
subplot(222)
stem(hn2)
axis( [0 21 - 0.2   0.6]);
subplot(223)
plot(w1/pi, 20* log10(abs(hw1)/abs(hw1(1))));
axis( [0 1 - 60   8]);
subplot(224)
plot(w2/pi, 20* log10(abs(hw2)/abs(hw2(1))));
axis( [0 1 - 60   8]);
```

程序运行结果如图 7.15 所示。

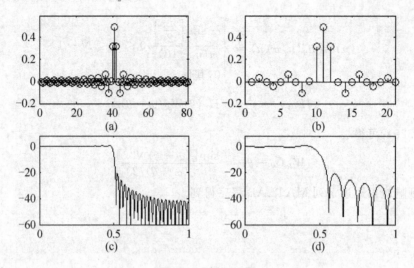

图 7.15 例 7.6 图
(a) $N=81$ 时单位脉冲响应；(b) $N=21$ 时单位脉冲响应；
(c) $N=81$ 时幅频响应；(d) $N=21$ 时幅频响应

通过以上讨论可见，过渡带的宽度随 N 的增大而减少，最小衰减为 -21dB 与 N 无关，要改变阻带的最小衰减只有改变窗函数的形状。窗函数有许多种，但要满足以下两点要求。

(1) 窗谱主瓣宽度要窄，以获得较陡的过渡带。

(2) 相对于主瓣幅度，旁瓣要尽可能小，使能量尽量集中在主瓣中，这样就可以减小肩峰和余振，提高阻带衰减和通带平稳性。

但实际上这两点不能兼顾，一般总是通过增加主瓣宽度来换取对旁瓣的抑制。

7.4.2 常用的窗函数

用矩形窗设计的 FIR 数字低通滤波器，所设计滤波器的幅度函数在通带和阻带都呈现出振荡现象数，且最大波纹大约为幅度的 0.0895。为了消除吉布斯效应，一般采用其他类型的窗函数。

1. 三角窗

它是由两个长度为 $\dfrac{N}{2}$ 的矩形窗进行线性卷积而得到的，其窗函数表达式为

$$w_T(n) = \begin{cases} \dfrac{2n}{N-1}, & 0 \leqslant n \leqslant \dfrac{N-1}{2} \\ 2 - \dfrac{2n}{N-1}, & \dfrac{N-1}{2} \leqslant n \leqslant N-1 \end{cases} \tag{7.32}$$

其频率响应为

$$W_T(e^{j\omega}) = \dfrac{2}{N}\left[\dfrac{\sin(\omega N/4)}{\sin(\omega/2)}\right]^2 e^{-j\omega(N-1)/2} \tag{7.33}$$

幅度响应为

$$W_T(\omega) = \frac{2}{N}\left[\frac{\sin(\omega N/4)}{\sin(\omega/2)}\right]^2 \tag{7.34}$$

图 7.16 所示为 $N=60$ 和 $N=30$ 时对应的三角窗与其幅度特性波形，以及利用相应的窗函数所设计的低通滤波器幅频响应波形。

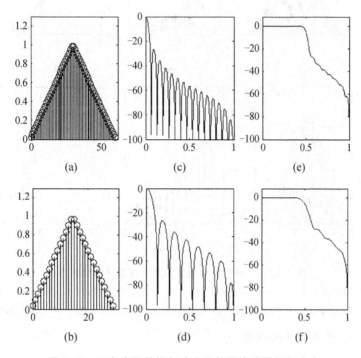

图 7.16　三角窗及其幅频响应函数及滤波器幅频响应

(a) $N=60$ 三角窗；(b) $N=30$ 三角窗；(c) $N=60$ 三角窗幅度特性；(d) $N=30$ 三角窗幅度特性；(e) 加 $N=60$ 三角窗设计的滤波器幅频响应；(f) 加 $N=30$ 三角窗设计的滤波器幅频响应

2. 汉宁窗

其窗函数表达式为

$$w(n) = \frac{1}{2}\left[1 - \cos\left(\frac{2\pi n}{N-1}\right)\right]R_N(n) \tag{7.35}$$

其频率响应为

$$W_{Hn}(e^{j\omega}) = \left\{0.5W_R(\omega) + 0.25\left[W_R\left(\omega - \frac{2\pi}{N-1}\right) + W_R\left(\omega + \frac{2\pi}{N-1}\right)\right]\right\}e^{-j(\frac{N-1}{2})\omega} \tag{7.36}$$

幅度函数为

$$W_{Hn}(\omega) = 0.5W_R(\omega) + 0.25\left[W_R\left(\omega - \frac{2\pi}{N-1}\right) + W_R\left(\omega + \frac{2\pi}{N-1}\right)\right] \tag{7.37}$$

图 7.17 所示为 $N=60$ 和 $N=30$ 时对应的汉宁窗与其幅度特性波形，以及利用相应的窗函数所设计的低通滤波器幅频响应波形。

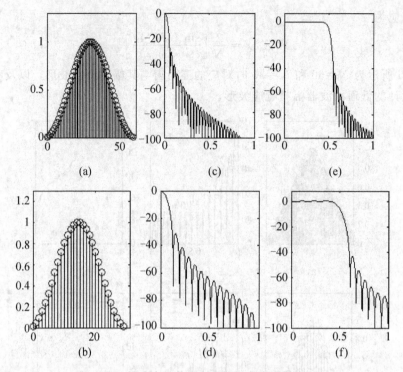

图 7.17 汉宁窗及其幅度函数及滤波器幅频响应

(a)$N=60$ 汉宁窗；(b)$N=30$ 汉宁窗；(c)$N=60$ 汉宁窗幅度特性；(d)$N=30$ 汉宁窗幅度特性；
(e)加 $N=60$ 汉宁窗设计的滤波器幅频响应；(f)加 $N=30$ 汉宁窗设计的滤波器幅频响应

3. 汉明窗——改进的升余弦窗

其窗函数表达式为

$$w(n) = \left[0.54 - 0.46\cos\left(\frac{2\pi n}{N-1}\right)\right]R_N(n) \tag{7.38}$$

其幅度响应为

$$W_{Hm}(\omega) = 0.54 W_R(\omega) + 0.23\left[W_R\left(\omega - \frac{2\pi}{N-1}\right) + W_R\left(\omega + \frac{2\pi}{N-1}\right)\right] \tag{7.39}$$

图 7.18 所示为 $N=60$ 和 $N=30$ 时对应的汉明窗与其幅频特性波形，以及利用相应的窗函数所设计的低通滤波器幅频响应波形。

4. 布莱克曼窗——三阶升余弦窗

其窗函数表达式为

$$w(n) = \left[0.42 - 0.5\cos\left(\frac{2\pi n}{N-1}\right) + 0.08\cos\left(\frac{4\pi n}{N-1}\right)\right]R_N(n) \tag{7.40}$$

其幅度响应为

$$W_B(\omega) = 0.42 W_R(\omega) + 0.25\left[W_R\left(\omega - \frac{2\pi}{N-1}\right) + W_R\left(\omega + \frac{2\pi}{N-1}\right)\right] \\ + 0.04\left[W_R\left(\omega - \frac{4\pi}{N-1}\right) + W_R\left(\omega + \frac{4\pi}{N-1}\right)\right] \tag{7.41}$$

第7章 FIR数字滤波器的设计

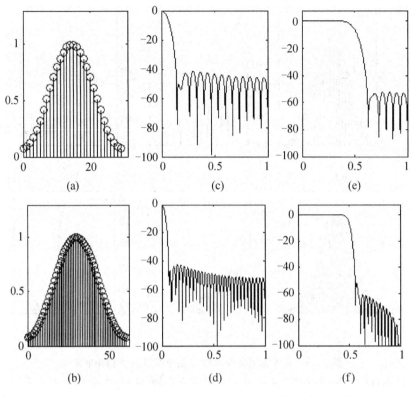

图 7.18　汉明窗及其幅度函数及滤波器幅频响应

(a) $N=30$ 汉明窗；(b) $N=60$ 汉明窗；(c) $N=30$ 汉明窗幅度特性；(d) $N=60$ 汉明窗幅度特性
(e) 加 $N=30$ 汉明窗设计的滤波器幅频响应；(f) 加 $N=60$ 汉明窗设计的滤波器幅频响应

图 7.19 所示为 $N=30$ 和 $N=60$ 时对应的布莱克曼窗与其幅度特性波形，以及利用相应的窗函数所设计的低通滤波器波形。

5. 凯塞窗

其窗函数表达式为

$$w(n) = \frac{I_0\left(\beta\sqrt{1-[1-2n/(N-1)]^2}\right)}{I_0(\beta)}, 0 \leqslant n \leqslant N-1 \tag{7.42}$$

式中：$I_0(\beta)$ 是第一类修正零阶贝塞尔函数。β 是一个可选参数，用来选择主瓣宽度和旁瓣衰减之间的交换关系，一般说来，β 越大，过渡带越宽，阻带越小衰减也越大。所以当 β 不同时，这种窗函数对相同 N 值可以得到不同的过渡带，这是其他窗函数所没有的功能。由于贝塞尔函数的复杂性，凯塞窗的设计方程不容易导出，目前仅给出了一些经验设计参数，这里不作详细讨论。表 7-2 给出了凯塞窗参数 β 的选择对滤波器性能的影响。表 7-3 归纳了上述各窗函数的主要性能指标，供设计 FIR 数字滤波器时进行参考。

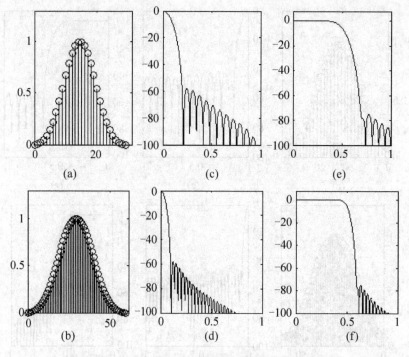

图 7.19 布莱克曼窗及其幅度函数及滤波器幅频响应

(a)$N=30$ 布莱克曼窗；(b)$N=60$ 布莱克曼窗；(c)$N=60$ 布莱克曼窗幅度特性；(d)$N=30$ 布莱克曼窗幅度特性；(e)加 $N=30$ 布莱克曼窗设计的滤波器幅频响应；(f)加 $N=60$ 布莱克曼窗设计的滤波器幅频响应

表 7-2 凯塞窗参数 β 的选择对滤波器性能的影响

β	过渡带	通带波纹/dB	阻带最小衰减/dB
2.120	$3.00\pi/N$	±0.27	-30
3.384	$4.46\pi/N$	±0.0868	-40
4.538	$5.86\pi/N$	±0.0274	-50
5.658	$7.24\pi/N$	±0.00868	-60
6.764	$8.64\pi/N$	±0.00275	-70
7.865	$10.0\pi/N$	±0.000868	-80
8.960	$11.4\pi/N$	±0.000275	-90
10.056	$12.8\pi/N$	±0.000087	-100

表 7-3 窗函数基本参数比较

类 型	窗函数旁瓣峰值	过渡带宽度 ΔB	加窗后滤波器的阻带最小衰减
矩形窗	-13	$4\pi/N$	-21
三角窗	-25	$8\pi/N$	-25
汉宁窗	-31	$8\pi/N$	-44
汉明窗	-41	$8\pi/N$	-53
布莱克曼窗	-57	$12\pi/N$	-74

第7章 FIR数字滤波器的设计

【例 7.7】 用窗函数法设计线性相位 FIR 数字低通滤波器，设计指标为：$\omega_c=0.25\pi$。

（1）选择矩形窗函数，取 $N=15$，观察所设计滤波器的幅频特性，分析是否满足设计要求。

（2）取 $N=51$，重复上述设计，观察幅频特性的变化，分析长度 N 变化的影响。

（3）保持 $N=51$ 不变，改变窗函数（布莱克曼窗、汉明窗、汉宁窗），观察并记录窗函数对滤波器幅频特性的影响。

解 根据下列 MATLAB 程序可以完成本例并进行分析。

```
M1= 15;% M= 51
wc= 0.5* pi;
n= [0:1:(M1- 1)];
a= (M1- 1)/2;
m= n- a+ eps;
hd= sin(wc* m)./(pi* m);
wn1= boxcar(M1);                % 矩形窗
wn2= Hanning(M1);               % 汉宁窗
wn3= Hamming(M1);               % 汉明窗
wn4= triang(M1);                % 三角窗
wn5= Blackman(M1);
hn1= hd.* wn1';                 % 加窗
hn2= hd.* wn2'; hn3= hd.* wn3'; hn4= hd.* wn4'; hn5= hd.* wn5';
[hw1, w1]= freqz(hn1, 1); [hw2, w2]= freqz(hn2, 1);
[hw3, w3]= freqz(hn3, 1); [hw4, w4]= freqz(hn4, 1);
[hw5, w5]= freqz(hn5, 1);
subplot(321); stem(hd); lengend('理想滤波器幅度函数')
subplot(322)
plot(w1/pi, 20* log10(abs(hw1)/abs(hw1(1)))); axis( [0 1 - 80  8]);
lengend('加矩形窗设计的滤波器幅频响应')
subplot(323)
plot(w2/pi, 20* log10(abs(hw2)/abs(hw2(1)))); axis( [0 1 - 80  8]);
lengend('加汉宁窗设计的滤波器幅频响应')
subplot(324)
plot(w3/pi, 20* log10(abs(hw3)/abs(hw3(1)))); axis( [0 1 - 80  8]);
lengend('加汉明窗设计的滤波器幅频响应')
subplot(325)
plot(w4/pi, 20* log10(abs(hw4)/abs(hw4(1)))); axis( [0 1 - 80  8]);
lengend('加矩形窗设计的滤波器幅频响应')
subplot(326)
plot(w5/pi, 20* log10(abs(hw5)/abs(hw5(1)))); axis( [0 1 - 120  8]);
lengend('加布莱克曼窗设计的滤波器幅频响应')
```

程序运行结果如图 7.20 所示。

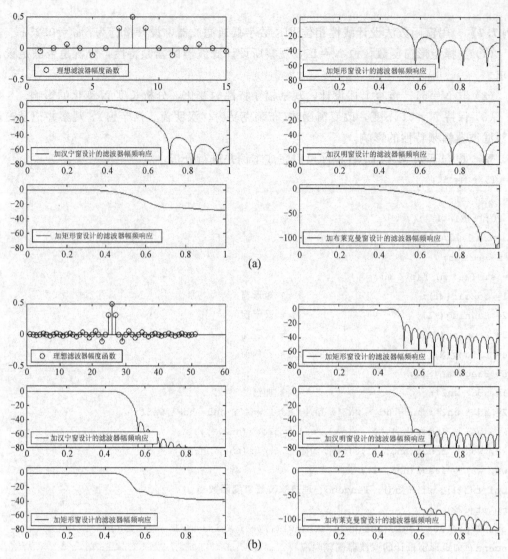

图 7.20 例 7.7 图

(a) $N=15$ 时不同窗函数设计滤波器幅频特性;(b) $N=51$ 时不同窗函数设计滤波器幅频特性

综上所述,可得出以下对窗函数总的要求。

(1) 希望它频谱的主瓣尽量窄,旁瓣尽量小,使频域的能量主要集中在主瓣内。

(2) 采用窗函数法,设计简单、方便,也实用,但要求用计算机,且边界频率不易控制,长度 N 也不易一次确定,要反复几次才能求得满意结果。

(3) FIR 数字滤波器设计的窗函数法不但可以用来设计普通的低通、高通、带通及带阻滤波器,也可以用来设计一些特殊的滤波器,例如差分滤波器、希尔伯特滤波器。

7.5 频率采样法

工程上,常给定频域上的技术指标,因此采用频率采样法更为直接,尤其当 $H_d(e^{j\omega})$

为比较复杂的表达式，或 $H_d(e^{j\omega})$ 不能用封闭表达式表示而用一些离散值表示时，频率采样设计法更为方便、有效。窗函数法与频率采样法的区别在于以下两点。

(1) 窗函数法是从时域出发，把理想的 $h_d(n)$ 用一定形状的窗函数截取成有限长的 $h(n)$，以此 $h(n)$ 求近似理想 $h_d(n)$，这样得到的频率响应 $H(e^{j\omega})$ 逼近于所求的理想频率响应 $H_d(e^{j\omega})$。

(2) 频率采样法则从频域出发，把给定的理想频率响应 $H_d(e^{j\omega})$ 加以等间隔采样，然后以此 $H_d(k)$ 作为实际 FIR 数字滤波器的频率特性的抽样值 $H(k)$，再由 DFT 定义，应用频域中这 N 个抽样值 $H(k)$ 获取唯一确定的有限长序列 $h(n)$，利用这 N 个频域抽样值 $H(k)$ 同样可得 FIR 数字滤波器的系统函数 $H(z)$ 及频率响应。

7.5.1 频率采样法的基本原理

具体过程可用如图 7.21 所示的流程图表示。

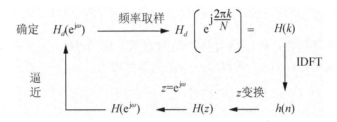

图 7.21 频率采样法设计 FIR 滤波器流程图

由于

$$H(k) = H_d(k) = H_d(e^{j\omega})\Big|_{\omega=\frac{2\pi}{N}k}, k = 0,1,2,\cdots,N-1 \tag{7.43}$$

对 N 点 $H_d(k)$ 进行 IDFT 变换，得到

$$h(n) = \frac{1}{N}\sum_{k=0}^{N-1} H_d(k) e^{j\frac{2\pi}{N}kn}, n = 0,1,2,\cdots,N-1 \tag{7.44}$$

利用 $H(z) = \sum_{n=0}^{N-1} h(n) z^{-n}$ 对 $h(n)$ 求 z 变换为

$$H(z) = \frac{1-z^{-N}}{N} \sum_{k=0}^{N-1} \frac{H_d(k)}{1-e^{j\frac{2\pi}{N}k} z^{-1}} \tag{7.45}$$

因为 $W = e^{-j2\pi/N}$，所以有

$$H(z) = \frac{1-z^{-N}}{N} \sum_{k=0}^{N-1} \frac{H(k)}{1-W^{-k} z^{-1}} \tag{7.46}$$

令 $z = e^{j\omega}$，可得到系统的频率响应为

$$\begin{aligned} H(e^{j\omega}) &= \frac{1-e^{-j\omega N}}{N} \sum_{k=0}^{N-1} \frac{H(k)}{1-e^{j2\pi k/N} e^{-j\omega}} \\ &= \frac{1}{N} \sum_{k=0}^{N-1} \frac{H(k)\sin(\omega N/2)}{\sin[(\omega-2\pi k/N)/2]} e^{-j(\frac{N-1}{2}\omega + \frac{k\pi}{N})} \\ &= \sum_{k=0}^{N-1} H(k) \Phi_k(e^{j\omega}) \end{aligned} \tag{7.47}$$

式(7.47)称为内插公式,式中

$$\varphi_k(e^{j\omega}) = \frac{1}{N} \frac{\sin(\omega N/2)}{\sin[(\omega - 2\pi k/N)/2]} e^{-j\left(\frac{N-1}{2}\omega + \frac{k\pi}{N}\right)} \quad (7.48)$$

令 $\omega = \frac{2\pi}{N}i, i = 0, 1, \cdots, N-1$,则

$$\varphi_k(e^{j\frac{2\pi}{N}i}) = \begin{cases} 1, i = k \\ 0, i \neq k \end{cases}, i = 0, 1, \cdots, N-1 \quad (7.49)$$

7.5.2 用频率采样法设计线性相位滤波器的约束条件

设计线性相位的 FIR 数字滤波器,单位脉冲响应序列要满足线性相位条件 $h(n) = \pm h(N-1-n)$。前文已指出,具有线性相位的 FIR 数字滤波器,其单位脉冲响应 $h(n)$ 是因果、有限长的实序列,由此得到的幅频和相频特性就是对 $H(k)$ 的约束。

1. 第一种情况

线性相位 FIR 滤波器,$h(n)$偶对称,N 为奇数。因为 $H(e^{j\omega}) = H(\omega)e^{-j\frac{N-1}{2}\omega}$,其中 $H(\omega)$ 关于 $\omega = \pi$ 偶对称,$H(\omega) = H(2\pi - \omega)$,即可得

$$H(k) = H(\omega)e^{-j\frac{N-1}{2}\omega}\bigg|_{\omega=\frac{2\pi}{N}k} = H_k e^{j\theta_k}$$

$$\theta_k = -\left(\frac{N-1}{2}\right)\omega = -\left(\frac{N-1}{2}\right)\frac{2\pi}{N}k = -k\pi\left(1 - \frac{1}{N}\right) \quad (7.50)$$

因为 $H(\omega) = H(2\pi - \omega)$,可得出

$$H\left(\frac{2\pi}{N}k\right) = H\left(2\pi - \frac{2\pi}{N}k\right) = H\left[\frac{2\pi}{N}(N-k)\right] \quad (7.51)$$

进而可知,H_k 满足偶对称

$$H_k = H_{N-k} \quad (7.52)$$

2. 第二种情况

$h(n)$偶对称,N 为偶数。$H(e^{j\omega}) = H(\omega)e^{-j\frac{N-1}{2}\omega}$,$H(\omega)$关于 $\omega = \pi$ 奇对称,$H(\omega) = -H(2\pi - \omega)$,根据式(7.50)可得 H_k 满足奇对称

$$H_k = -H_{N-k} \quad (7.53)$$

3. 第三种情况

$h(n)$奇对称,N 为奇数。$H(\omega)$关于 $\omega = \pi$ 偶对称,$H(\omega) = H(2\pi - \omega)$,根据式(7.50)可得 H_k 偶对称,即 $H_k = H_{N-k}$。

4. 第四种情况

$h(n)$奇对称,N 为偶数。$H(\omega)$关于 $\omega = \pi$ 奇对称,$H(\omega) = -H(2\pi - \omega)$,根据式(7.50)可得 H_k 奇对称,即 $H_k = -H_{N-k}$。

第7章 FIR数字滤波器的设计

综上所述,现归纳频率采样设计法包括以下特点。
(1) 直接从频域进行设计,物理概念清楚,直观方便。
(2) 适合于窄带滤波器设计,这时频率响应只有少数几个非零值。
(3) 截止频率难以控制。因频率取样点都局限在 $2\pi/N$ 的整数倍点上,所以在指定通带和阻带截止频率时,这种方法受到限制,比较死板。充分加大 N,可以接近任何给定的频率,但计算量和复杂性增加。

7.6 IIR和FIR数字滤波器的性能综合比较

前面讨论了IIR和FIR两种数字滤波器传输函数的设计方法,这两种数字滤波器究竟各自有什么特点,在实际运用时应该怎样去选择它们呢?为此对这两种滤波器进行简单的比较。

1. 从性能上比较

IIR数字滤波器传输函数的极点可位于单位圆内的任何地方,因此可用较低的阶数获得高的选择性,所用的存储单元少,所以价格便宜且效率高。但是这个高效率是以相位的非线性为代价换来的。选择性越好,则相位非线性越严重。

FIR数字滤波器虽然可以得到严格的线性相位,但由于FIR数字滤波器传输函数的极点固定在原点,所以只能用较高的阶数来达到高的选择性;对于同样的滤波器设计指标,FIR数字滤波器所要求的阶数比IIR数字滤波器高 5~10 倍,成本较高,信号延时也较大;如果按相同的选择性和相同的线性要求来说,则IIR数字滤波器就必须加全通网络进行相位校正,其结果同样要增大滤波器的阶数和复杂性。

2. 从结构上看

IIR数字滤波器必须采用递归结构,极点位置必须在单位圆内,否则系统将不稳定。

FIR数字滤波器主要采用非递归结构,不论在理论上还是在实际的有限精度运算中都不存在稳定性问题,运算误差也较小。此外,FIR数字滤波器可以采用快速傅里叶变换算法,在相同阶数的条件下,运算速度快得多。

3. 从设计工具看

IIR数字滤波器可以借助于模拟滤波器的成果,因此一般都具有有效的封闭形式的设计公式可供准确计算,计算工作量比较小,对计算工具的要求不高。

而FIR数字滤波器设计一般没有封闭形式的设计公式,虽然窗口法仅仅可以对窗口函数给出计算公式,但计算通带阻带衰减等仍无显式表达式。一般来说,FIR数字滤波器的设计只有计算程序可循,因此对计算工具要求较高。

4. 从设计范围看

IIR数字滤波器虽然设计简单,但主要是用于设计具有分段常数特性的滤波器,如低通、高通、带通及带阻等，往往脱离不了模拟滤波器的局限。

FIR 数字滤波器则要灵活得多，尤其易于适应某些特殊的应用，如构成微分器或积分器，或用于巴特沃斯、切比雪夫等逼近不可能达到预定指标的情况，例如，由于某些原因要求三角形振幅响应或一些更复杂的幅频响应，因而有更大的适应性和更广阔的天地。

综上所述，IIR 和 FIR 数字滤波器各有所长，所以在实际应用时应该从多方面考虑来加以选择，表 7-4 给出了两种数字滤波器各自的特点，以利于比较。例如，从使用要求上来看，在对相位要求不敏感的场合，如语音通讯等，选用 IIR 数字滤波器较为合适；可以充分发挥其经济高效的特点；而对于图像信号处理，数据传输等以波形携带信息的系统，则对线性相位要求较高，如果有条件，采用 FIR 数字滤波器较好。当然，在实际应用中应考虑经济上的要求以及计算工具的条件等多方面的因素。

表 7-4 IIR 数字滤波器和 FIR 数字滤波器比较

IIR 数字滤波器	FIR 数字滤波器
$h(n)$ 无限长	$h(n)$ 有限长
极点位于 z 平面任意位置	极点在原点
滤波器阶次低	滤波器阶次高
非线性相位	可严格的线性相位
递归结构	一般采用非递归结构
不能用 FFT 计算	可用 FFT 计算
可用模拟滤波器设计	窗函数法实现
用于设计规格化的选频滤波器	可设计各种幅频特性和相频特性的滤波器

7.7 综合实例

【例 7.8】 要求设计一个线性相位 FIR 数字低通滤波器，$\omega_c = 0.5\pi$ 时，当满足下列条件时，求解滤波器的频率响应。

(1) 取 $N=33$，不加过渡点。

取 $N=33$，加一个过渡点。

取 $N=65$，加两个过渡点。

解 (1) 采样频率间隔为 $2\pi/N = 2\pi/33$，ω_c 的位置在 $0.5\pi/(2\pi/33) = 8.25$，即 $k=8$ 和 $k=9$ 之间，其对称点位置是 $N-k$，即 $k=33-9=24$ 和 $k=33-8=25$ 之间。对理想低通采样，可得

$$H_k = \begin{cases} 1, 0 \leqslant k \leqslant 8 \\ 0, 9 \leqslant k \leqslant 24 \end{cases}$$

$$\phi(k) = -\frac{\pi k(N-1)}{N} = -\frac{32}{33}\pi k, 0 \leqslant k \leqslant 16$$

利用共轭对称性，可得 $k=17 \sim 32$ 点的采样值。以上数据可综合成

第7章 FIR数字滤波器的设计

$$H(k) = \begin{cases} e^{-j\frac{32}{33}\pi k}, & 0 \leqslant k \leqslant 8 \\ 0, & 9 \leqslant k \leqslant 24 \\ e^{j\frac{32}{33}\pi k}, & 25 \leqslant k \leqslant 32 \end{cases}$$

代入式 $H(e^{j\omega}) = \sum_{k=0}^{N-1} H(k)\varphi(\omega - \frac{2\pi}{N}k)$ 中，可得 $H(e^{j\omega})$。

(2) 加一个过渡点。

$$H(k) = \begin{cases} e^{-j\frac{32}{33}\pi k}, & 0 \leqslant k \leqslant 8 \\ 0.5 e^{-j\frac{32}{33}\pi k}, & k = 9 \\ 0, & 10 \leqslant k \leqslant 23 \\ 0.5 e^{-j\frac{32}{33}\pi k}, & k = 24 \\ e^{j\frac{32}{33}\pi k}, & 25 \leqslant k \leqslant 32 \end{cases}$$

代入式 $H(e^{j\omega})$ 中，可得 $H(e^{j\omega})$。

(3) 取 $N=65$ 点，ω_c 应在 $0.5\pi/(2\pi/65)=16.25$，即 $k=16$ 和 $k=17$ 之间，其对称点为 48、49。

$$H(k) = \begin{cases} e^{-j\frac{64}{65}\pi k}, & 0 \leqslant k \leqslant 16 \\ 0.5886 e^{-j\frac{64}{65}\pi k}, & k = 17 \\ 0.1065 e^{-j\frac{64}{65}\pi k}, & k = 18 \\ 0, & 19 \leqslant k \leqslant 32 \\ 0.1065 e^{-j\frac{64}{65}\pi k}, & k = 33 \\ 0.5886 e^{-j\frac{64}{65}\pi k}, & k = 34 \\ e^{j\frac{64}{65}\pi k}, & 35 \leqslant k \leqslant 64 \end{cases}$$

在这3种情况下过渡带宽分别为 $\frac{4\pi}{33}$，$\frac{6\pi}{33}$，$\frac{8\pi}{65}$，最小阻带衰减分别约为 20dB、40dB、60dB。滤波器阶数分别为 33 阶，33 阶，65 阶。由此例可见，同时采取增大 N 和增多过渡点是有效的。根据下列 MATLAB 程序实现本例。

```
N= 33;% N= 65
alpha= (N- 1)/2;
k= 0: N- 1;
wc= 0.5* pi;
ww= (2* pi/N)* k;
m= fix(wc* N/(2* pi)+ 1);              % 在两边过渡带取值为0.5的采样点
% T= 0不增加采样点,T= 0.5增加一个采样点,两个采样点 T1= 0.3,T2= 0.8
T1= 0.588; T2= 0.1065;
Hrs= [ones(1, m), T1, T2, zeros(1, N- 2* m- 3), T2, T1, ones(1, m- 1)];
k1= 0: floor(alpha);
k2= floor(alpha+ 1): N- 1;
phai= [- alpha* (2* pi)/N* k1, alpha* (2* pi)/N* (N- k2)];
```

```
H= Hrs.* exp(j* phai);                          % 计算单位脉冲响应
h= real(ifft(H, N));
[h1, w1] = freqz(h, 1, 256, 1);
L= (N- 1)/2;
a= [h(L+ 1)2* h(L: - 1: 1)];
n= [0: 1: L];
w= [0: 1: 500] '* 2* pi/500;
Hr= cos(w* n)* a';
subplot(131)
plot((w/pi), Hr, ww/pi, Hrs)                    % H(k)波形与实际幅度相应
axis( [0 2- 0.1 1.1]);
k= 0: N- 1;
subplot(132)
stem(k, h)                                       % 画出 FIR DF 的单位取样响应
subplot(133)
plot(w1/pi, 20* log10(abs(h1)/abs(h1(1)));       % 画出 FIR DF 的低通衰减幅频特性
```

程序运行结果如图 7.22 所示。

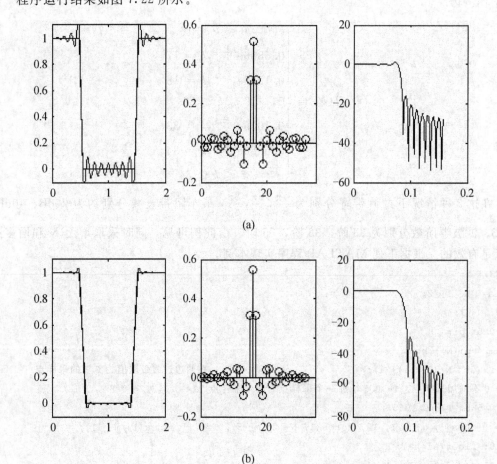

图 7.22 例 7.8 图

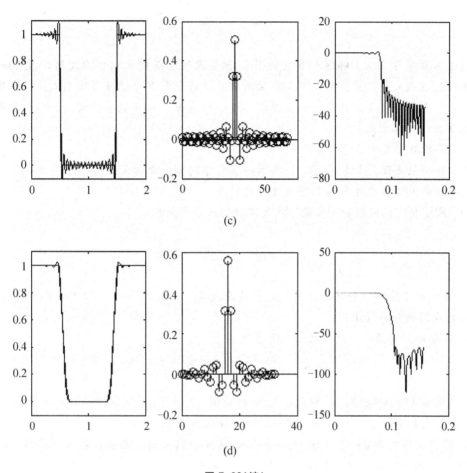

图 7.22(续)

(a) $N=33$ 时不加过渡点 $H(k)$，$h(n)$，$|H(e^{j\omega})|$ 波形；
(b) $N=33$ 时加一个过渡点 $H(k)$，$h(n)$，$|H(e^{j\omega})|$ 波形；
(c) $N=65$ 时不加过渡点 $H(k)$，$h(n)$，$|H(e^{j\omega})|$ 波形；
(d) $N=65$ 时加两个过渡点 $H(k)$，$h(n)$，$|H(e^{j\omega})|$ 波形

因此可以得出以下结论。

(1) 在每个采样点上，$H(e^{j\omega})=H(k)$ 误差逼近为零，频响 $H(e^{j\omega})$ 严格地与理想频响的采样值 $H(k)$ 相等。

(2) 在采样点之间，频响由各采样点的内插函数延伸叠加而形成，因而有一定的逼近误差，误差大小与理想频率响应的曲线形状有关，理想特性平滑，则误差小；反之，误差大。

(3) 在理想频率响应的不连续点附近，$H(e^{j\omega})$ 会产生肩峰和波纹。

(4) N 增大，则采样点变密，逼近误差减小。

(5) 变化越平缓，内插越接近理想值，逼近误差较小。

小　结

通过本章学习可以了解到大多数的 FIR 数字滤波器是线性相位滤波器,且 FIR 数字滤波器的优点远大于缺点。因此在实际运用中,使用 FIR 数字滤波器比 IIR 数字滤波器的情况多,特别是当需要设计线性相位滤波器时,通常使用 FIR 数字滤波器。下面是本章需要重点掌握的内容要点。

(1) FIR 数字滤波器设计方法。
(2) 窗函数法设计 FIR 数字滤波器的特点和不同窗函数的区别。
(3) 频率采样法设计 FIR 数字滤波器的特点。
(4) FIR 数字滤波器和 IIR 数字滤波器性能的综合对比。

习　题

1. 用矩形窗设计一个 FIR 线性低通数字滤波器,已知 $\omega_c = 0.5\pi$,$N=51$。求出 $h(n)$ 并画出滤波器幅频特性曲线。

2. 用矩形窗设计一个线性相位高通滤波器

$$H_d(e^{j\omega}) = \begin{cases} e^{-j(\omega-\pi)\alpha}, & \pi - \omega_c \leqslant \omega \leqslant \pi \\ 0, & \text{其他} \end{cases}$$

(1) 写出 $h(n)$ 的表达式,确定 α 与 N 的关系。
(2) 问有几种类型,分别属于哪一种线性相位滤波器?

3. 用三角形窗设计一个 FIR 线性相位低通数字滤波器。已知:$\omega_c = 0.5\pi$,$N=31$。求出 $h(n)$ 并画出滤波器的幅频特性曲线。

4. 用汉宁窗设计一个线性相位高通滤波器

$$H_d(e^{j\omega}) = \begin{cases} e^{-j(\omega-\pi)\alpha}, & \pi - \omega_c \leqslant \omega \leqslant \pi \\ 0, & \text{其他} \end{cases}$$

求出 $h(n)$ 的表达式,确定 α 与 N 的关系。写出 $h(n)$ 的值,并画出滤波器的幅频特性曲线(设 $\omega_c = 0.5\pi$,$N=51$)。

5. 用汉明窗设计一个线性相位带通滤波器

$$H_d(e^{j\omega}) = \begin{cases} e^{-j\omega\alpha}, & -\omega_c \leqslant \omega - \omega_0 \leqslant \omega_c \\ 0, & 0 \leqslant \omega \leqslant \omega_0 - \omega_c, \omega_0 + \omega_c \leqslant \omega \leqslant \pi \end{cases}$$

求出 $h(n)$ 的表达式并画出滤波器的幅频特性曲线,设 $\omega_c = 0.2\pi$,$\omega_0 = 0.5\pi$,$N=51$。

6. 用布莱克曼窗设计一个线性相位的理想带通滤波器

$$H_d(e^{j\omega}) = \begin{cases} je^{-j\omega\alpha}, & -\omega_c \leqslant \omega - \omega_0 \leqslant \omega_c \\ 0, & 0 \leqslant \omega \leqslant \omega_0 - \omega_c, \omega_0 + \omega_c < \omega \leqslant \pi \end{cases}$$

求出 $h(n)$ 序列,并画出 $20\lg|H(e^{j\omega})|$ 曲线,设 $\omega_c = 0.2\pi$,$\omega_0 = 0.4\pi$,$N=51$。

7. 用凯塞窗设计一个线性相位理想低通滤波器,若输入参数为低通截止频率 ω_c,脉冲响应长度为 N,凯塞窗系数 β,求出 $h(n)$,并画出 $20\lg|H(e^{j\omega})|$ 曲线。

8. 什么类型的窗可以用来设计一个低通滤波器，滤波器的通带截止频率 $\omega_p=0.35\pi$，过渡带宽度 $\Delta\omega=0.025\pi$，阻带内的最大偏差 $A_s=0.003$？

9. 用窗函数法设计一个最少阶数低通滤波器，滤波器的带通截止频率 $\omega_p=0.15\pi$，阻带截止频率 $\omega_s=0.2\pi$，阻带内的最大衰减 $A_s=0.005$。

10. 试用频率抽样法设计一个线性相位低通滤波器 $N=32, \omega_c=\dfrac{\pi}{2}$，边沿上设一点过渡带 $|H(k)|=0.39$，试求各点采样值 $H(k)$。

第8章 数字滤波系统的网络结构与分析

教学目标与要求

(1) 理解数字滤波器的表示方法。
(2) 掌握直接型、级联型、并联型 IIR 数字滤波器 3 种基本网络结构。
(3) 掌握直接型、级联型、线性相位型、频率采样型 FIR 数字滤波器 4 种基本网络结构。
(4) 了解数字滤波器的格型结构。

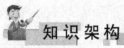
知识架构

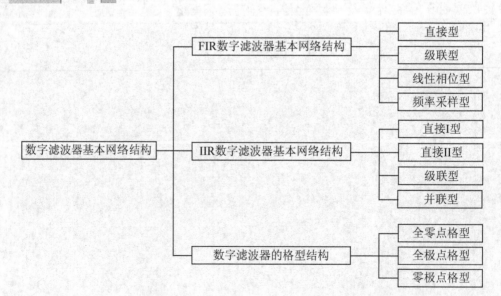

第8章 数字滤波系统的网络结构与分析

导入实例

法国《宇航周刊》报道：美国雷声公司向美国海军交付了一发（发展型海麻雀）导弹，如图 8.1 所示，标志着 ESSM 导弹正式服役。ESSM 是雷声公司为美国海军研制的舰空导弹，是 RIM－7M "海麻雀"的改进型，可对付技术先进的高速、低雷达截面的机动型反舰导弹。这是美海军购买的第一批 255 发导弹中的第一发，用于保护水面舰艇免受反舰导弹的攻击，可以拦截侧向加速度达 4 的反舰导弹。这种全数字化正交接收机的功能有 3 个：第一是变频，包括数控本振和数字混频，将感兴趣的信号变频至零中频，5021 高频率分辨率的数控本振为在宽带数字信道中提取单载波的能力提供了保证；第二是低通滤波，滤除带外信号，提取感兴趣信号；第三是采样速率转换，降低采样速率，以利于后续信号处理。其中决定 50214 数字信道的主要是 255 阶 3 种滤波器，而这 3 种滤波器结构复杂、编程很灵活，相互间又有各种关联。另外又都受硬件（主要是滤波处理时钟）的限制，所以设计的任务就是在各个因素的制约下，设计出性能最好、接口匹配的不同结构的滤波器，从而可以完成使输出信号信噪比最大、最优的数字信道。

图 8.1　ESSM 舰空导弹

一个时域离散系统或网络可以用差分方程、单位脉冲响应及系统函数进行描述。系统的输入和输出的关系用 N 阶差分方程描述如式(6.2)表示的差分方程 $y(n)=\sum\limits_{i=0}^{M}a_ix(n-i)$ $+\sum\limits_{i=1}^{N}b_iy(n-i)$ 和式(6.1)表示的系统函数 $H(z)=\dfrac{\sum\limits_{i=0}^{M}a_iz^{-i}}{1-\sum\limits_{i=1}^{N}b_iz^{-i}}$。式(6.2)和式(6.2)可以化成不同的计算形式(其中 $M\leqslant N$)，如直接计算、分解为多个有理函数相加、分解为多个有理函数相乘、交换运算次序等。

例如系统函数 $H(z)=\dfrac{1}{1-0.7z^{-1}+0.1z^{-2}}$，可以用 $\dfrac{1}{1-0.2z^{-1}}\times\dfrac{1}{1-0.5z^{-1}}$ 和 $\dfrac{-2/3}{1-0.2z^{-1}}+\dfrac{5/3}{1-0.5z^{-1}}$ 等不同组合来描述。滤波就是对输入序列进行一定的运算操作，不同的计算形式和顺序也就表现出不同的计算结构。但从运算上看，只需要加法、单位延迟、乘常数这 3 种运算，因此数字滤波结构中有 3 个基本运算单元，即加法器、单位延时器、乘常系数乘法器。研究数字滤波系统网络结构意义在于以下几个方面。

（1）滤波器的基本特性（如 FIR 与 IIR）决定了结构上有不同的特点。

（2）不同结构所需的存储单元及乘法次数不同，直接影响系统的运算速度，以及系统的复杂程度和成本。

(3) 不同运算结构的误差及稳定性不同。

本章主要讨论 IIR 和 FIR 数字滤波器的结构及其性能，同时介绍一种特殊的滤波器结构实现形式，即格型滤波器结构。

8.1 数字滤波器的结构表示

数字滤波器的表示方法有方框图表示法和流图表示法两种。3 种基本运算中的方框图表示法如图 8.2 所示，流图表示法如图 8.3 所示。

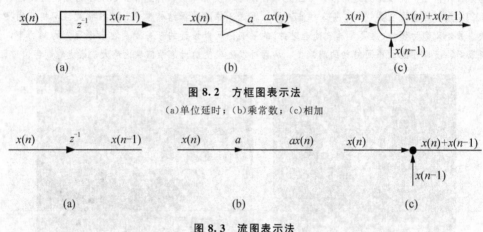

图 8.2 方框图表示法

(a)单位延时；(b)乘常数；(c)相加

图 8.3 流图表示法

(a)单位延时；(b)乘常数；(c)相加

【例 8.1】 画出数字滤波器 $H(z) = \dfrac{1}{1 - 0.7z^{-1} + 0.1z^{-2}}$ 的方框图及流图表示法结构。

解 数字滤波器对应的差分方程为 $y(n) = x(n) + 0.7y(n-1) - 0.1y(n-2)$。
方框图和流程图表示如图 8.4 所示。

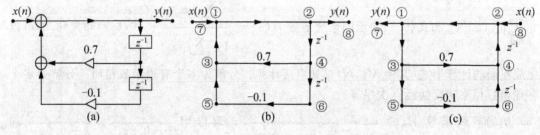

图 8.4 例 8.1 方框图与流程图表示

(a) 例 8.1 方框图表示法；(b)例 8.1 流图表示法；(c)流图表示法的转置结构

通过比较，可以看出方框图表示法直观地描述了系统所需乘法运算和加法运算的次数以及延时单元的多少，而流图表示法则更加简单方便。实际上，流图表示法是由许多节点和各节点间的定向支路组成的网络。图 8.4(b)中有 8 个节点，每个节点可以同时含有几条输入支路和几条输出支路，任意节点的信号变量值等于所有输入支路信号和。下面根据图 8.4(b)给出几个关于流图表示法的定义。

(1) 输入节点或源节点，如 $x(n)$ 所处的节点⑦。
(2) 输出节点或阱节点，如 $y(n)$ 所处的节点⑧。
(3) 分支节点，一个输入，一个或一个以上输出的节点，如节点②、④、⑤和⑥。
(4) 相加器(节点)或和点，有两个或两个以上输入的节点，如节点①、③。
(5) 通路，从源节点到阱节点之间沿着箭头方向的连续的一串支路，通路的增益是该通路上各支路增益的乘积，如 $x(n)$→①→②→$y(n)$。
(6) 回路，从一个节点出发沿着支路箭头方向到达同一个节点的闭合通路。组成回路的所有支路增益的乘积通常叫做回路增益。图 8.4(b)中有两个回路，如①→②→③→④。

这里需要注意的是，当支路没有标出传输系数时，就默认其传输系数为 1。对于单个输入、单个输出的系统，通过反转网络中全部支路的方向，并且将其输入和输出互换，得出的流图具有与原始流图同样的系统传输函数，通常称之为信号流图转置。它既可以转变运算结构，又可以验证由流图计算的系统传输函数正确与否，图 8.4(b)的转置信号流图如图 8.4(c)所示。

8.2　FIR 数字滤波器的网络结构形式

已知 FIR 数字滤波器系统函数和差分方程一般的形式为

$$H(z) = \sum_{n=0}^{N-1} h(n) z^{-n}$$

$$y(n) = \sum_{i=0}^{N-1} h(i) x(n-i) = \sum_{i=0}^{N-1} h(n-i) x(i)$$

可见，FIR 数字滤波器实际上是有限长序列的卷积，可以设计成线性相位响应，滤波器的阶数是 $N-1$，需要 N 个乘常数基本运算单元。FIR 数字滤波器总是稳定的，与 IIR 数字滤波器结构相比，较为简单，下面介绍其主要结构类型和特点。

(1) 直接型，直接根据差分方程 $y(n) = \sum_{i=0}^{M} h(i) x(n-i)$ 给出，$h(n)$ 是有限长序列。
(2) 级联型，系统函数 $H(z)$ 按照二阶因式分解后，以级联方式实现。
(3) 线性相位型，脉冲响应关于$(N-1)/2$ 呈现奇对称或偶对称，使得乘法运算次数减半，系统结构简化。
(4) 频率采样型，是一种基于频率响应 $H(e^{j\omega})$ 采样的设计方法。
(5) 系统函数 $|H(z)|$ 在 $|z|>0$ 处收敛，极点全部在 $z=0$ 处(即 FIR 数字滤波器一定为稳定系统)，在结构上主要是非递归结构，没有输出到输入的反馈，但频率采样结构也包含有反馈的递归部分。

8.2.1　直接型

根据式 $y(n) = \sum_{i=0}^{M} h(i) x(n-i)$ 给定的非递归差分方程得出直接型结构，其实现等效于卷积和，这种结构类似于横向系统，因此直接型结构也常被称为横向滤波器，其结构如

图 8.5 所示。

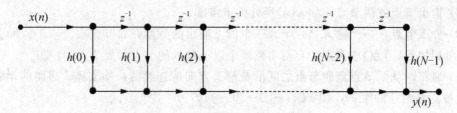

图 8.5 FIR 数字滤波器直接型结构

用转置定理可得等价的另一种结构,如图 8.6 所示。

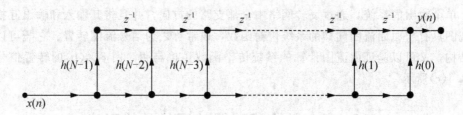

图 8.6 FIR 数字滤波器直接型的转置结构

【例 8.2】 已知 FIR 数字滤波器的差分方程为
$$y(n) = -4x(n) + 6x(n-1) + 5x(n-2) + 6x(n-3) - 4x(n-4)$$
利用直接型结构实现,并画出结构图。

解 根据差分方程得到相应的系统函数为 $H(z) = -4 + 6z^{-1} + 5z^{-2} + 6z^{-3} - 4z^{-4}$,对应的直接型结构如图 8.7 所示。

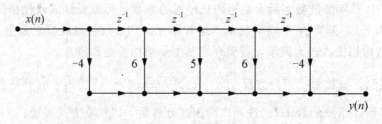

图 8.7 例 8.2 图

FIR 数字滤波器直接型结构有以下两个特点。
(1) 实现简单,但结构相对复杂,需要 $N-1$ 个延时器和 N 个常系数乘法器。
(2) 系数量化会受到有限字长效应的影响,从而产生较大误差。

8.2.2 级联型

为了减少直接型结构误差,有效的方法是把高阶滤波器分解成若干个低阶滤波器子系统。通常 $h(n)$ 为实数,$H(z)$ 的零点分布有 4 种可能(见第 7 章)。每一对共轭零点可以合成一个二阶子系统,级联型网络结构就是由二阶或一阶(当滤波器的阶数为奇数时)子系统级联构成的,而每一个子系统用直接型结构实现。那么 $H(z)$ 可用二阶节级联构成的,每一个二阶节控制一对零点。

$$H(z) = \sum_{n=0}^{N-1} h(n) z^{-n} = \prod_{i=1}^{M} (a_{0i} + a_{1i} z^{-1} + a_{2i} z^{-2}) \qquad (8.1)$$

当滤波器阶数为奇数 $N=2M+1$ 时，系统函数 $H(z)$ 按照式(8.1)分解，其结构如图 8.8(a)所示。

$$H(z) = \sum_{n=0}^{N-1} h(n) z^{-n} = \prod_{i=1}^{M_1} (a_{0i} + a_{1i} z^{-1} + a_{2i} z^{-2}) \prod_{i=1}^{M_2} (b_{0i} + b_{1i} z^{-1}) \qquad (8.2)$$

因为滤波器阶数为偶数 $N=2M_1+M_2$，且有奇数个根，所以 a_{2i} 中至少有一个为零。系统函数按照式（8.2）分解，需要说明的是一阶子系统实际上是二阶子系统的特例，此时结构如图 8.8(b)所示。

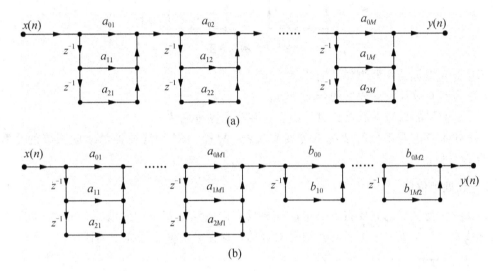

图 8.8　FIR 数字滤波器级联型结构

（a）N 为奇数时 FIR 数字滤波器级联结构；(b)N 为偶数时 FIR 数字滤波器级联结构

【例 8.3】　仍以前面 FIR 数字滤波器为例，其系统函数为 $H(z) = -4 + 6z^{-1} + 5z^{-2} + 6z^{-3} - 4z^{-4}$，利用级联型结构实现，并画出结构图。

解　滤波器级联结构各子系统多项式系数可以通过下列 MATLAB 程序求出。

```
num=[-4 6 5 6 -4];              % 输入分子系数向量
den=[1 0 0 0 0];                % 输入分母系数向量
[z,p,k]= tf2zp(num, den);       % 求出各子系统的零极点
[sos, A] = zp2sos(z, p, k);     % 求出各二阶节乘系数
disp('零点: '); disp(z);
disp('极点: '); disp(p);
disp('增益系数: '); disp(k);
disp('二阶节: '); disp(real(sos));
```

下面是其运行结果。

零点：2.2601   -0.6013 + 0.7990i   -0.6013- 0.7990i   0.4425
极点：0   0   0   0
增益系数：   -4

二阶节：
1.0000　　-2.7026　　1.0000　　1.0000　　0　　0
1.0000　　 1.2026　　1.0000　　1.0000　　0　　0

所以可以得到级联型滤波器的系统函数为

$$H(z) = -4(1 - 2.7026z^{-1} + z^{-2})(1 + 1.2026z^{-1} + z^{-2})$$

其结构如图 8.9 所示。

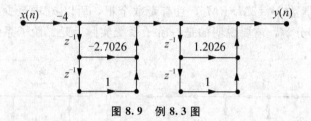

图 8.9　例 8.3 图

FIR 数字滤波器级联型结构有以下 3 个特点。

（1）可以有效控制滤波器的传输零点。

（2）所需要的系数乘法器比直接型多，乘法运算量比较大。

（3）在不考虑零系数的情况下需要乘法器 $3M$ 个（M 为滤波器的级联系统的个数），延时器 $N-1$ 个。

8.2.3　线性相位型

FIR 数字滤波器的重要特点是可设计成具有严格线性相位的滤波器，此时 $h(n)$ 满足偶对称或奇对称的条件。而且零点也是对称的，这在第 7 章已经详细阐述。

1. $h(n)$ 偶对称时

（1）N 为偶数时，因为有 $h(n) = h(N-1-n), 0 \leqslant n \leqslant N-1$，系统函数为 $H(z) = \sum_{n=0}^{N-1} h(n)z^{-n}$，可进一步表示为

$$H(z) = \sum_{n=0}^{\frac{N}{2}-1} h(n) \left[z^{-n} + z^{-(N-1-n)} \right] \tag{8.3}$$

进而，可得到线性相位 FIR 数字滤波器的结构，如图 8.10 所示。

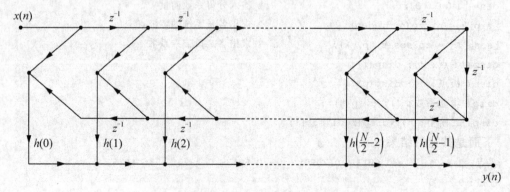

图 8.10　N 为偶数时，FIR 数字滤波器的线性相位结构

(2) N 为奇数时，系统函数为，$H(z) = \sum_{n=0}^{N-1} h(n) z^{-n}$ 进一步表示为

$$H(z) = \sum_{n=0}^{\frac{N-1}{2}-1} h(n)\left[z^n + z^{-(N-1-n)}\right] + h\left(\frac{N-1}{2}\right) z^{-\frac{N-1}{2}} \tag{8.4}$$

可得到线性相位 FIR 数字滤波器的结构，如图 8.11 所示。

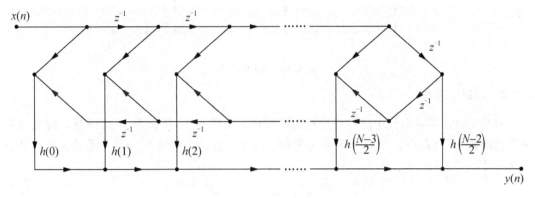

图 8.11 N 为奇数时，FIR 数字滤波器的线性相位结构

2. $h(n)$ 奇对称时

(1) N 为偶数时，$h(n) = -h(N-1-n)$，系统函数为 $H(z) = \sum_{n=0}^{N-1} h(n) z^{-n}$，进一步表示为

$$H(z) = \sum_{n=0}^{\frac{N}{2}-1} h(n)\left[z^{-n} - z^{-(N-1-n)}\right] \tag{8.5}$$

(2) N 为奇数时，系统函数为

$$H(z) = h\left(\frac{N-1}{2}\right) z^{-\left(\frac{N-1}{2}\right)} + \sum_{n=0}^{\frac{N-3}{2}} h(n)\left[z^{-n} - z^{-(N-1-n)}\right] \tag{8.6}$$

$h(n)$ 奇对称时的线性相位型结构分析方法与 $h(n)$ 偶对称时类似，这里不再赘述。

【例 8.4】 FIR 数字滤波器的系统函数为 $H(z) = -4 + 6z^{-1} + 5z^{-2} + 6z^{-3} - 4z^{-4}$ 利用线性相位型结构实现，画出结构图。

解 由系统函数可知，$H(0) = -4, h(1) = 6, h(2) = 5, h(3) = 6, h(4) = -4$，所以 $h(n)$ 偶对称，对称中心在 $n = (N-1)/2 = 2$ 处，且 N 为奇数，其线性相位型结构如图 8.12 所示。

FIR 数字滤波器线性相位型结构有以下两个特点。

(1) 与前两种结构相比结构简化，乘法器个数减半，仍需要 $N-1$ 个延时器。

(2) 当 N 为偶数时乘法器个数为 $\frac{N}{2}$，N 为奇数时为 $\frac{(N+1)}{2}$。

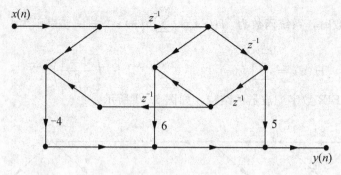

图 8.12 例 8.4 图

8.2.4 频率采样型

第 2 章讨论了有限长序列可以进行频域采样。由于 $h(n)$ 是长为 N 的序列，因此也可对系统函数 $H(z)$ 在单位圆上作 N 等分采样，这个采样值也就是 $h(n)$ 的离散傅里叶变换值 $H(k)$，即

$$H(k) = H(z)\Big|_{z=W_N^{-k}} = \mathrm{DFT}[h(n)] \tag{8.7}$$

根据第 7 章的讨论，用频率采样表达系统函数的内插公式为

$$H(z) = (1 - z^{-N}) \frac{1}{N} \sum_{k=0}^{N-1} \frac{H(k)}{1 - W_N^{-k} z^{-1}} \tag{8.8}$$

可以看出，在这种结构中采用了 $h(n)$ 的 DFT 变换，式(8.8)中既包含极点，也包含零点，所以这时滤波器具有递归结构。频率采样型结构是由两部分级联而成的，即

$$H(z) = H_1(z) H_2(z) \tag{8.9}$$

式中：$H_1(z)$ 为全零点滤波器，即

$$H_1(z) = (1 - z^{-N}) \tag{8.10}$$

其零点位于单位圆的等间隔点上，图 8.13(a)和图 8.13(b)分别为 $N=7$ 和 $N=8$ 时全零点滤波器的零点分布图，等间隔角度为 $2\pi/N$，表示为

$$z_k = \mathrm{e}^{j\frac{2\pi}{N}k} \quad k = 0, 1, \cdots, N-1 \tag{8.11}$$

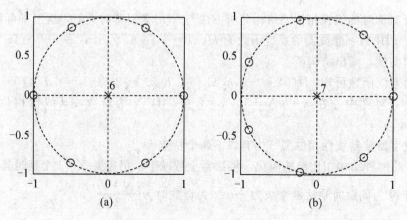

图 8.13 全零点滤波器零点分布

(a) $N=7$ 时全零点滤波器的零点分布；(b) $N=8$ 时全零点滤波器的零点分布

该滤波器又被称为梳状滤波器，如图 8.14 所示，其频率响应和幅频特性表达式分别为

$$H_1(e^{j\omega}) = 1 - e^{-jN\omega} = 1 - \cos N\omega + j\sin N\omega \quad (8.12)$$

$$|H_1(e^{j\omega})| = \sqrt{(1-\cos N\omega)^2 + \sin^2 N\omega} = \sqrt{2(1-\cos N\omega)} = 2\left|\sin\frac{N\omega}{2}\right| \quad (8.13)$$

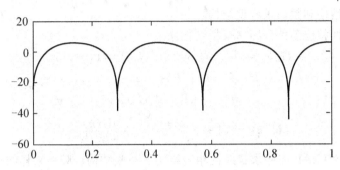

图 8.14 梳状滤波器的幅频特性

另一个滤波器的系统函数为

$$H_2(z) = \sum_{k=0}^{N-1} \frac{H(k)}{1 - W_N^{-k} z^{-1}} \quad (8.14)$$

它是由 N 个单极点的一阶滤波器并联构成的，极点正好与梳状滤波器的一个零点($i=k$)相抵消，从而使频率 $\omega = 2\pi k/N$ 上的频率响应等于 $H(k)$，即

$$H_c(z) \cdot H_k(z) = \left(z_k - e^{j\frac{2\pi k}{N}}\right) \frac{H(k)}{\left(z_k - e^{j\frac{2\pi k}{N}}\right)} = H(k) \quad (8.15)$$

所以整个频率采样型结构如图 8.15 所示。

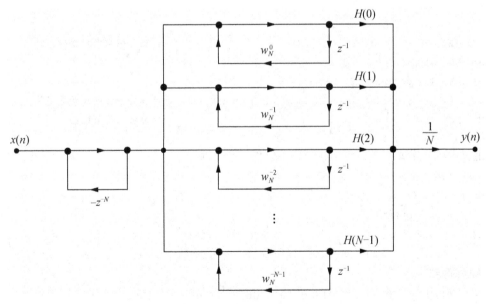

图 8.15 频率采样型结构

【例8.5】 线性相位系统 $N=16$，已知 $H\left(\dfrac{2\pi}{16}k\right)=\begin{cases}1, k=0,1,2\\ \dfrac{1}{2}, k=3\\ 0, k=4,5,\cdots,15\end{cases}$，画出系统的线性相位结构、级联结构和频率采样型结构。

解 根据线性相位条件和频率采样结构原理

$$H(k)=|H(k)|e^{j\arg H(k)}, k=0,1,\cdots,15$$
$$H(k)=|H(16-k)|, k=1,2,\cdots,16, H(0)=1$$
$$h(n)=\text{IDFT}[H(k)]$$
$$H(z)=(1-z^{-N})\frac{1}{N}\sum_{k=0}^{N-1}\frac{H(k)}{1-W_N^{-k}z^{-1}}$$

下面通过 MATLAB 程序求解线性相位结构、级联结构、频率采样结构各项系数。

```
N= 16;
al= (N- 1)/2;
Hk= [1, 1, 1 0.5, zeros(1, 9), 0.5, 1, 1];
k1= 0: 7; k2= 8: N- 1;
angl= [- al* (2* pi)/N* k1, al* (2* pi)/N* (N- k2)];
H= Hk.* exp(j* angl);
h= real(ifft(H, N));
L= N/2- 1;
A1= [1, - 1, 0; 1, 1, 0];
C1= Hk(1);
k= [1: L]';
B= zeros(L, 2); A= ones(L, 3);
A(1: L, 2)= - 2* cos(2* pi* k/N);              % 计算分母多项式系数矩阵
A= [A; A1];
B(1: L, 1)= cos(angl(2: L+ 1)');
B(1: L, 2)= - cos(angl(2: L+ 1)'- (2* pi* k/N));  % 计算分子多项式系数矩阵
C= [2* Hk(2: L+ 1), C1]';                      % 计算各二阶节系数
disp('h(n)= '); h
disp('A= '); A
disp('B= '); B
disp('C'); C
```

下面是程序运行结果。

h(n)= 0.0034   0.0186   0.0065   -0.0426   -0.0633   0.0228   0.2021   0.3525
       0.3525   0.2021   0.0228   -0.0633   -0.0426   0.0065   0.0186   0.0034

即可得到

$$h(n)=0.0034+0.0186z^{-1}+0.065z^{-2}+\cdots+0.0186z^{-14}+0.034z^{-15}$$

sos =   0.0034   0.0158   0   1.0000   0   0
        1.0000   1.2162   0.2162   1.0000   0   0
        1.0000   -3.4324   3.4380   1.0000   0   0

1.0000	1.8478	1.0000	1.0000	0	0
1.0000	-0.0000	1.0000	1.0000	0	0
1.0000	0.7654	1.0000	1.0000	0	0
1.0000	1.4142	1.0000	1.0000	0	0
1.0000	-0.9984	0.2909	1.0000	0	0

所以级联型结构的系统函数为

$$H(z) = (0.0034 + 0.0158z^{-1})(1 + 1.2162z^{-1} + 0.2162z^{-2})\cdots(1 - 0.9984z^{-1} + 0.2909z^{-2})$$

```
A =  1.0000    -1.8478    1.0000
     1.0000    -1.4142    1.0000
     1.0000    -0.7654    1.0000
     1.0000    -0.0000    1.0000
     1.0000     0.7654    1.0000
     1.0000     1.4142    1.0000
     1.0000     1.8478    1.0000
     1.0000    -1.0000    0
     1.0000     1.0000    0

B = -0.9808     0.9808
     0.9239    -0.9239
    -0.8315     0.8315
     0.7071    -0.7071
    -0.5556     0.5556
     0.3827    -0.3827
    -0.1951     0.1951

C =  2  2  1  0  0  0  0  0  1
```

综上所述，频率采样结构的系统函数为

$$h(n) = \frac{1-z^{-16}}{16}\left(2 \times \frac{-0.9808 + 0.9808z^{-1}}{1 - 1.8478z^{-1} + z^{-2}} + 2 \times \frac{0.9239 - 0.9239z^{-1}}{1 - 1.4142z^{-1} + z^{-2}}\right.$$
$$\left. + \frac{-0.8315 + 0.8315z^{-1}}{1 - 0.7654z^{-1} + z^{-2}} + \frac{1}{1+z^{-1}}\right)$$

根据系统函数可得到相应的线性相位型、级联型、频率采样型结构，如图 8.16 所示。FIR 数字滤波器频率采样型结构有以下几个特点。

(1) 结构高度模块化，比线性相位结构更为高效，便于分时复用。

(2) 系数 $H(k)$ 直接就是滤波器在 $\omega = \frac{2\pi}{N}k$ 处的频率响应。

(3) 所有的相乘系数及 $H(k)$ 都是复数，应将其先化成二阶的实数，乘法运算量较大，需要较多的存储器，结构也比较复杂。

(4) 所有极点都是在单位圆上，由于系数量化的影响，极点就不能被梳状滤波器的零点所抵消，系统稳定性变差。

为了克服稳定性变差的缺点，可以首先进行修正，将所有谐振器的极点从单位圆向内收缩，使它处在一个靠近单位圆但半径稍小的圆上 $r \leqslant 1$，同时，梳状滤波器的零点也移到半径为 r 的圆上，也即将频率采样由单位圆移到修正半径 r 的圆上，这时

$$H(z) = (1-r^N z^{-N})\frac{1}{N}\sum_{k=0}^{N-1}\frac{H_r(k)}{1-rW_N^{-k}z^{-1}} \quad (8.16)$$

式中：$H_r(k)$ 是修正点上的采样值，但由于修正半径 $r\approx 1$，因此 $H_r(k)\approx H(k)$。因此

$$H(z) = (1-r^N z^{-N})\frac{1}{N}\sum_{k=0}^{N-1}\frac{H(k)}{1-rW_N^{-k}z^{-1}} \quad (8.17)$$

需要指出的是，所有 FIR 数字滤波器都可用频率采样结构来实现，而用频率采样法设计的 FIR 数字滤波器也可用其他结构来实现，只是用频率采样结构较方便些。

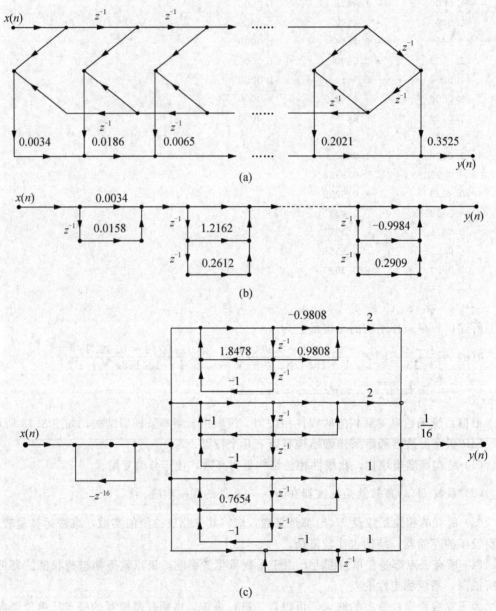

图 8.16　例 8.5 图

(a) 线性相位结构；(b) 级联结构；(c) 频率采样结构

8.3 IIR 数字滤波器的结构

8.3.1 IIR 数字滤波器的特点

若 N 阶 IIR 数字滤波器的系统差分方程为式(6.2)，$y(n) = \sum_{i=0}^{M} a_i x(n-i) + \sum_{i=1}^{N} b_i y(n-i)$，则这一滤波器的系统函数为式(6.1)，$H(z) = \dfrac{\sum_{i=0}^{M} a_i z^{-i}}{1 - \sum_{i=1}^{N} b_i z^{-i}} = \dfrac{Y(z)}{X(z)}$ 于是 IIR 数字滤波器具有以下特点。

(1) 单位脉冲响应 $h(n)$ 是无限长的（$n \to \infty$）。

(2) 这里不失一般性 $M \leqslant N$，系统函数 $H(z)$ 在有限长 z 平面（$0 < |z| < \infty$）有极点存在。

(3) 系统的输出不仅与现在和以前的输入有关，而且还与以前的输出有关，在结构上存在输出到输入的反馈，也即结构为递归型。

(4) 同一系统函数，有各种不同的结构形式。基本网络结构有 3 种，即直接型(包括直接Ⅰ型和直接Ⅱ型)、级联型和并联型，不同结构的稳定性、复杂程度及性能各不相同。

8.3.2 直接Ⅰ型

直接Ⅰ型结构由式 $y(n) = \sum_{i=0}^{M} a_i x(n-i) + \sum_{i=1}^{N} b_i y(n-i)$ 得到网络结构，可以看出 $y(n)$ 由两部分组成，第一部分 $\sum_{i=0}^{M} a_i x(n-i)$ 是一个对输入 $x(n)$ 的 M 节延时链结构，第二部分 $\sum_{i=1}^{N} b_i y(n-i)$ 是一个对输出 $y(n)$ 的 N 节延时链结构，是个反馈网络。设

$$w(n) = \sum_{i=0}^{M} a_i x(n-i) \qquad y(n) = w(n) + \sum_{i=1}^{N} b_i y(n-i)$$

因而系统函数可表示为

$$H(z) = H_1(z) H_2(z)$$

式中：

$$H_1(z) = \sum_{i=0}^{M} a_i z^{-i} = \frac{W(z)}{X(z)} \tag{8.18}$$

$$H_2(z) = \frac{1}{1 - \sum_{i=1}^{N} b_i z^{-i}} = \frac{Y(z)}{W(z)} \tag{8.19}$$

可以看出，$H_1(z)$ 实现了系统的零点，$H_2(z)$ 实现了系统的极点。$H(z)$ 由这两个部分级联构成。直接Ⅰ型结构如图 8.17 所示。

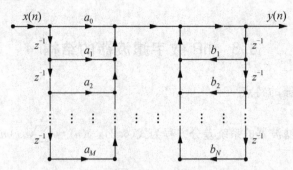

图 8.17 IIR 数字滤波器直接 I 型结构

IIR 数字滤波器直接 I 型结构有以下几个特点。

(1) 由两个网络级联构成，第一个横向结构 M 节延时链实现零点，第二个有反馈的 N 节延时链实现极点，物理概念清楚、简单、易于理解。

(2) 需要的延迟单元太多，共需 $M+N$ 个延时器，当 $M=N$ 时为 $2N$ 个。

(3) 系数 a_i 和 b_i 不能直接控制滤波器的性能，一个 a_i 和 b_i 的改变会影响到系统的零点或极点分布，对极、零点的控制很难。

(4) 容易出现不稳定或产生较大误差。

8.3.3 直接 II 型

直接 I 型结构中的两部分可分别看作是两个独立的网络 $H_1(z)$ 和 $H_2(z)$，两部分串接构成总的系统函数 $H(z) = H_1(z)H_2(z)$。由于系统是线性的，交换两个级联网络的次序得 $H(z) = H_2(z)H_1(z)$ 两条延时链中对应的延时单元内容完全相同，合并后得到直接 II 型结构，如图 8.18 所示。

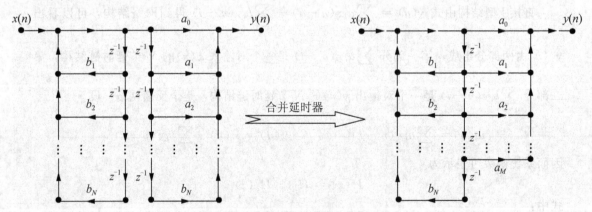

图 8.18 IIR 数字滤波器直接 II 型结构

【例 8.6】IIR 数字滤波器的系统函数为 $H(z) = \dfrac{6+5z^{-1}-4z^{-2}+3z^{-3}}{1-6z^{-1}-5z^{-2}-3z^{-3}}$，分别用直接 I 型和直接 II 型结构实现。

解 根据系统函数，写出差分方程为

$$y(n) = 6x(n) + 5x(n-1) - 4x(n-2) + 3x(n-3) + 6y(n-1) + 5y(n-2) + 3y(n-3)$$

按照差分方程画出如图 8.19 所示的直接 I 型和直接 II 型结构。

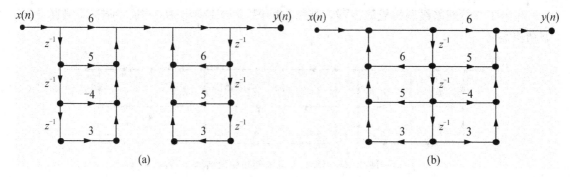

图 8.19 例 8.6 图
(a) 直接 I 型结构；(b) 直接 II 型结构

IIR 数字滤波器直接 II 型结构有以下两个特点。

(1) 当 $M=N$ 时，延迟单元减少一半，为 N 个，可节省寄存器或存储单元。
(2) 从输入到输出的观点看，两种直接型是等效的，所以仍不能克服直接 I 型的缺点。

8.3.4 级联型

通常在实际中很少采用上述两种结构实现高阶系统，而是把高阶变成一系列不同组合的低阶系统（一、二阶）来实现。为了讨论方便，令 $M=N$，则一个 N 阶系统函数可用它的零、极点法来表示，将其分子、分母都表达为因子形式，即

$$H(z) = \frac{\sum_{i=0}^{N} a_i z^{-i}}{1 - \sum_{i=1}^{N} b_i z^{-i}} = A \frac{\prod_{i=1}^{N}(1 - c_i z^{-1})}{\prod_{i=1}^{N}(1 - d_i z^{-1})} \tag{8.20}$$

由于系数 a_i、b_i 都是实数，极、零点为实根或共轭复根，所以有

$$H(z) = A \frac{\prod_{i=1}^{M_1}(1 - g_i z^{-1}) \prod_{i=1}^{M_2}(1 - h_i z^{-1})(1 - h_i^* z^{-1})}{\prod_{i=1}^{N_1}(1 - p_i z^{-1}) \prod_{i=1}^{N_2}(1 - q_i z^{-1})(1 - q_i^* z^{-1})} \tag{8.21}$$

式中：$N = M_1 + 2M_2$，$N = N_1 + 2N_2$；g_i 和 p_i 为实根；h_i 和 q_i 为复根。将每一对共轭因子合并，可构成实系数二阶因子

$$H(z) = A \frac{\prod_{i=1}^{M_1}(1 - g_i z^{-1}) \prod_{i=1}^{M_2}(1 + a_{1i} z^{-1} + a_{2i} z^{-2})}{\prod_{i=1}^{N_1}(1 - p_i z^{-1}) \prod_{i=1}^{N_2}(1 - b_{1i} z^{-1} - b_{2i} z^{-2})} \tag{8.22}$$

实际上，单根实因子是二阶因子的特例，式(8.22)表示的系统函数可进一步描述为

$$H(z) = A \prod_{i=1}^{M} \frac{1 + a_{1i} z^{-1} + a_{2i} z^{-2}}{1 - b_{1i} z^{-1} - b_{2i} z^{-2}} = A \prod_{i=1}^{M} H_i(z) \tag{8.23}$$

二阶子网络称为二阶节，一般形式为

$$H_i(z) = \frac{1 + a_{1i} z^{-1} + a_{2i} z^{-2}}{1 - b_{1i} z^{-1} - b_{2i} z^{-2}} \tag{8.24}$$

用若干二阶网络级联构成滤波器，其结构如图 8.20 所示，所有的二阶节采用直接 II 型结构实现。

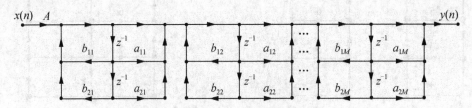

图 8.20 IIR 数字滤波器级联型结构

【例 8.7】 设差分方程为

$5y(n) - 12y(n-1) - 2y(n-2) + 4y(n-3) + 2y(n-4) = x(n) - 3x(n-1) - 4x(2-3) + 9x(n-4)$ 求解并画出它的级联结构。

解 根据差分方程可得到相应的系统函数为

$$H(z) = \frac{1}{5} \cdot \frac{1 - 3z^{-1} - 4z^{-3} + 9z^{-4}}{1 - \frac{12}{5}z^{-1} - \frac{2}{5}z^{-2} + \frac{4}{5}z^{-3} + \frac{2}{5}z^{-4}}$$

利用 MATLAB 程序将 $H(z)$ 的分子和分母进行因式分解。

```
a= [1 - 3 0 - 4 9]
b= [5 - 12 - 2 4 2]
[z,p,k]= tf2zp(a, b);
[sos, A] = zp2sos(z, p, k)
```

下面是程序运行结果。

```
sos = 1.0000   - 4.4207   4.0682   1.0000   - 3.1839   1.8833
      1.0000     1.4207   2.2123   1.0000     0.7839   0.2124
A = 0.2000
```

因为 MATLAB 用一个 $L \times 6$ 矩阵 **sos** 来表示这个二阶分式，即

$$sos = \begin{bmatrix} a_{01} & a_{11} & a_{12} & b_{01} & b_{11} & b_{12} \\ a_{02} & a_{12} & a_{22} & b_{02} & b_{12} & b_{22} \\ \vdots & \vdots & \vdots & \vdots & \vdots & \vdots \\ a_{0L} & a_{1L} & a_{2L} & b_{0L} & b_{1L} & b_{2L} \end{bmatrix} \tag{8.25}$$

这里 $L=2$，所以可以得到相应的系统函数

$$H(z) = 0.2 \frac{1 - 4.4207z^{-1} + 4.0682z^{-2}}{1 - 3.1839z^{-1} + 1.8833z^{-2}} \times \frac{1 + 1.4207z^{-1} + 2.2123z^{-2}}{1 + 0.7839z^{-1} + 0.2124z^{-2}}$$

级联结构如图 8.21 所示。

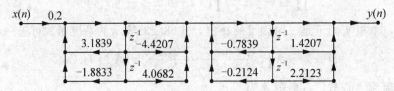

图 8.21 例 8.7 图

IIR 数字滤波器级联型结构有以下几个特点。

(1) 实现简化,用一个二阶节,通过变换系数就可实现整个系统。
(2) 极、零点可单独控制,便于准确控制滤波器的零极点,有效地进行滤波器性能调整。
(3) 级联的次序可以互换,各二阶节零、极点的搭配可互换位置,所以系统函数的级联结构不唯一,优化组合以减小运算误差。

8.3.5 并联型

将系统函数展开成部分分式之和,可用并联方式构成滤波器

$$H(z) = \frac{\sum_{i=0}^{N} a_i z^{-i}}{1 - \sum_{i=1}^{N} b_i z^{-i}} = A_0 + \sum_{i=1}^{N} \frac{A_i}{(1 - d_i z^{-1})} \quad (8.26)$$

将式(8.26)中的共轭复根成对合并为二阶实系数的部分分式,每个二阶节可以用直接Ⅱ型实现。所得到的并联型结构有两种基本类型,即并联Ⅰ型和并联Ⅱ型。

1. 并联Ⅰ型

系统函数可表示为

$$H(z) = A_0 + \sum_{i=1}^{L} \frac{A_i}{(1 - p_i z^{-1})} + \sum_{i=1}^{M} \frac{a_{0i} + a_{1i} z^{-1}}{1 - b_{1i} z^{-1} - b_{2i} z^{-2}} \quad (8.27)$$

式(8.27)表明,并联Ⅰ型系统函数 $H(z)$ 可用 L 个一阶网络(实际上一阶节是二阶节的特例)、M 个二阶网络以及一个常数 A_0 并联组成,如图8.22(a)所示。

2. 并联Ⅱ型

系统函数可表示为

$$H(z) = A_0 + \sum_{i=1}^{L} \frac{A_i z^{-1}}{(1 - p_i z^{-1})} + \sum_{i=1}^{M} \frac{a_{1i} z^{-1} + a_{2i} z^{-2}}{1 - b_{1i} z^{-1} - b_{2i} z^{-2}} \quad (8.28)$$

基本形式如图8.22(b)所示。

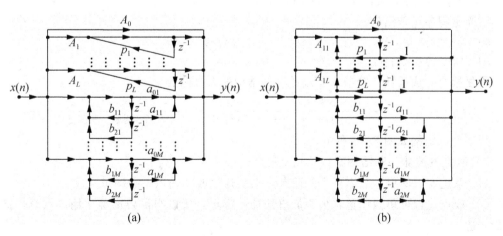

图 8.22 IIR 数字滤波器并联结构

(a) 并联Ⅰ型;(b) 并联Ⅱ型

【例 8.8】 IIR 数字滤波器的系统函数为 $H(z) = \dfrac{1}{5} \cdot \dfrac{1 - 3z^{-1} - 4z^{-3} + 9z^{-4}}{1 - \dfrac{12}{5}z^{-1} - \dfrac{2}{5}z^{-2} + \dfrac{4}{5}z^{-3} + \dfrac{2}{5}z^{-4}}$，求解并画出并联型结构。

解 由例 8.7 已经求出级联型结构的系统函数为

$$H(z) = 0.2 \times \dfrac{1 - 4.4207z^{-1} + 4.0682z^{-2}}{1 - 3.1839z^{-1} + 1.8833z^{-2}} \times \dfrac{1 + 1.4207z^{-1} + 2.2123z^{-2}}{1 + 0.7839z^{-1} + 0.2124z^{-2}}$$

将其变换成并联 I 型可以利用下列 MATLAB 程序实现。

```
a= [1 - 3 0 - 4 9]
b= [5 - 12 - 2 4 2]
[r,p,k]= residuez(a, b) % 将上式变换成并联 II 型 residue (a, b)
disp('留数：'); disp(r')
disp('极点：'); disp(p')
disp('常数：'); disp(k')
```

下面是程序运行结果。

留数：- 0.0586   - 0.5233   - 1.8590 - 2.1155i   - 1.8590 + 2.1155i
极点：2.3987   0.7851   - 0.3919 - 0.2425i   - 0.3919 + 0.2425i
常数：4.5000

该系统有一对共轭复数极点，利用 [a1, b1] = residuez(R1, P1, 0) 语句可获得其所对应的实数二阶分式的分子、分母多项式系数，其中 R1 为共轭复数留数所构成的向量，P1 为共轭复数极点所构成的向量，a1、b1 为有理分式分子和分母多项式的系数向量。运行下面的程序。

```
R1= [r(3), r(4)];
P1= [p(3), p(4)];
[a1, b1] = residuez(R1, P1, 0);
disp('分子多项式的系数向量：'); disp(a1)
disp('分母多项式的系数向量：'); disp(b1)
```

下面是程序运行结果。

分子多项式的系数向量：   - 3.7181   - 2.4831   0
分母多项式的系数向量：   1.0000   0.7839   0.2124

将复根合并成系数二阶节，所以并联型结构的系统函数为

$$H(z) = 4.5 + \dfrac{-0.0586}{1 - 2.3987z^{-1}} + \dfrac{-0.5233}{1 - 0.7851z^{-1}} + \dfrac{-3.718 - 2.4831z^{-1}}{1 + 0.7838z^{-1} + 0.2124z^{-2}}$$

所得并联结构如图 8.23 所示。

IIR 数字滤波器并联结构有以下几个特点。

(1) 系统实现简单，只需一个二阶节，系统通过改变输入系数即可完成。

(2) 极点位置可单独调整，但不能直接控制零点，所以当需要准确传输零点时，级联型最合适。

(3) 可并行进行，运算速度快。

(4) 各二阶链的误差互不影响，总的误差小，对字长要求低。

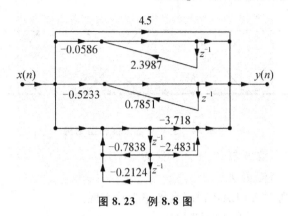

图 8.23 例 8.8 图

8.4* 数字滤波器的格型结构

在数字信号处理中,格型(Lattice)网络起着重要的作用,在现代谱估计、语音处理、自适应滤波、线性预测和逆滤波等方面已得到广泛应用,其结构类型主要分为以下 3 种。

(1) 全零点(AZ)滤波器(FIR)的格型结构。
(2) 全极点(AP)滤波器(IIR)的格型结构。
(3) 有极点和零点滤波器(IIR)的格型结构。

8.4.1 全零点滤波器的格型结构

1. 系统函数

长度为 N 的 FIR 数字滤波器有 $N-1$ 级格型结构,如果直接型 FIR 数字滤波器的系统函数为 $H(z) = \sum_{n=0}^{N-1} h(n)z^{-n}$,则其用多项式 $A_{N-1}(z)$ 则可表示为

$$A_{N-1}(z) = 1 + \sum_{n=1}^{N-1} a_{N-1}(n) z^{-n} \tag{8.29}$$

式中: $a_{N-1}(n) = \dfrac{a_n}{a_0}, n = 1, \cdots, N-1$。

2. 全零点滤波器的格型结构

全零点滤波器的格型结构如图 8.24 所示,其中 $\{K_n\}$ 为格型滤波器的系数,可以利用递归算法求得

$$\begin{aligned}
K_0 &= a_0 \\
K_{N-1} &= a_{N-1}(N-1) \\
A_{n-1}(z), &= \frac{A_n(z) - k_n A_n(z^{-n})}{1 - K_n^2} \qquad n = M-1, \cdots, 1 \\
K_n &= a_n(n), \qquad\qquad\qquad\qquad n = M-2, \cdots, 1
\end{aligned} \tag{8.30}$$

可以看出,若 $|K_n|=1$,则算法失效,这个条件是线性相位 FIR 数字滤波器刚好满足的,所以线性相位 IIR 数字滤波器不能用格型结构实现。

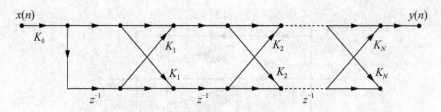

图 8.24 全零点滤波器格型结构

【例 8.9】 若 FIR 数字滤波器的差分方程为 $y(n) = 2x(n) + x(n-1) + 5x(n-2) + 3x(n-3)$，试用格型结构实现。

解 本例可用下列 MATLAB 程序直接完成并实现。

```
num=[2 1 5 3];          % 多项式系数向量
K= tf2latc(1, num);     % 求格型结构参数
[n, d] = latc2tf(K)     % 为了验证这个格型结构是正确的，直接型多项式系数
disp('K= '); disp(K')
disp('n= '); disp(n)
disp('d= '); disp(d)
```

下面是程序运行结果。

```
K=      -6.5000     -1.4000     1.5000
n=      1.0000      0.5000      2.5000      1.5000
d=      1
```

所以，$K_0 = a_0 = 2$，$K_1 = -6.5$，$K_2 = -1.4$，$K_3 = 1.5$，对应的格型结构如图 8.25 所示。

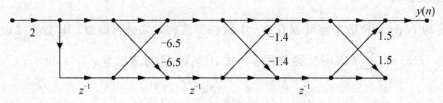

图 8.25 例 8.9 图

8.4.2 全极点滤波器的格型结构

(1) 系统函数为

$$H(z) = \frac{1}{A_N(z)} = \frac{1}{1 + \sum_{n=1}^{N} a_N(n) z^{-n}} \qquad (8.31)$$

(2) 全极点滤波器的格型结构如图 8.26 所示。

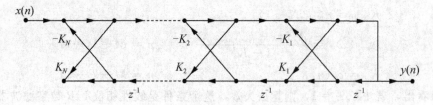

图 8.26 全极点滤波器的格型结构

图 8.26 中参数 $\{K_n\}$ 是全极点格型的反射系数,除 $K_0=1$ 外,所有反射系数均由式(8.30)求得。

8.4.3 零极点滤波器的格型结构

(1) 系统函数为

$$H(z) = \frac{\sum_{m=0}^{p} b_m z^{-m}}{A_N(z)} = \frac{B(z)}{A_N(z)} \qquad (8.32)$$

(2) 零极点滤波器格型结构如图 8.27 所示。

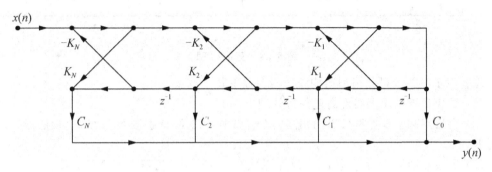

图 8.27 零极点滤波器格型结构

图 8.27 中 $\{C_n\}$ 为梯形系数,决定了系统函数的零点。可以由下列公式递归得到

$$C_n = b_n + \sum_{i=n+1}^{N} C_i a_i (i-n), n = N, N-1, \cdots, 0 \qquad (8.33)$$

【例 8.10】 已知系统函数为 $H(z) = \dfrac{1 - 3z^{-1} - 4z^{-3} + 9z^{-4}}{1 - \frac{1}{4}z^{-1} - \frac{1}{2}z^{-2} + \frac{1}{3}z^{-3} + \frac{1}{3}z^{-4}}$,利用格型结构实现。

解 本例可直接利用下列 MATLAB 程序实现。

```
num=[1 -3 0 -4 9];            % 分子多项式系数向量
den=[1 -1/4 -1/2 1/3 1/3];    % 分母多项式系数向量
[K,C]= tf2latc(num, den);     % 求格型结构 K 参数和 C 参数
x= [1 0 0 0 0];               % 输入信号
y1= filter(num, den, x);      % 直接型结构实现
y2= latcfilt(K, C, x);        % 验证格型实现
disp('K= '); disp(K')
disp('C= '); disp(C')
disp('y1= '); disp(y1)
disp('y2= '); disp(y2)
```

下面是程序运行结果。

K=	-0.3869	-0.2365	0.4688	0.3333	
C=	-2.4256	-5.5371	3.7891	-1.7500	9.0000
y1=	1.0000	-2.7500	-0.1875	-5.7552	8.0508
y2=	1.0000	-2.7500	-0.1875	-5.7552	8.0508

所以，$K_1 = -0.3869, K_2 = -0.2365, K_3 = 0.4688, k_4 = 0.3333, C_0 = -2.4256,$
$C_1 = -5.5371, C_2 = 3.7891, C_3 = -1.7500, C_4 = 9.0000$

其格型结构如图 8.28 所示。

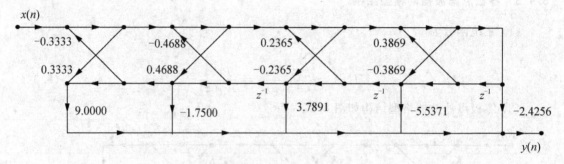

图 8.28　例 8.10 图

综合以上分析，可见格型结构滤波器有以下几个特点。

(1) 模块化结构便于实现高速并行处理。

(2) 全极点和全零点型可以用相同的个性参数，需 N 个参数 K_i，$2N$ 个乘法器，N 个延时器。

(3) 零极点型需 N 个参数 K_i，N 个系数 C_i，$3N$ 个乘法器，N 个延时器。

8.5　综合实例

已知信号 $x(n) = 5\sin(0.2\pi n) + N(n), 0 \leqslant n \leqslant 50$，其中 $N[n]$ 为均值为 0 方差为 1 的 Gauss 分布随机信号。

(1) 将其通过系统函数为 $H(z) = -4 + 6z^{-1} + 5z^{-2} + 6z^{-3} - 4z^{-4}$ 的 FIR 数字滤波系统，分别求出滤波器为直接型、级联型结构时的输出信号。

(2) 将其通过系统函数 $H(z) = \dfrac{1}{5} \times \dfrac{1 - 3z^{-1} - 4z^{-3} + 9z^{-4}}{1 - \frac{12}{5}z^{-1} - \frac{2}{5}z^{-2} + \frac{4}{5}z^{-3} + \frac{2}{5}z^{-4}}$ 的 IIR 数字滤波器，分别求出滤波器结构为直接型、级联型结构时的输出。

解　信号通过线性系统的输出 $y(n) = x(n) * h(n)$，即有 $Y(z) = H(z)X(z)$，可通过下面的 MATLAB 程序求解得到系统的输出。

```
%产生受噪声干扰的正弦信号
N= 50;n= 0:N;
s= 5*sin(0.2*pi*n);
X= 5*sin(0.2*pi*n)+ randn(1, N+ 1);
imp= [1 zeros(1, 50)];
subplot(211)
stem(n, s, 'b');
legend('无噪声信号');
subplot(212)
stem(n, X, 'b');
```

```
legend('有噪声信号');
num= [- 4 6 5 6 - 4];         % 输入分子系数向量 num= [1 - 3 - 4 - 9]为 IIR 数字滤波器
den= [1 0 0 0 0];             % 输入分母系数向量 den= [5 - 12 - 2 4 2]为 IIR 数字滤波器
[z, p, k] = tf2zp(num, den);  % 求出各子系统的零点
sos= zp2sos(z, p, k);         % 求出各二阶节乘系数
figure
y11= filter(num, den, imp);
y12= sosfilt(sos, imp);
subplot(211)
stem(n, y11, 'b');
disp('直接型结构的滤波器的单位脉冲响应函数：'); disp(y11);
legend(' ');
subplot(212)
stem(n, y12, 'b');
disp('级联型结构的滤波器的单位脉冲响应函数：'); disp(y12);
figure
y21= conv(y11, X);
y22= conv(y12, X);
subplot(211)
stem(y21, 'b');
disp('直接型结构输出：'); disp(y21);
subplot(212)
stem(y22, 'b');
disp('级联型结构输出：'); disp(y22);
```

程序结果如图 8.29 和图 8.30 所示。

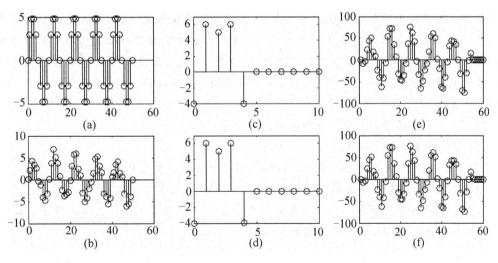

图 8.29　不同结构类型 FIR 数字滤波器

(a) 无噪声信号；(b) 有噪声信号；(c) 直接型脉冲响应；
(d) 级联型脉冲响应；(e) 直接型结构输出；(f) 级联型结构输出

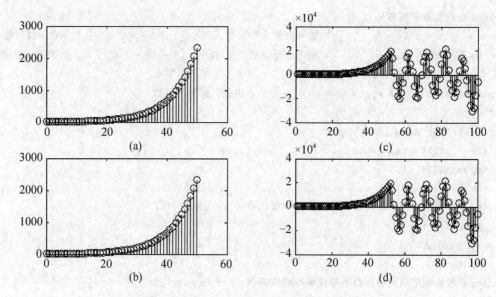

图 8.30　IIR 数字滤波器不同结构类型滤波器
(a) 直接型脉冲响应；(b) 级联型脉冲响应有噪声信号；
(c) 直接型结构输出；(d) 级联型结构输出

可见，同一种类型的滤波器级联型与直接型网络结构滤波器达到几乎相同的滤波效果，由滤波后信号的波形可看出，滤波器减少了信号中的干扰。IIR 数字滤波器滤波后的信号相对于原信号有样本的延迟。

小　　结

数字滤波器是数字信号处理的重要内容，数字滤波器设计完成后，就应该确定其运算结构以便具体实现。本章主要讲述 FIR 数字滤波器可以按照直接型、级联型、频率采样型和格型结构实现。IIR 数字滤波器可以用直接型、级联型、并联型以及格型结构来实现。理解不同的结构及其对滤波器性能的影响，可以帮助选择相应的软硬件资源，提高系统性能。本章需要重点掌握的内容要点有以下几个。

(1) 数字滤波器可由差分方程和系统函数获得。
(2) 不同结构的滤波器有不同的性能特点。
(3) FIR 数字滤波器有直接型、级联型、频率采样型、快速卷积型。
(4) IIR 数字滤波器结构有直接Ⅰ型、直接Ⅱ型、级联型、并联型。
(5) 全零点格型是 FIR 数字滤波器的格型表示，全极点型是全零点结构的逆系统。
(6) 零极点型是 IIR 数字滤波器的格型表示。

习　　题

1. IIR、FIR 数字滤波器各有哪几种实现结构？各有什么特点？

2. 试求图 8.31 所示网络的系统函数，并证明它们具有相同的极点。

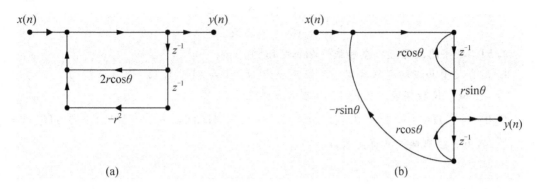

图 8.31 结构图

(a) 结构 1；(b) 结构 2

3. 用直接型结构实现以下系统函数。

(1) $H(z) = \dfrac{-1 + 3z^{-1} - 0.3z^{-2}}{1 + 2z^{-1} + 3z^{-2} + z^{-3}}$

(2) $H(z) = \dfrac{3z^3 + 2z^2 + z + 5}{5z^3 + 2z^2 + 3z + 2}$

4. 用级联和并联结构实现下面的系统函数。

$$H(z) = \dfrac{6 + 5z^{-1} - 4z^{-2} + 3z^{-3} + 2z^{-4}}{7 - 6z^{-1} - 4z^{-2} - 3z^{-3} - 2z^{-4}}$$

5. 试求图 8.32 所示网络的系统函数，并证明它们的原始网络和转置网络有相同的系统函数。

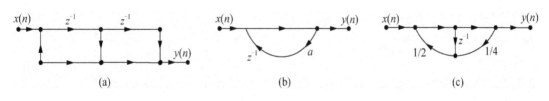

题 8.32 结构图

(a) 结构 1；(b) 结构 2；(c) 结构 3

6. 设差分方程为 $y(n) = x(n) + x(n-1) + \dfrac{3}{4} y(n-1) - \dfrac{1}{8} y(n-2)$，按照下列要求分别画出系统的结构图。

(1) 直接 I 型。

(2) 直接 II 型。

(3) 级联型。

(4) 并联型。

7. 用级联型结构实现系统函数为 $H(z) = \dfrac{2(1 + z^{-1})(1 - 1.414z^{-1} + z^{-2})}{0.81z^{-3} - 0.9z^{-2} + 0.3z^{-1} + 1}$，试问一共能构成几种级联网络？

8. 已知滤波器的单位脉冲响应为

$$h(n) = \begin{cases} 0.2, & 0 \leqslant n \leqslant 5 \\ 0, & \text{其他} \end{cases}$$

求 FIR 数字滤波器直接型和线性相位型结构。

9. 用直接型和级联型结构实现系统函数为 $H(z) = (1 - 1.414z^{-1} + z^{-2})(1 + z^{-1})$。

10. 已知 FIR 数字滤波器的 16 个频率采样值为

$H(0) = 1, H(1) = 1 - j\sqrt{3}, H(2) = 0.5 + 0.5j, H(3) = \cdots = H(14) = 0, H(15) = 1 + j\sqrt{3}$ 画出滤波器频率采样结构$(r=1)$。

第9章 数字信号处理中的有限字长效应

教学目标与要求

（1）了解二进制的表示及其对量化的影响。
（2）理解A/D转换的量化效应。
（3）了解数字滤波器的系数量化效应。
（4）掌握数字滤波器运算中的有限字长效应。
（5）掌握FFT算法的有限字长效应。

知识架构

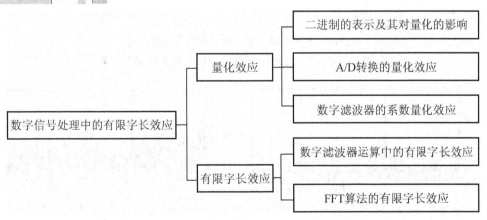

导入实例

对单频正弦信号进行 FFT 运算的有限字长效应计算机仿真。参数设置为：信号频率 $f=3$ kHz，信号幅度 $A=20q$，采样频率 $f_s=8.192$ kHz，采样点数 $N=512$。

首先给出对定点数据进行浮点运算的 FFT 结果，作为比较依据，如图 9.1 所示，图 9.2 给出了零噪声输入时，两种定点算法的仿真结果。比较图 9.2 与图 9.1 可见，原码截断时 FFT 输出模值损失严重（约 $10q$），补码运算时出现误差堆积现象，这与上述理论分析是一致的。图 9.3 给出了输入信噪比 $S/N=-10$ dB，采用原码截断和补码截断算法的仿真结果，可以看出，加入噪声后的原码截断算法的模值损失明显减小，而补码截断的误差堆积依然存在。

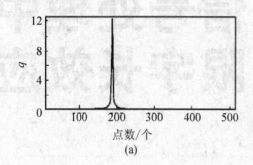
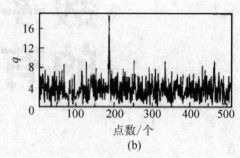

图 9.1　定点数据不同噪声浮点运算的 FFT 结果

(a)零噪声输入，浮点 FFT 运算结果；(b)输入信噪比 $S/N=-10$ dB，浮点 FFT 结果

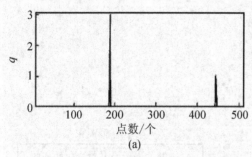
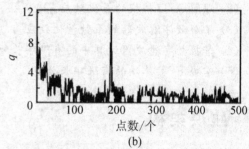

图 9.2　零噪声输入时两种定点算法仿真结果

(a)原码截断 FFT 运算结果；(b)补码截断 FFT 运算结果

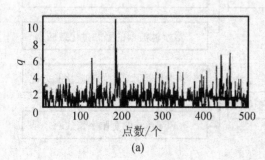
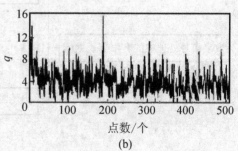

图 9.3　输入信噪比 $S/N=-10$ dB 时原码和补码运算结果

(a)原码截断运算结果；(b)补码截断运算结果

第9章 数字信号处理中的有限字长效应

采用原码舍入算法可以减小信号输出点的幅度损失,对于补码截断运算,主要误差是非信号相参输出点产生误差堆积。在实际系统中,噪声打乱了信号的线性相位,因此原码定点FFT输出模值损失可以大大减小,但是对于补码算法,加入噪声的改善效果不明显。本例在TMS320C62x硬件仿真器上得到的结果进一步验证了上述结论的正确性。

前面各章节所讨论的数字信号与系统都没有涉及精度的问题,而认为数字是无限精度的。实际上,无论是用软件还是硬件实现数字信号处理时,系统参数及信号序列值都必须用二进制的形式存储在有限字长的存储单元中,这种有限字长的数的精度必然是有限的,因而一定会带来误差。另外,A/D转换器将模拟信号转变为有限字长的数字信号时,也同样会带来误差。因此,在实现数字信号处理系统时共有以下3种因量化而引起的误差因素。

(1) A/D转换中的量化效应。
(2) 系统参数的不精确性产生的量化效应。
(3) 数字运算过程中的有限字长效应。

上述3种误差与系统结构形式、数的表示方法、所采用的运算方式、字的长短以及尾数的处理方式都有关。如果选择的字长足够长则运算的精度就可以足够高,而增加字长也会增加数字信号处理成本,所以应在满足精度要求的情况下,尽可能选择较短的字长。

本章将讨论数字信号处理系统的上述3种量化效应。

9.1* 二进制的表示及其对量化的影响

在数字系统中一般采用二进制算法,其最基本的有定点制和浮点制,在讨论量化之前,先复习一下二进制的表示。

9.1.1 定点二进制数

在整个运算中,二进制小数点在数码中的位置是固定不变的,称为定点制。原则上说,定点制的小数点可固定在任意位上,但为了运算方便,通常定点制把数 M 限制在±1之间,最高位为符号位,分别用0、1代表正数和负数。符号位后是小数点,数的本身只有小数部分,称为"尾数"。在定点制进行加减法运算时,0不会增加字长,但其结果可能会超过±1范围,称为"溢出"。定点制的乘法运算不会造成溢出,因为绝对值小于1的两个数相乘后,其绝对值仍小于1,但是相乘后字长却要增加一倍,一般在定点制乘法运算以后需要对尾数做截尾或舍入处理,以保证字长不变,但是这样处理后会带来截尾误差或舍入误差。

以下是定点制的3种表示方法。

1. 原码

一个$(b+1)$位码

$$\alpha_0\alpha_1\alpha_2\ldots\alpha_b \tag{9.1}$$

符号位 $\alpha_0=0$ 表示正数,$\alpha_0=1$ 表示负数。例如 $x=0.110$ 表示的是 $+0.75$,$x=1.110$

表示的是 -0.75。原码所表示的十进制数为

$$x = (-1)^{a_0} \sum_{i=1}^{b} a_i 2^{-i} \tag{9.2}$$

2. 反码和补码

反码和补码的整数表示与原码相同。负数的反码表示是将该数正数表示形式中的所有 0 改为 1，所有 1 改为 0，但符号位不变。例如 $x=-0.75$ 的反码为 1.001。反码的十进制数可表示为

$$x = -a_0(1-2^{-b}) + \sum_{i=1}^{b} a_i 2^{-i} \tag{9.3}$$

负数的补码等于其反码在最低位上加 1。例如，$x=-0.75$ 的补码为 1.010。补码的十进制数值表示为

$$x = -a_0 + \sum_{i=1}^{b} a_i 2^{-i} \tag{9.4}$$

综上所述，原码的优点是直观，但做加减运算时要判断符号位的异同，因而运算时间较长；反码只是将负数的原码转换为补码时的一个中间过渡的代码，用得较少；补码做加减运算时较简单，可以将加法和减法运算统一为加法运算，对于乘法运算补码比原码稍复杂，但目前在并行补码乘法方面已有一些快速算法，可作为大规模集成电路的内核而被广泛应用，因而在数字信号处理系统中普遍使用的是补码。

9.1.2 浮点二进制数

定点制的缺点是动态范围小，有溢出现象。浮点制可以避免这一缺点，具有很大的动态范围，溢出的可能性小。浮点制是将一个数表示成尾数和指数两部分，即

$$x = \pm M \times 2^c \tag{9.5}$$

式中：M 为数 x 的尾数部分；2^c 为数 x 的指数部分；c 为阶数，称为"阶码"。例如 $x=0.11\times 2^{010}$ 表示的十进制数是 $x=0.75\times 2^2 = 3$。尾数和阶码都用带符号位的定点数表示，通常 M 取值范围是 $\frac{1}{2} \leqslant |M| \leqslant 1$，叫做尾数规格化。尾数的字长决定浮点制的运算精度，而阶码的字长决定了浮点制的动态范围。浮点表示数的小数点是浮动的，一般通用计算机中往往同时使用定点、浮点两种计算方式。

浮点制的乘法是尾数相乘，阶码相加，尾数相乘的过程与定点制相同，因此也要做截尾或舍入处理，由于尾数的乘积是 $\frac{1}{4} \sim 1$ 之间的数，故需要加以规格化，并同时调整阶码。

浮点制的加法，如果两个数的阶码相同，则只要两个尾数相加就得到和数的尾数，和数的阶码不变，即为两数原来的阶码。阶码数不等的两浮点数相加则要分三步进行：第一步，先进行对阶，这时需将小阶码向大阶码看齐，同时，阶小的数的尾数的小数点要左移，左移一位，阶码加 1，直至两数阶码相等；第二步，将所得两尾数用定点运算相加；第三步，使所得结果尾数归一化，并相应调整阶码。浮点数的动态范围很大，加减运算不

需要考虑溢出问题。

一般来讲,浮点制的运算精度比定点制要高得多,下面重点讨论定点制的量化误差。

9.1.3 定点制的量化误差

由上面可知,定点制的乘法在运算结束后都会使字长增加,因而需要对尾数进行截尾或舍入处理,即量化分为截尾和舍入两种处理方式,不同的处理方式、不同的码制其量化误差均不一样。

当定点制实现中的寄存器长度给定时,其表示的数的字长也就确定了。例如,字长为 $b+1$ 位(含符号位),可表示的最小数为 2^{-b},这个值称为"量化宽度"或"量化阶",通常用 q 表示,即

$$q = 2^{-b} \tag{9.6}$$

这时,如果数 x 被量化,则将引入误差 E,表示为

$$E = [x] - x \tag{9.7}$$

式中:$[x]$ 为 x 的量化值,即 x 经截尾或舍入后的值。

1. 截尾处理

对于正数 x,其原码、反码和补码的表示法是相同的,小数点以后 b_1 位($b_1 > b$)正数 x 的十进制数为

$$x = \sum_{i=1}^{b_1} \alpha_i 2^{-i} \tag{9.8}$$

截尾处理后为 b 位字长,以 $[x]_T$ 表示对 x 做截尾处理,则

$$[x]_T = \sum_{i=1}^{b} \alpha_i 2^{-i} \tag{9.9}$$

以 E_T 表示截尾误差,则有

$$E_T = [x]_T - x = -\sum_{i=b+1}^{b_1} \alpha_i 2^{-i} \tag{9.10}$$

从式(9.10)可以看出,截尾误差 E_T 为负值或零,并在 α_i 全部为 1 时,具有最大截尾误差

$$E_{T\max} = -\sum_{i=b+1}^{b_1} 2^{-i} = -(2^{-b} - 2^{-b_1}) \tag{9.11}$$

也即

$$-(2^{-b} - 2^{-b_1}) \leqslant E_T \leqslant 0, \quad x > 0 \tag{9.12}$$

一般 $2^{-b_1} \ll 2^{-b}$ 用量化阶 $q = 2^{-b}$ 表示为

$$-q < E_T \leqslant 0, \quad x > 0 \tag{9.13}$$

对于负数,由于 3 种码的表达方式不同,误差也不同,对于原码

$$x = -\sum_{i=1}^{b_1} \alpha_i 2^{-i}$$

$$[x]_T = -\sum_{i=1}^{b} \alpha_i 2^{-i}$$

$$E_T = [x]_T - x = \sum_{i=b+1}^{b_1} \alpha_i 2^{-i}$$

因此截尾误差是正数,即

$$0 \leqslant E_T < q, \quad x < 0 \tag{9.14}$$

对于负数的反码,则有

$$x = -1 + \sum_{i=1}^{b_1} \alpha_i 2^{-i} + 2^{-b_1}$$

$$[x]_T = -1 + \sum_{i=1}^{b} \alpha_i 2^{-i} + 2^{-b}$$

$$E_T = [x]_T - x = -\sum_{i=b+1}^{b_1} \alpha_i 2^{-i} + (2^{-b} - 2^{-b_1})$$

此误差与负数的原码误差相同,为正值

$$0 \leqslant E_T < q, \quad x < 0 \tag{9.15}$$

对于负数的补码,则有

$$x = -1 + \sum_{i=1}^{b_1} \alpha_i 2^{-i}$$

$$[x]_T = -1 + \sum_{i=1}^{b} \alpha_i 2^{-i}$$

$$E_T = [x]_T - x = -\sum_{i=b+1}^{b_1} \alpha_i 2^{-i}$$

这个误差与正数时的误差一样,仍是负的,即

$$-q < E_T \leqslant 0, \quad x < 0 \tag{9.16}$$

综上所述,补码的截尾误差都为负数,其截尾量化处理的非线性特性如图 9.4(a)所示。原码与反码的截尾误差与数的正负有关,正数时误差为负,负数时误差为正,其截尾量化的非线性特性如图 9.4(b)所示。

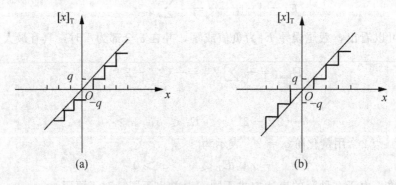

图 9.4 定点制截尾处理的量化特性
(a)补码;(b) 原码、反码

2. 舍入处理

对定点数 x 做舍入处理到 b 位,是通过 $(b+1)$ 位上加 1,然后截取到 b 位实现的。舍

入后的量化间距 $q=2^{-b}$,即两个数间最小非零差是 2^{-b},舍入是选择距离最近的量化层标准值为舍入后的值,因此不论是正数、负数,也不论是原码、补码和反码,其误差总是在 $\pm q/2$ 之间。以 $[x]_R$ 表示对 x 做舍入处理,E_R 表示舍入误差,则

$$E_R = [x]_R - x$$

$$-\frac{1}{2} \times 2^{-b} < E_R \leqslant \frac{1}{2} \times 2^{-b} \tag{9.17}$$

即定点制舍入误差为

$$-\frac{q}{2} < E_R \leqslant \frac{q}{2} \tag{9.18}$$

其量化的非线性特性如图 9.5 所示。对比图 9.4 和图 9.5 可以看出,舍入误差对称分布,而补码的截尾误差单极性分布,因而其统计特性不同。一般来说,舍入处理比截尾处理的误差要小,其误差范围为 $-q/2 \sim q/2$,所以在信号处理中进行量化时多用舍入处理。

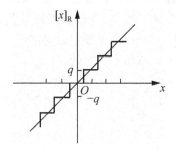

图 9.5 定点制舍入处理的量化特性

9.2 A/D 转换的量化效应

A/D 转换器是将输入模拟信号 $x_a(t)$ 转换成 b 位二进制数字信号的器件。从功能上讲,一般分为两部分,即采样与量化,A/D 转换器的非线性模型如图 9.6 所示。模拟信号 $x_a(t)$ 经过采样后,转变为采样序列 $x_a(nT)$。由前面可知,$x_a(nT)$ 在时间上是离散的,而在幅度上是连续的,可以将它看成一个无限精度的数字信号,用 $x(n)$ 表示。量化器对每个采样序列 $x(n)$ 进行截尾或舍入的量化处理,得到有限字长的数字信号 $\hat{x}(n)$,实际上这两部分是同时完成的。A/D 转换器总是采用定点制表示信号 $x(n)$ 的,其截尾和舍入的字长效应如 9.1 节所述,这里不再赘述。分析 A/D 转换器量化效应的目的在于选择合适的字长,以满足信噪比指标。

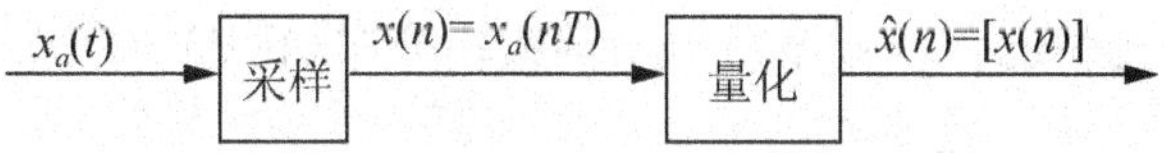

$x_a(t)$ → 采样 → $x(n) = x_a(nT)$ → 量化 → $\hat{x}(n) = [x(n)]$

图 9.6 A/D 转换器的非线性模型

9.2.1 量化效应的统计分析

由于采样序列 $x(n)$ 一般都有一系列值,要做到所有序列值的量化误差 $e(n)$ 的分析几

乎是不可能的,而只对某一个采样数据进行误差分析也是不够的,所以对量化过程中产生误差的估计适合采用统计分析方法。

在统计分析过程中,对误差 $e(n)$ 的统计特性做以下假设。

(1) $e(n)$ 是一个平稳随机序列。
(2) $e(n)$ 与采样信号 $x(n)$ 不相关。
(3) $e(n)$ 各序列值之间互不相关,即 $e(n)$ 是白噪声序列。
(4) $e(n)$ 在其误差范围内具有均匀等概率分布。

根据这些假定,量化误差 $e(n)$ 就是一个与信号序列完全不相关的白噪声序列,因此也称为量化噪声,它与信号的关系是相加性的。在这些假定条件下,实际的 A/D 变换的非线性模型(如图 9.6 所示)就变成等效线性过程的统计模型,如图 9.7 所示,即在理想采样器的输出端加入了一个量化白噪声序列 $e(n)$。在实际处理中,如果输入 $x_a(t)$ 是阶跃、周期性方波、正弦等规则信号,就不符合上述假定,量化后就不能认为误差是统计独立的和白色的,此时应用上述统计模型来分析 A/D 转换器的量化误差将失去意义。但是若信号越不规则,例如语音信号和音乐信号,这种假定就越接近于实际,也就是只要信号足够复杂且量化台阶足够小,则此统计模型就更加有效。

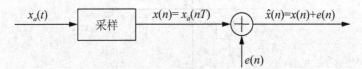

图 9.7 A/D 转换器的统计模型

下面研究量化误差 $e(n)$ 的统计性能,也就是研究其均值 m_e 和方差 σ_e^2。对于定点舍入情况,误差序列 $e(n)$ 的概率分布如图 9.8(a)所示,即

$$P_R(e) = \begin{cases} \dfrac{1}{q}, & -\dfrac{q}{2} < e(n) \leqslant \dfrac{q}{2} \\ 0, & \text{其他} \end{cases} \tag{9.19}$$

由此可求出其均值 m_e 与方差 σ_e^2 分别为

$$m_e = E[e(n)] = \int_{-\infty}^{\infty} e P_R(e) \mathrm{d}e = \int_{-\frac{q}{2}}^{\frac{q}{2}} \frac{e}{q} \mathrm{d}e = 0 \tag{9.20}$$

$$\sigma_e^2 = E\{[e(n) - m_e]^2\} = \int_{-\infty}^{\infty} (e - m_e)^2 P_R(e) \mathrm{d}e$$

$$= \int_{-\frac{q}{2}}^{\frac{q}{2}} e^2 \frac{1}{q} \mathrm{d}e = \frac{q^2}{12} \tag{9.21}$$

对于定点补码截尾情况,误差序列 $e(n)$ 的概率分布如图 9.8(b)所示,即

$$P_T(e) = \begin{cases} \dfrac{1}{q}, & -\dfrac{q}{2} < e(n) \leqslant 0 \\ 0, & \text{其他} \end{cases} \tag{9.22}$$

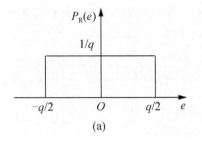 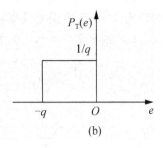

图 9.8 量化噪声的概率分布

(a) 舍入误差；(b) 截尾误差

同样，可求出其均值 m_e 与方差 σ_e^2 分别为

$$m_e = E[e(n)] = \int_{-\infty}^{\infty} e P_T(e) \mathrm{d}e = \int_{-q}^{0} \frac{e}{q} \mathrm{d}e = -\frac{q}{2} \quad (9.23)$$

$$\begin{aligned}\sigma_e^2 &= E\{[e(n)-m_e]^2\} = \int_{-\infty}^{\infty} (e-m_e)^2 P_R(e)\mathrm{d}e \\ &= \int_{-q}^{0}\left(e+\frac{q}{2}\right)^2 \frac{1}{q} \mathrm{d}e = \frac{q^2}{12}\end{aligned} \quad (9.24)$$

因此，量化过程可等效为无限精度信号加上一噪声，舍入和补码截尾的量化误差除均值不同外，两者的方差均为 $q^2/12$，即与 A/D 变换的字长 b 有关，显然字越长，$q(q=2^{-b})$ 越小，因而量化噪声的方差就越小，即量化噪声越小。

9.2.2 量化信噪比与所需字长的关系

由于在采样模拟信号的数字处理中，把量化噪声看成相加性噪声序列，量化过程看成是无限精度的信号与量化噪声的叠加，因而信噪比是一个衡量量化效应的重要指标。

信号功率与量化噪声功率之比称作量化的信噪比，即

$$\frac{\sigma_x^2}{\sigma_e^2} = \frac{\sigma_x^2}{q^2/12} = 12 \times 2^{2b} \times \sigma_x^2 \quad (9.25)$$

式中：σ_x^2 及 σ_e^2 分别为信号和量化噪声的功率，表示成分贝数，则为

$$\mathrm{SNR} = 10\lg\left(\frac{\sigma_x^2}{\sigma_e^2}\right) = 6.02(b+1) + 10.79 + 10\lg\sigma_x^2 (\mathrm{dB}) \quad (9.26)$$

由此可以看出，信号功率 σ_x^2 越大，信噪比越高；随着字长 b 的增加，信噪比也增大，字长 b 每增加 1 位，信噪比约提高 6 dB。σ_x^2 是信号的能量，对于定点数信号 $x(n)$ 在 ± 1 之间变化。为了提高 σ_x^2，在不溢出的前提下，应充分利用 A/D 转换器的有限位。

【例 9.1】 已知 $x(n)$ 在 ± 1 之间均匀分布，且均值 $E[x(n)]=0$，求 A/D 转换器的信噪比 SNR。

解 $\sigma_x^2 = E[x^2(n)] = 1/3$，代入式(9.26)，得

$$\mathrm{SNR} = 6.02(b+1) + 10.79 + 10\lg(1/3) \approx 6(b+1)$$

当 A/D 转换的字长 b 为 8 时，信噪比 SNR≈54 dB。

9.2.3 量化噪声通过线性系统

当已量化的信号 $\hat{x}(n) = x(n) + e(n)$ 通过线性时不变系统时，输入的误差或量化噪声

也会对最后的输出 $\hat{y}(n)$ 产生误差或噪声。此时，线性时不变系统 $H(z)$ 输入端输入的是一个量化序列 $\hat{x}(n)$，如图 9.9 所示，则系统的输出为

$$\hat{y}(n) = \hat{x}(n) * h(n) = [x(n) + e(n)] * h(n)$$
$$= x(n) * h(n) + e(n) * h(n)$$

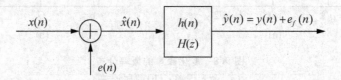

图 9.9　量化噪声通过线性系统

所以，输出噪声即是量化噪声 $e(n)$ 的响应为

$$e_f(n) = e(n) \cdot h(n)$$

如果 $e(n)$ 是舍入噪声，那么输出噪声的方差为

$$\sigma_f^2 = E[e_f^2(n)] = E\Big[\sum_{m=0}^{\infty} h(m)e(n-m) \sum_{l=0}^{\infty} h(l)e(n-l)\Big]$$
$$= \sum_{m=0}^{\infty} \sum_{l=0}^{\infty} h(m)h(l) E[e(n-m)e(n-l)]$$

由于输入噪声 $e(n)$ 是白色的，且均值为 0，故 $e(n)$ 各序列值之间互不相关，因而

$$E[e(n-m)e(n-l)] = \delta(m-l)\sigma_e^2$$

由此，得到输出噪声的方差为

$$\sigma_f^2 = \sum_{m=0}^{\infty}\sum_{l=0}^{\infty} h(m)h(l)\delta(m-l)\sigma_e^2 = \sigma_e^2 \sum_{m=0}^{\infty} h^2(m) \tag{9.27}$$

根据帕斯瓦尔定理，考虑到 $h(n)$ 是实序列，则有

$$\sum_{m=0}^{\infty} h^2(m) = \frac{1}{2\pi j}\oint_c H(z)H(z^{-1})\frac{dz}{z}$$

将其代入式(9.27)，得

$$\sigma_f^2 = \sigma_e^2 \cdot \frac{1}{2\pi j}\oint_c H(z)H(z^{-1})\frac{dz}{z} \tag{9.28}$$

或者在单位圆上计算，可得

$$\sigma_f^2 = \frac{\sigma_e^2}{2\pi}\int_{-\pi}^{\pi} |H(e^{j\omega})|^2 d\omega \tag{9.29}$$

如果 $e(n)$ 是补码截尾白噪声，则输出噪声中还有一个直流分量

$$m_f = E[e_f(n)] = E\Big[\sum_{m=0}^{\infty} h(m)e(n-m)\Big]$$
$$= \sum_{m=0}^{\infty} h(m)E[e(n-m)] = m_e \sum_{m=0}^{\infty} h(m) = m_e H(e^{j0}) \tag{9.30}$$

以上分析对于白噪声通过线性系统也是合适的。

9.3 数字滤波器的系数量化效应

理想数字滤波器的系统函数为

$$H(z) = \frac{\sum_{i=0}^{M} a_i z^{-i}}{1 - \sum_{i=1}^{N} b_i z^{-i}} = \frac{A(z)}{B(z)} \quad (9.31)$$

理论上设计出的理想数字滤波器的系统函数的各系数 a_i 和 b_i 都是无限精度的，但在实际实现过程中，滤波器的所有系数都必须以有限长的二进制码形式存放在存储器中，因而必须对理想的系数值加以量化，因此量化后的系数值必然会与原系数有偏差。这就将造成滤波器的零点、极点位置的偏移，当然产生的后果就是实际系统函数与原设计的系统函数有所不同，也就是系统的实际频率响应与按原要求设计出的频率响应有偏差，甚至严重时，如 z 平面单位圆内极点偏移到单位圆外，导致系统不稳定，滤波器不能使用。

系数量化对滤波器性能的影响与字长有关，但是也和滤波器的结构形式密切相关。因而选择合适的结构，对减小系数量化的影响是非常重要的。分析数字滤波器系数量化误差的目的在于选择合适的字长，以满足频率响应指标的要求。

9.4 数字滤波器运算中的有限字长效应

在实现数字滤波器时，包含的基本运算有延时、乘系数和相加 3 种。因为延时并不会影响字长的变化，所以只需讨论乘系数和相加运算造成的影响。在定点制运算中，相乘结果的尾数位数会增加，要做一次舍入（或截尾）的量化处理；相加的结果，尾数字长不变，不必舍入或截尾，但可能会超出有限存储器长度，产生溢出，故有动态范围问题。在浮点制运算中，相加及相乘都可能使尾数位数增加，故都会有舍入或截尾现象，却不涉及动态范围问题。

分析数字滤波器运算误差的目的，是为了选择滤波器运算位数（即存储器长度），以便满足信号信噪比值的技术要求。

研究定点制相乘运算的模型如图 9.10 所示，图 9.10(a) 表示无限精度乘积 $y(n)$，即理想相乘；图 9.10(b) 表示有限精度乘积 $\hat{y}(n)$，[•] 表示量化处理，由于一般多采用舍入处理，所以下面将重点研究舍入量化的误差效应。采用统计分析方法，可以将舍入误差作为独立噪声 $e(n)$ 叠加到信号上，这样仍可用线性流图来表示，如图 9.10(c) 所示。

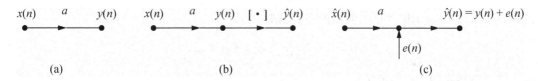

图 9.10 定点制相乘运算的流图表示
(a) 理想相乘；(b) 实际相乘的非线性流图；(c) 实际相乘的统计分析流图

9.2.1节采用图9.10(c)所示的统计模型,在分析数字滤波器时由于乘法舍入的影响,需对实现滤波器所出现的各种噪声源做以下假设。

(1)所有这些噪声(误差$e(n)$)都是平稳的随机序列。

(2)所有噪声与输入序列$x(n)$及中间结果不相关,并且各噪声之间也不相关。

(3)噪声是白色的(均值为零)。

(4)噪声序列在其量化范围内都是均匀分布。

这样,采用统计分析方法后,经定点舍入处理后的实际输出可以表示为

$$\hat{y}(n) = x(n) + e(n) \tag{9.32}$$

对于舍入量化处理,$e(n)$的均值为0,方差为$\sigma_e^2 = q^2/12$。

下面讨论IIR和FIR数字滤波器及FFT算法在运算中的有限字长效应。

9.4.1 IIR数字滤波器的有限字长效应

现以一个一阶IIR数字滤波器为例来讨论分析方法,其输入输出关系的差分方程为

$$y(n) = a \cdot y(n-1) + x(n), n \geqslant 0$$

式中:$|a|<1$。该式含有乘积项$a \cdot y(n-1)$,这将引入一个舍入噪声,其统计分析流图如图9.11所示。

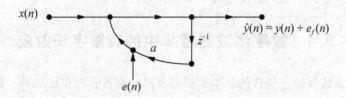

图9.11 一阶IIR数字滤波器的舍入噪声分析

整个系统可以看成线性系统,由9.2.3节可知,输出噪声$e_f(n)$是由噪声源$e(n)$产生的输出误差,如果$h(n) = a^n u(n)$,即一阶系统的单位脉冲响应,而$e(n)$叠加在输入端,则

$$e_f(n) = e(n) * h(n) = e(n) * a^n u(n)$$

由式(9.27)和式(9.28),可以求得输出噪声的方差为

$$\sigma_f^2 = \sigma_e^2 \sum_{m=0}^{\infty} h^2(m) = \sigma_e^2 \sum_{m=0}^{\infty} a^{2m} \tag{9.33}$$

或者

$$\sigma_f^2 = \sigma_e^2 \times \frac{1}{2\pi \mathrm{j}} \oint_c H(z) H(z^{-1}) \frac{\mathrm{d}z}{z} \tag{9.34}$$

式中:$H(z)$为一阶IIR数字滤波器的系统函数,即

$$H(z) = \sum_{n=0}^{\infty} a^n u(n) z^{-n} = \frac{z}{z-a}$$

由式(9.33)和式(9.34)均可求得

$$\sigma_f^2 = \sigma_e^2 \frac{1}{1-a^2} = \frac{q^2}{12(1-a^2)} = \frac{2^{-2(b+1)}}{3(1-a^2)}$$

由此看出，字长 b 越长，数字滤波器输出端的噪声越小。

利用上述方法，同样也可以分析其他高阶数字滤波器输出的信噪比。下面以一个实例来说明这一应用。

【例 9.2】 一个 IIR 数字滤波器的系统函数为

$$H(z) = \frac{0.2}{(1-0.7z^{-1})(1-0.6z^{-1})}$$

采用定点制算法，尾数做舍入处理，分析计算该系统函数的直接型、级联型和并联型 3 种结构的舍入误差。

解 （1）直接型结构。

$$H(z) = \frac{0.2}{1-1.3z^{-1}+0.42z^{-2}} = \frac{0.2}{B(z)}$$

式中：$B(z)$ 为分母多项式。直接型结构的流图如图 9.12(a) 所示，3 个系数（0.2、1.3 和 -0.42）相乘，有 3 个舍入噪声 $e_0(n)$、$e_1(n)$ 和 $e_2(n)$。它们均经过相同的传输网络 $H_1(z)=1/B(z)$，如图 9.12(b) 所示，即

$$e_f(n) = [e_0(n)+e_1(n)+e_2(n)] * h_1(n)$$

式中：$h_1(n)$ 为 $H_1(z)$ 的单位脉冲响应。输出噪声的方差为

$$\sigma_f^2 = 3\sigma_e^2 \times \frac{1}{2\pi j} \oint_c \frac{1}{B(z)B(z^{-1})} \frac{dz}{z}$$

将 $\sigma_e^2 = q^2/12$ 和 $B(z)=(1-0.7z^{-1})(1-0.6z^{-1})$ 代入，并利用留数定理，得

$$\sigma_f^2 = 1.8752q^2$$

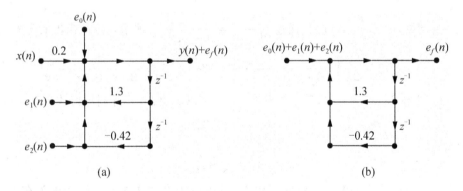

图 9.12 直接型结构舍入误差模型

(a) 相乘引入的舍入噪声；(b) 3 个舍入噪声通过相同的传输网络

（2）级联型结构。

将 $H(z)$ 分解成

$$H(z) = 0.2 \times \frac{1}{(1-0.7z^{-1})} \times \frac{1}{(1-0.6z^{-1})} = 0.2 \times \frac{1}{B_1(z)} \times \frac{1}{B_2(z)}$$

图 9.13 显示了级联型结构定点相乘的舍入误差模型，每一次相乘都在相应节点上引入一个舍入噪声。可以看出，与直接型不同，噪声 $e_0(n)$、$e_1(n)$ 通过网络

$$H_1(z) = \frac{1}{B_1(z)B_2(z)}$$

而噪声 $e_2(n)$ 只通过 $H_2(z) = \dfrac{1}{B_2(z)}$ 网络，因此输出的方差为

$$\sigma_f^2 = 2\sigma_e^2 \times \frac{1}{2\pi\mathrm{j}}\oint_c \frac{1}{B_1(z)B_2(z)B_1(z^{-1})B_2(z^{-1})}\frac{\mathrm{d}z}{z} + \sigma_e^2 \times \frac{1}{2\pi\mathrm{j}}\oint_c \frac{1}{B_2(z)B_2(z^{-1})}\frac{\mathrm{d}z}{z}$$

将 $\sigma_e^2 = q^2/12$ 和 $B_1(z) = 1 - 0.7z^{-1}$，$B_2(z) = 1 - 0.6z^{-1}$ 代入，并利用留数定理，得

$$\sigma_f^2 = 1.3803q^2$$

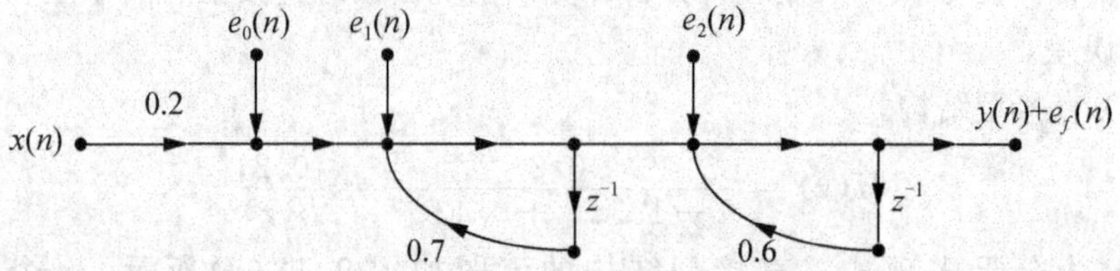

图 9.13　组联型结构舍入误差模型

(3) 并联型结构。

将 $H(z)$ 分解成部分分式形式，即

$$H(z) = \frac{1.4}{1 - 0.7z^{-1}} + \frac{-1.2}{1 - 0.6z^{-1}}$$

图 9.14 显示了并联型结构定点相乘舍入误差模型，有 4 个相乘系数，因此共有 4 个舍入噪声。从图中可以看出，与直接型和级联型不同，噪声 $e_0(n) + e_1(n)$ 只通过 $\dfrac{1}{B_1(z)} = \dfrac{1}{1 - 0.7z^{-1}}$ 网络，$e_2(n) + e_3(n)$ 只通过 $\dfrac{1}{B_2(z)} = \dfrac{1}{1 - 0.6z^{-1}}$ 网络，因此输出的方差为

$$\sigma_f^2 = 2\sigma_e^2 \times \frac{1}{2\pi\mathrm{j}}\oint_c \frac{1}{B_1(z)B_1(z^{-1})}\frac{\mathrm{d}z}{z} + 2\sigma_e^2 \times \frac{1}{2\pi\mathrm{j}}\oint_c \frac{1}{B_2(z)B_2(z^{-1})}\frac{\mathrm{d}z}{z}$$

将 $\sigma_e^2 = q^2/12$ 和 $B_1(z) = 1 - 0.7z^{-1}$，$B_2(z) = 1 - 0.6z^{-1}$ 代入，并利用留数定理，得

$$\sigma_f^2 = 0.5872q^2$$

可以看出

$$\sigma_{f直接}^2 > \sigma_{f级联}^2 > \sigma_{f并联}^2$$

即直接型结构的输出误差最大，级联型次之，并联型结构误差最小。这是因为在直接型结构中所有舍入误差都要经过全部网络的反馈环节，使这些误差在反馈过程中积累起来，所以误差最大；级联型结构的每个舍入误差只通过其后面的反馈环节，而不通过它前面的反馈环节，因而误差比直接型的小；并联型结构的每个并联网络的舍入误差只通过本网络的反馈环节，与其他网络无关，因此误差积累作用最小，误差最小。另外，级联型结构的误差还与其排列顺序密切相关。这些结论对 IIR 数字滤波器具有普遍意义，所以从有限字长效应来看，不论是哪一种类型的直接型结构都是最差的，运算误差最大，特别在高阶时应避免采用，级联型结构较好，并联型结构具有最小的运算误差。

综上所述，可以得出一个重要结论：IIR 数字滤波器的有限字长效应与它的结构密切相关。

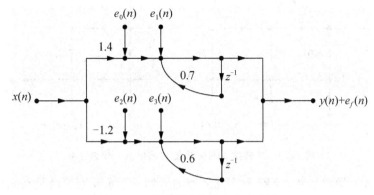

图 9.14　并联型结构舍入误差模型

9.4.2　FIR 数字滤波器的有限字长效应

上述有关 IIR 数字滤波器的有限字长效应分析方法也同样适用于 FIR 数字滤波器,但 FIR 数字滤波器没有反馈(频率采样型除外),其分析方法比 IIR 数字滤波器还要简单。这里以定点实现的横截型 FIR 数字滤波器的量化噪声进行讨论。

一个 N 阶 FIR 数字滤波器的横截型实现可以按以下线性卷积式得到

$$y(n) = \sum_{m=0}^{N-1} h(m)x(n-m) \tag{9.35}$$

式中:$h(m)$ 为 FIR 数字滤波器的单位脉冲响应。在有限精度舍入运算时,输出为

$$\hat{y}(n) = y(n) + e_f(n) = \sum_{m=0}^{N-1} [h(m)x(n-m)]_R$$

每一次相乘后都产生一个舍入噪声,即

$$[h(m)x(n-m)]_R = h(m)x(n-m) + e_m(n)$$

所以

$$y(n) + e_f(n) = \sum_{m=0}^{N-1} [h(m)x(n-m)]_R = \sum_{m=0}^{N-1} h(m)x(n-m) + \sum_{m=0}^{N-1} e_m(n)$$

由此,得到输出噪声为

$$e_f(n) = \sum_{m=0}^{N-1} e_m(n) \tag{9.36}$$

这一过程及结果可以用图 9.15 来表示,所有的舍入噪声都直接加在每一级的输出端,因而最后的输出噪声就是这些噪声的简单和。所以最终输出噪声的方差为

$$\sigma_f^2 = N\sigma_e^2 = N \times \frac{q^2}{12} = \frac{N}{3} \times 2^{-2(b+1)} \tag{9.37}$$

从式(9.37)可以看出,输出的方差与字长 b 有关,也与阶数 N 有关。因此,滤波器的阶数越高,字长越短,量化噪声越大。

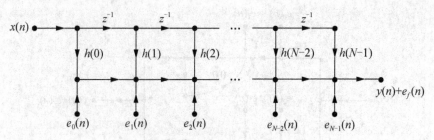

图 9.15 横截型 FIR 数字滤波器的舍入误差分析

除了上述舍入噪声之外，FIR 数字滤波器的另外一个重要问题就是动态范围。定点运算的动态范围的限制常引起 FIR 数字滤波器的输出结果发生溢出。根据线性卷积的表达式

$$y(n) = \sum_{m=0}^{N-1} h(m) x(n-m)$$

得到

$$|y(n)| \leqslant x_{\max} \times \sum_{m=0}^{N-1} |h(m)|$$

式中：$x_{\max}$ 为输入序列最大绝对值。对于定点数不发生溢出的条件为

$$|y(n)| < 1$$

但是 $x_{\max}$ 不一定满足此条件，为此可将输入信号乘上一个适当的压缩比例因子 $A(A<1)$，来衰减输入信号的幅度，使得不发生溢出，所以

$$A x_{\max} \times \sum_{m=0}^{N-1} |h(m)| < 1$$

则

$$A < \frac{1}{x_{\max} \sum_{m=0}^{N-1} |h(m)|} \tag{9.38}$$

对于类似白噪声这一类的宽带信号来说，上述压缩比例因子是合适的，但对于像正弦这一类窄带信号，式(9.38)就不太合适。在此情况下，输入端的比例因子应该以 FIR 数字滤波器的频率响应的峰值来表示，即

$$A < \frac{1}{x_{\max} \times \max(|H(e^{j\omega})|)} \tag{9.39}$$

FIR 数字滤波器完成了一系列乘法累加的操作。应该指出，对于补码的累加，只要最终结果不溢出（即绝对值小于 1），中间的累加结果发生了溢出也不会影响最后结果。

9.5 FFT 算法的有限字长效应

由第 4 章可知，FFT 是 DFT 的快速算法，其基本运算涉及复数乘法和复数加法，因而也存在有限字长效应。由于在数字滤波器和频率分析中广泛采用 FFT，所以研究 FFT 中有限寄存器长度的影响非常重要。在高速数字信号处理中定点 FFT 算法的应用较普遍。另外，定点运算对有限字长效应较敏感，所以这里只讨论定点 FFT 有限字长效应。

以按时间抽取的基本 FFT 算法为例分析运算有限字长效应,对于其他 FFT 算法可以类似推广。下面将讨论原位计算的按时间抽取的蝶形运算。

设序列长度为 $N=2^M$,需计算 $M=\log_2 N$,每级为 N 个数构成的数列,每级有 $\dfrac{N}{2}$ 个单独的蝶形结,由 m 列到 $m+1$ 列的蝶形计算可表示为

$$X_{m+1}(i) = X_m(i) + W_N^r X_m(j)$$
$$X_{m+1}(j) = X_m(i) - W_N^r X_m(j) \tag{9.40}$$

式中:i 和 j 表示同一列中,一对蝶形节点在这一列中的位置(行的数值),该蝶形结构如图 9.16 所示。

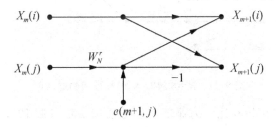

图 9.16　蝶形运算的量化误差

在用定点制实现时,只有相乘才需舍入,这里仍以加性误差来考虑相乘舍入的影响,则蝶形结的定点舍入统计模型如图 9.16 所示。其中,$e(m+1,j)$ 表示 $X_m(j)$ 与 W_N^r 相乘所引入的舍入误差源,这一误差源是复数,而每个复乘包括 4 个实乘,每个定点实乘产生一个舍入误差源,因此产生 4 个误差源 e_1、e_2、e_3 和 e_4,即

$$[X_m(j)W_N^r]_R = \{\mathrm{Re}\,[X_m(j)]\mathrm{Re}\,[W_N^r] + e_1 - \mathrm{Im}\,[X_m(j)]\mathrm{Im}\,[W_N^r] + e_2\} +$$
$$j\{\mathrm{Re}\,[X_m(j)]\mathrm{Im}\,[W_N^r] + e_3 + \mathrm{Re}\,[W_N^r]\mathrm{Im}\,[X_m(j)] + e_4\} \tag{9.41}$$
$$= X_m(j)W_N^r + e(m+1,j)$$

式中:$e(m+1,j) = (e_1+e_2) + j(e_3+e_4)$。

一个复乘运算所引入的误差的方差为

$$E[|e(m+1,j)|^2] = \dfrac{q^2}{3} = \sigma_B^2 \tag{9.42}$$

当误差源 $e(m+1,j)$ 通过后级蝶形结时,其方差不会改变。这样,计算 FFT 的最后输出误差,只需知道节点共连接多少个蝶形结即可,每个蝶形结产生误差的方差为 σ_B^2。若以 σ_k^2 表示 $X(k)$ 上叠加的输出误差 e_k 的方差,它和末级的一个蝶形结连接,和末前级的两个蝶形结连接,以此类推,每往前一级,引入的误差源就增加一倍,因此链接到 $X(k)$ 末端的误差源总数为

$$1 + 2 + 2^2 + \cdots + 2^{M-1} = 2^M - 1 = N - 1$$

图 9.17 表示 $N=8$ 时,按时间抽取算法,链接到 $X(0)$ 的各蝶形结的情况,因而在终端,即在离散傅里叶变换 $X(k)$ 上的叠加的输出噪声 e_k 的均方值(即为方差,因为均值为 0)为

$$\sigma_k^2 = E[|e_k|^2] = (N-1)\sigma_B^2 \tag{9.43}$$

当 N 很大时,可近似认为

$$\sigma_k^2 \approx N\sigma_B^2 = \frac{Nq^2}{3} \tag{9.44}$$

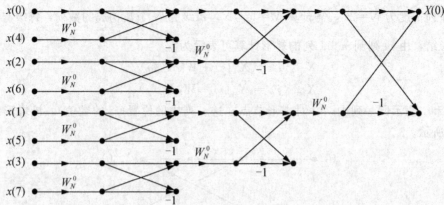

图 9.17 $N=8$ 时对 $X(0)$ 起作用的蝶形结

下面进一步估算输出信噪比。为保证不发生溢出,定点制 FFT 的动态范围受到一定的限制,从式(9.40)可以看出

$$\max(|X_m(i)|,|X_m(j)|) \leqslant \max(|X_{m+1}(i)|,|X_{m+1}(j)|)$$
$$\leqslant 2\max(|X_m(i)|,|X_m(j)|) \tag{9.45}$$

这表明,从前一级到后一级,最大模值是逐级非减的,只要后一级不出现溢出,则前一级计算就一定不会溢出。以下是 3 种防止溢出的方法。

方法一: 由于蝶形结输出的最大模值小于等于输入最大模值的两倍,总共有 $M=\log_2 N$ 级蝶形,因此 FFT 最后输出最大值小于等于输入值的 $2^M=N$ 倍,即

$$\max(|X(k)|) \leqslant 2^M \max(|x(n)|) = N\max(|x(n)|)$$

要使 $X(k)$ 不溢出,即 $\max(|X(k)|)<1$,所以要求

$$|x(n)|<\frac{1}{N},\ 0\leqslant n\leqslant N-1$$

这意味着为了防止溢出,可以在输入端乘上比例因子 $1/N$。如果假定 $x(n)$ 在 $\left(-\frac{1}{N},\frac{1}{N}\right)$ 区间内是均匀等概率分布的,则 $x(n)$ 的方差为

$$\sigma_x^2 = E[|x(n)|^2] = \frac{1}{3N^2} \tag{9.46}$$

因为

$$X(k) = \sum_{n=0}^{N-1} x(n) W_N^{nk}$$

所以

$$E[|X(k)|^2] = \sum_{n=0}^{N-1} E[|x(n)|^2] \times |W_N^{nk}|^2 = N\sigma_x^2 = \frac{1}{3N} \tag{9.47}$$

由此,便得到在这种防止溢出的方法($|x(n)|<\frac{1}{N}$)下输出的信噪比

第9章 数字信号处理中的有限字长效应

$$\text{SNR} = \frac{E[|X(k)|^2]}{\sigma_k^2} = \frac{1}{3N^2\sigma_B^2} = \frac{1}{N^2 q^2} \tag{9.48}$$

可以看出，当输入为白噪声且满足 $|x(n)| < \frac{1}{N}$ 时，也就是如果原来输入满足定点小数要求 $x(n) < 1.0$，那么在输入端乘上的比例因子 $1/N$，这时的输出信噪比与 N^2 成反比。同时还看出，如果 FFT 每增加一级运算（相当于 M 增加 1），即 N 加倍，信噪比降低 4 倍，或者说，为了保持同一运算精度（即同一信噪比），每增加一级运算，q^2 必须降低 4 倍，相当于字长需要增加一位。

这种防止溢出方法的缺点是使得输入幅度被限制得过小，造成输出信噪比过小。下面采用第二种方法加以改善。

方法二：由式 (9.45) 看出，一个蝶形结的最大输出幅度不超过输入的 2 倍，而输入满足 $|x(n)| < 1$，若对每个蝶形结的两个输入支路都乘上 $1/2$ 的比例因子，其统计模型如图 9.18 所示，就可保证蝶形结运算不发生溢出，对 $M = \log_2 N$ 级蝶形，就相当于设置了 $\left(\frac{1}{2}\right)^M = \frac{1}{N}$ 的比例因子。与第一种方法的不同之处在于该方法把 $1/N$ 的比例因子分散到各级运算中，因此在保持输出信号方差式 (9.47) 不变的情况下，输入幅度却增加了 N 倍，达到

$$|x(n)| < 1 \tag{9.49}$$

此时，对白色输入信号，得到的最大输出信号幅度仍和前面一样，但是输出噪声电平却比式 (9.44) 中的要小得多，这是由于 FFT 前几级引入的噪声都被后面几级的比例因子衰减掉了。

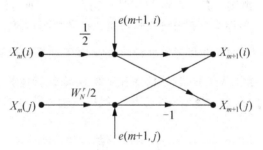

图 9.18 乘比例因子的蝶形运算统计模型

从图 9.18 可以看出，由于引入 $1/2$ 的比例因子，所以每个蝶形结都有两个噪声源与之相连。由于 $e(m+1, i)$ 是由 $X_m(i)$ 乘以实系数 $1/2$ 引起，而 $e(m, j)$ 是由 $X_m(j)$ 乘以复系数 $W_N^r/2$ 引起，因此 $e(m+1, i)$ 的方差应不大于 $e(m+1, j)$ 的方差 σ_B^2（σ_B^2 见式 (9.42)，是由一个复乘引入的误差的方差），这样，一个蝶形结乘 $1/2$ 后所产生的总的误差方差为

$$\sigma_{B'}^2 = E[|e(m+1,i)|^2] + E[|e(m+1,j)|^2] \leqslant 2\sigma_B^2$$

由于受比例因子的加权作用，这个误差每通过一级蝶形结，其幅度要下降到 $1/2$，方差要下降到 $1/4$，因此输出总方差中末级引入误差是不被衰减的，但每往前一级，其引入误差的方差要降低到 $1/4$ 倍。参照图 9.17 蝶形结的连接，则可求出总的输出噪声方差为

$$\sigma_k^2 = \sigma_{B'}^2 + \frac{1}{4}2\sigma_{B'}^2 + \frac{1}{4^2}2^2\sigma_{B'}^2 + \cdots + \frac{1}{4^{M-1}}2^{M-1}\sigma_{B'}^2$$

$$= \frac{1-\left(\frac{1}{2}\right)^M}{1-\frac{1}{2}}\sigma_{B'}^2 \approx 2\sigma_{B'}^2 = 4\sigma_B^2 = \frac{4}{3}q^2 \tag{9.50}$$

从式(9.47)可知,此时输出信号的方差仍为 $E[|X(k)|^2] = \dfrac{1}{3N}$,则可得到输出信噪比的倒数为

$$\text{SNR} = \frac{E[|X(k)|^2]}{\sigma_k^2} = \frac{1}{12N\sigma_B^2} = \frac{1}{4Nq^2} \tag{9.51}$$

由式(9.51)看出,此时信噪比不再与 N^2 成反比,而是和 N 成反比,信噪比大大提高,这显然比把 $1/N$ 的比例因子全放在输入端的情况要好得多。

因此,应尽可能将 $1/N$ 的衰减分散到各级蝶形中去,在每一级中插入 $1/2$ 的比例因子,以提高输出的信噪比。

方法三:采用成组浮点运算。这种方法是对 FFT 蝶形运算的每一级输出的 N 个数共用一个浮点数的阶码,故称作成组浮点运算。

计算按定点运算进行,开始时对所有的输入定点数 $x(n)$,$n=0$,1,2,$\cdots$,$N-1$,共用的阶码 $c=0$。逐级做蝶形运算,若某个蝶形结计算中出现溢出,则将整个这一级的序列(运算过的和未运算过的)全部右移一位(即乘 $1/2$ 因子),并在阶码 c 上加 1,然后运算从发生溢出的蝶形结继续下去。当以后某蝶形运算又出现溢出时,再对该级的输入乘上 $1/2$ 减因子,并在阶码 c 上加 1 继续运算,直到 M 级计算完为止。这种方法要增加检验溢出的判断步骤,目前许多信号处理硬件均具有溢出检验功能,在做加减运算的同时一旦发生溢出就自动将溢出标志位置位,便于进一步做溢出处理。最后 FFT 结果的比例因子即为 $\left(\dfrac{1}{2}\right)^c$。

可以看出,该方法可以提高 FFT 的信噪比,但误差分析比较困难,这是因为输出信噪比极大地依赖于溢出的次数、溢出发生在哪一级以及输入信号的性质。

小　结

为了更好地理解量化和量化误差,本章首先简单回顾了二进制的表示及其对量化的影响,然后分别介绍了在实现数字信号处理系统时共有3种因量化而引起的误差因素,即 A/D 转换中的量化效应、系统参数的不精确性产生的量化效应、数字运算过程中的有限字长效应。

通过分析可知,3种误差与系统结构形式、数的表示方法、所采用的运算方式、字的长短以及尾数的处理方式都有关。若选择的字长足够长,则运算的精度就可以足够高,而增加字长也会增加数字信号处理成本,所以应在能满足精度要求的情况下,尽可能选择较短的字长。

习　题

1. 分别以原码、反码和补码的形式表示小数 $7/32$ 和 $-7/32$,字长为 6。

2. A/D 变换器的字长为 b，其输出端接一网络，网络的单位抽样响应为 $h(n) = [a^n + (-a)^n]u(n)$，试求网络输出的 A/D 量化噪声方差 σ_f^2。

3. 方差为 σ_e^2 的白噪声是一个线性时不变系统的输入，该系统的系统函数为

$$H(z) = \frac{1 + \frac{5}{6}z^{-1}}{\left(1 - \frac{1}{3}z^{-1}\right)\left(1 + \frac{1}{4}z^{-1}\right)}$$

求滤波器输出噪声的方差。

4. 假定一个 FIR 数字滤波器的系统函数为 $H(z) = 1 + 0.2z^{-1} + 0.4z^{-2} - 0.25z^{-3} + 0.1z^{-4}$，用一个 16 位定点处理器实现该系统。如果舍入前先对乘积之和进行累加，求滤波器输出端舍入噪声的方差。

5. 已知二阶系统

$$H(z) = \frac{1}{1 - 1.2728z^{-1} + 0.81z^{-2}}$$

若采用直接 II 型结构，用 16 位定点算术实现该系统。假定舍入前先对所有的乘积之和进行累加。求滤波器输出端量化噪声的功率。

6. 系统函数为

$$H(z) = \frac{(1 + 0.9z^{-2})[1 - 2.4z\cos(0.75\pi)z^{-1} + 1.44z^{-2}]}{[1 - 1.4\cos(0.25\pi)z^{-1} + 0.49z^{-2}][1 - 1.8\cos(0.9\pi)z^{-1} + 0.81z^{-2}]}$$

为了使舍入噪声效应最小，系统中各个二阶基本节的零点与极点的最佳配对是什么？二阶基本节的最佳排序是什么？

7. 一个二阶 IIR 数字滤波器，其差分方程为 $y(n) = y(n-1) - ay(n-2) + x(n)$，现采用 $b=3$ 的定点制运算，舍入处理。当系数 $a=0.75$ 时，零输入 $x(n) = 0$，初始条件为 $\hat{y}(-2) = 0$，$\hat{y}(-1) = 0.5$。求 $0 \leqslant n \leqslant 9$ 的 10 点输出 $\hat{y}(n)$ 值。

8. 方差为 σ_e^2 的白噪声序列 $e(n)$ 是一个滤波器的输入，滤波器的系统函数为

$$H(z) = \frac{(1 + 2z^{-2})(1 - 3z^{-1})(1 + z^{-1})}{\left(1 + \frac{1}{2}z^{-2}\right)\left(1 + \frac{1}{3}z^{-1}\right)}$$

求输出序列的方差。

第10章 数字信号处理的应用

教学目标与要求

(1) 了解数字语音信号处理的基本技术及应用。
(2) 了解数字图像处理的基本概念。
(3) 了解滤波技术在数字图像处理中的应用。

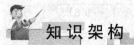

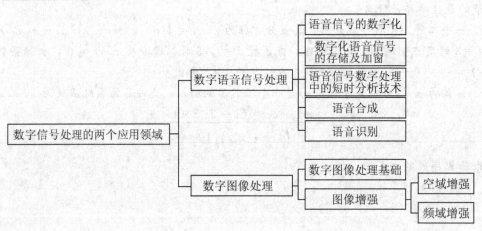

导入实例

随着人们对未知世界的探索,数字信号处理不仅在众多领域得到了应用和发展,数字图像处理技术也迅速发展起来,早期以人类对宇宙空间的探测方面应用得尤为显著。2004年1月6日美国国家航空航天局(NASA)公布了首张在火星表面拍摄的照片(如图10.1所示)。这张图片是由在火星上进行探索活动的"勇气"号探测器传送回来的12张高清晰度照片所"拼起来"的杰作。自从"勇气"号和"机遇"号火星探测车成功登陆火星后,它们向地球源源不断地发送回大量的数据和图像信息。"勇气"号拍摄的部分火星表面的照片显示,十亿年前火星表面很可能有过大量的河流及湖泊。这些照片不仅充分向人们展示了火星的地貌,为人类探索火星提供了大量的信息,也使得人们在火星上寻找水资源甚至火星生命都成为可能。

图 10.1　火星表面

10.1　数字语音信号处理

数字语音信号处理是一门涉及面很广的交叉学科,是应用数字信号处理技术对语音信号进行处理的一门学科。

语音信号是人们思想、情感交流的最主要的途径,语音信号包含了巨大的信息容量。人们对将语音作为一种信号来进行处理一直都有着强烈的兴趣。语音信号处理最早是从1940 年前后 Dudley 的声码器和 Potter 等人的课件语音开始的。20 世纪 60 年代中期形成的一系列数字信号处理方法和算法,如数字滤波器、快速傅里叶变换等成为数字语音信号处理的理论与技术基础。在 20 世纪 70 年代初期产生了线性预测编码和同态信号处理的算法,并成为进行语音信号处理最强有力的工具,且广泛应用于语音信号的分析、合成及各个应用领域。20 世纪 80 年代后,出现了一系列更重要的方法和算法,其中包括语音编码中采用的分析合成方法(Analysis by Synthesis,ABS),以及各种自适应处理方法和变换方法。在语音识别方面最重要的是与隐马尔可夫模型(Hidden Markov Model,HMM)有关的一系列算法以及语言的概率模型。20 世纪 90 年代以来,语音信号处理取得了许多实质性的研究进展,其中语音识别逐渐由实验室走向实用化。

10.1.1　语音信号的数字化

语音信号的数字化一般步骤是预滤波、采样、A/D 变换及编码。

预滤波的目的有两个:一是抑制输入信号各频域分量中频率超出 $f_s/2$ 的所有分量(f_s

为采样频率),以防止混叠干扰;二是抑制 50 Hz 的电源干扰。这样,预滤波器必须是一个带通滤波器,其上、下截止频率分别表示为 f_H 和 f_L。对于绝大多数语音编译码器,f_H = 3400 Hz,f_L = 60~100 Hz,采样率为 f_s = 8 kHz。对于语音识别而言,当用于电话用户时,指标与语音编译码器相同;当使用在要求较高或很高的场合时,f_H = 4500 Hz 或 8000 Hz,f_L = 60 Hz,f_s = 10 kHz 或 20 kHz。语音信号经过预滤波和采样后,由 A/D 变换器变换为二进制数字码。A/D 变换器分成线性和非线性两类。目前采用的线性 A/D 变换器绝大部分是 12 位的(即每一个采样脉冲转换为 12 位二进制数)。非线性 A/D 变换器则是 8 位的,它与 12 位线性变换器等效,但是为了后续处理,必须将非线性的 8 位码转换为线性的 12 位码。

10.1.2 数字化语音信号的存储及加窗

已数字化的语音信号序列将依次存入一个数据区,在语音信号处理中一般用循环队列的方式来存储这些数据,以便用一个有限容量的数据区来应付数量极大的语音数据(已处理过的语音数据可以依次抛弃,让出存储空间来存入新数据)。在进行处理时,按帧由此数据区中取出数据,处理完成后再取下一帧。在绝大部分情况下,语音信号处理的帧长都是取 20 ms(当 f_s = 8 kHz 时,相应于每帧有 160 个信号样值)。在取数据时,前一帧和后一帧的交叠部分称为帧移。帧移与帧长的比值一般取为 0~1/2。

已取出的一帧语音 $s(n)$ 要经过加窗处理,这就是用一定的窗函数 $w(n)$ 来乘 $s(n)$,从而形成加窗语音 $s_w(n)$,$s_w(n) = s(n) \cdot w(n)$。在语音信号数字处理中常用的窗函数是矩形窗和汉明窗。

10.1.3 语音信号数字处理中的短时分析技术

由于语音信号的准平稳特性,任何语音信号数字处理算法和技术都建立在"短时"基础上。在为了实现各种具体应用而做进一步的复杂处理之前,有一些经常使用的、共同的短时分析技术应该给出。

语音信号的短时能量、短时平均幅度和短时过零率是语音信号的一组最基本的短时参数,在各种语音信号数字处理技术中都要进一步应用。在计算这些参数时使用的一般是矩形窗或汉明窗。

当窗的起点为 $n=0$ 时,语音信号的短时能量用 E_0 表示,其表达式为

$$E_0 = \sum_{n=0}^{N-1} s_w^2(n) \tag{10.1}$$

如果窗 $w(n)$ 的起点不是 $n=0$ 而是某个其他整数 m,那么相应的短时能量用 E_m 表示,其取和限为 $n = m \sim (m+N-1)$。

当窗起点为 $n=0$ 时,语音信号的短时平均幅度用 M_0 表示,其表达式为

$$M_0 = \sum_{n=0}^{N-1} |s_w(n)| \tag{10.2}$$

同样,当窗的起点为任意整数 m 时,可表示为 M_m。M_0 也是一帧语音信号能量大小的表征,它与 E_0 的区别在于计算时小取样值和大取样值不因取平方而造成较大差异,在某些

应用领域中会带来一些好处。

当窗的起点为 $n=0$ 时,语音信号的短时过零率用 Z_0 表示,以表示一帧语音中语音信号波形穿过横轴(零电平)的次数。它可以用相邻两个取样改变符号的次数来计算,其表达式为

$$Z_0 = \frac{1}{2}\left\{\sum_{n=1}^{N-1} | \text{sgn}[s_w(n)] - \text{sgn}[s_w(n-1)] |\right\} \quad (10.3)$$

式中:sgn[·]表示取符号,即

$$\text{sgn}[x] = \begin{cases} 1, & x \geqslant 0 \\ -1, & x < 0 \end{cases} \quad (10.4)$$

同样,当窗的起点为任意整数 m 时,过零率用 Z_m 表示。

E、M 和 Z 都是随机参数,但是对于不同性质的语音它们具有不同的概率分布。例如,对于无声(用 S 表示)、清音(用 U 表示)、浊音(用 V 表示)3 种情况,E、M 和 Z 具有不同的概率密度函数。

10.1.4 语音合成

语音合成是人工制作出语音的技术,使一些以其他方式表示或存储的信息(如文本)能转换为语音,让人们能通过听觉方便地获得这些信息。

语音合成技术主要可以分为波形合成法和参数合成法两大类。

波形合成法是一种相对简单的语音合成技术,合成音质好、自然度高,但受调整算法限制,只能作有限调整,通常只能合成有限词汇的语音段。目前许多专门用途的语音合成器都采用这种方式,如自动报时、报站和报警等。

参数合成法也称为分析合成法,是一种比较复杂的方法。为了节约存储容量,必须先对语音信号进行分析,提取出语音的参数,以压缩存储量,然后由人工控制这些参数的合成。参数合成法的音库一般较小,整个系统能适应的韵律特征的范围较宽,但是参数合成技术的算法复杂,参数多,并且压缩比较大,信息丢失也大,合成出的语音不够自然、清晰。

10.1.5 语音识别

语音识别的目的是研究出一种具有听觉功能的机器,能直接接收人的语音命令,理解人的意图并作出相应的反应。例如语音识别可以应用于语音打字机、驾驶员在行驶中用语音发出控制命令等场合。

语音识别技术主要包括特征提取技术、模式匹配准则和模型训练技术 3 个方面,另外还涉及语音识别单元的选取。语音信号中含有丰富的信息,这些信息称为语音信号的声学特征。特征参数提取技术就是为了获得影响语音识别的重要信息,特征参数应该尽量多地反映语义信息,尽量减少说话人的个人信息。模式匹配是根据一定准则,使未知模式与模型库中的某一个模型获得最佳匹配。模型训练是按照一定的准则,从大量已知的模式中获取表征该模式本质特征的模型参数。关于语音识别单元的选取,对于大中型词汇量的汉语语音识别系统来说,以音节为识别单元基本是可行的。

10.2 数字图像处理

10.2.1 数字图像处理基础

1. 图像的函数表示

人们在日常工作和生活中经常接触到各种图像。图像的类别各种各样,例如照片是静态的图像,电影、电视是动态的图像,雷达依靠反射波形成图像,卫星或飞机可以通过遥感传感器得到遥感图像,医学上经常使用的 X 光、B 超、CT 也是以图像方式表示出来的。清华大学电子工程系教授,图像图形研究所副所长章毓晋认为图像是用各种观测系统以不同形式和手段观测客观世界而获得的,可以直接或间接作用于人眼并进而产生视知觉的实体。阮秋琦则将图像定义为"以某一技术为手段,被再现于二维平面上的视觉信息"。

图像是反映了物体反射或透射的物质能量在空间上的分布,这种分布可以在数学上表示为

$$I = f(x, y, z, t, \lambda) \tag{10.5}$$

式中: x, y, z 为几何空间中的点坐标; t 为时间; λ 为辐射波长。二维的灰度、静止图像可以忽略上式中的空间坐标 z、时间 t 和波长 λ,所以可以用一个二维数组 $f(x, y)$ 来表示,这里 x 和 y 表示二维空间 XY 中一个坐标点的位置,而 f 则代表图像在点 (x, y) 的灰度或亮度。一幅实际图像的尺寸也是有限的,所以 x 和 y 的取值也是有限的。就原始图像而言, $f(x, y)$ 是能量的记录,所以是非负有界的实数,即 $0 \leqslant f(x, y) < \infty$。

2. 图像的采样和量化

一幅图像必须要在空间和灰度上都离散化才能被计算机处理。空间坐标的离散化叫做采样,它确定了图像的空间分辨率,而灰度值的离散化叫做量化,它确定了图像的幅度分辨率。

设 F、X 和 Y 均为实整数集,下面用数学语言来描述采样和量化。采样过程可看作将图像平面划分成规则网格,每个网格中心点的位置由一对笛卡儿坐标 (x, y) 所决定,其中 x 是 X 中的整数,y 是 Y 中的整数。令 $f(\cdot)$ 是给点对 (x, y) 赋予灰度值(f 是 F 中的整数)的函数,那么 $f(x, y)$ 就是一幅数字图像,而这个赋值过程就是量化过程。

如果一幅图像的尺寸为 $M \times N$,表明在成像时采了 $M \times N$ 个样,或者说图像包含 MN 个像素。如果对每个像素都用 G 个灰度值中的一个来赋值,表明在成像时量化成了 G 个灰度级。在数字图像处理中,一般将这些量均取为 2 的整数次幂。

3. 图像处理系统

数字图像处理系统是执行图像处理任务的计算机系统,其基本的构成可由图 10.2 来表示。图像输入设备是对图像进行数字化,从而产生计算机可用的离散图像数据的设备,包括数码照相机、数码摄像机、扫描仪、带照相和/或摄像功能的手机等。图像处理模块是图像处理系统的中心模块,完成各种不同目的的图像处理和分析功能,通常由计算机或

是图形工作站来执行。图像的处理结果多是供观察的,图像的输出方式有显示和打印两种。图像显示器一般是系统的必备输出设备,其他输出设备可以选配绘图仪、激光/喷墨打印机等。大容量快速的图像存储器是图像处理系统必不可少的,通常包括磁带、磁盘、光盘、磁光盘等。图像数据的最小度量单位是比特(bit),图像存储常用的单位为字节(1 byte=8 bit)、千字节(K bytes)、兆字节(M bytes)、吉字节(G bytes)、太字节(T bytes)。图像数据文件应用比较广泛的格式有 BMP 格式、GIF 格式、TIFF 格式和 JPEG 格式等。

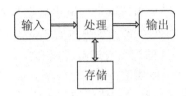

图 10.2　图像处理系统的构成

10.2.2　图像增强

图像增强的目的是为了改善图像质量,从主观上说就是改善视觉效果。由于增强后的图像是由观察者来评价效果好坏的,所以评价标准非常主观,因人而异。虽然没有完全通用的标准,但是可以有一些相对一致的准则来评价增强技术的"好"和"坏"。具体的增强技术也可能因为目的的不同而相去甚远。

图像增强技术可以分为空域增强和频域增强两大类。空域增强又分为灰度变换、直方图修正、图像平滑、图像锐化等方法;而频域增强主要是低通滤波法、高通滤波法和同态滤波法。

1. 空域增强

下面主要介绍空域增强法中的图像平滑的方法,又称为空域滤波法,即利用像素本身以及其邻域像素的灰度关系进行增强的方法,如均值滤波和中值滤波。

图像在传输过程中,由于传输信道、采样系统质量较差,或受各种干扰的影响,而造成图像毛糙,此时,就需对图像进行平滑处理。平滑可以抑制高频成分,但也使图像变得模糊。

模板卷积的基本思路是赋予某个像素值,并将其作为它本身灰度值和其相邻像素灰度值的函数。

1) 均值滤波

对于图像 $f(x,y)$ 中的每个像素点 (m,n),它的邻域模板 S 中所有 M 个像素灰度平均值为

$$\bar{f}(m,n) = \frac{1}{M}\sum_{(x,y)\in S} f(x,y) \tag{10.6}$$

作为经过均值滤波处理后所得到图像像素点 (m,n) 的灰度值,即用一个像素邻域内所有像素的灰度平均值来代替该像素原来的灰度。邻域模板 S 的形状、大小决定了平均值的取值,应该根据图像特点确定。

在求均值时也可以采用加权平均的方法,式(10.6)为所有系数为 1 的加权平均。为了

避免平均带来的模糊,可以对不同位置的系数采用不同的数值,一般按距离被处理像素的远近确定系数,距离被处理像素较近的系数给予较大的值,距离较远的给予较小的值。

2) 中值滤波

中值滤波是一种非线性滤波方式。和均值滤波相比较,中值滤波既消除噪声又能在一定程度上保持图像细节,且运算速度快、可硬化、便于实时处理。中值滤波的算法步骤是:①将模板中心与像素位置重合;②读取模板下各对应像素的灰度值;③将这些灰度值从小到大排成一列;④找出这些值里排在中间的一个;⑤将这个中间值赋给模板中心位置像素。

设邻域模板为 S,则一个二维中值滤波器的输出可以写为

$$y(m,n) = \underset{(x,y)\in S}{\text{median}}[f(x,y)] \tag{10.7}$$

图像中尺寸小于模板尺寸一半的过亮或过暗区域将会在滤波后会被消除掉。

【例 10.1】 图像的均值滤波和中值滤波。

图 10.3 给出了同一幅图像分别经过均值滤波和中值滤波处理后的结果。由结果可见,对于图像的椒盐噪声,中值滤波的效果好于均值滤波;而对于图像的高斯噪声,两者滤波结果差别不大。

图 10.3 图像的均值滤波和中值滤波

(a)原图像(由 MathWords 公司提供);(b)为(a)叠加了均值为 0,方差为 0.02 的高斯噪声;(c)为(a)叠加了密度为 0.05 的椒盐噪声(双极性噪声);(d)和(e)分别为(b)经过大小为 3×3 的模板的均值滤波和中值滤波的结果;(f)和(g)分别为(c)经过大小为 3×3 的模板的均值滤波和中值滤波的结果

2. 频域增强

为了有效和快速地对图像进行处理,常常需要将原定义在图像空间的图像通过傅里叶变换转换到频域空间,并利用频域空间的特有性质进行一定的加工,最后再转换回图像空间以得到所需的效果。

二维图像的正反傅里叶变换分别定义为

$$F(u,v) = \frac{1}{N}\sum_{x=0}^{N-1}\sum_{y=0}^{N-1}f(x,y)\mathrm{e}^{-\mathrm{j}2\pi(ux+vy)/N}, \quad u,v = 0,1,\cdots,N-1 \tag{10.8}$$

$$f(x,y) = \frac{1}{N}\sum_{u=0}^{N-1}\sum_{v=0}^{N-1}F(u,v)\mathrm{e}^{\mathrm{j}2\pi(ux+vy)/N}, \quad x,y = 0,1,\cdots,N-1 \tag{10.9}$$

二维傅里叶变换的频谱(幅度函数)、相位角和功率谱定义为

$$|F(u,v)| = \sqrt{R^2(u,v)+I^2(u,v)} \tag{10.10}$$

$$\phi(u,v) = \arctan[I(u,v)/R(u,v)] \tag{10.11}$$

$$P(u,v) = |F(u,v)|^2 = R^2(u,v)+I^2(u,v) \tag{10.12}$$

【例 10.2】 2-D 图像函数和傅里叶频谱。

用 MATLAB 读取一幅图像,并求出该图像的傅里叶频谱,下面是其程序。

```
f= imread('pout.tif'); figure, imshow(f)
F= fft2(f);
Fc= fftshift(F);
S= log(1+ abs(Fc)); figure, imshow(S, [])
```

程序运行结果如图 10.4 所示。

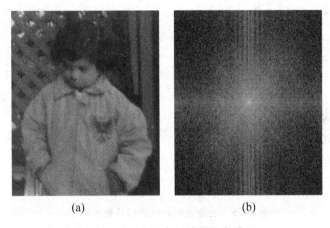

(a) (b)

10.4　图像的空间域和频率域

(a) 空间域的图像(由 MathWors 公司提供);(b) 变换到频域空间后的傅里叶频谱

卷积理论是频域增强的基础。设函数 $f(x,y)$ 与 $h(x,y)$ 的卷积结果是 $g(x,y)$,即 $g(x,y) = h(x,y) \times f(x,y)$,那么根据卷积定理在频域有

$$G(u,v) = H(u,v)F(u,v) \tag{10.13}$$

式中:$G(u,v)$,$H(u,v)$,$F(u,v)$ 分别为 $g(x,y)$,$h(x,y)$,$f(x,y)$ 的傅里叶变换。在具体增强应用中,$f(x,y)$ 是给定的(所以 $F(u,v)$ 可利用变换得到),需要确定的是 $H(u,v)$,这样具有所需特性的 $g(x,y)$ 就可由式(10.13)算出 $G(u,v)$ 而得到

$$g(x,y) = T^{-1}[H(u,v)F(u,v)] \tag{10.14}$$

根据 $H(u,v)$ 的不同表达形式,频域增强又可以分为低通滤波、高通滤波和同态滤波。

1) 低通滤波器

图像中的边缘和噪声都对应图像傅里叶变换中的高频部分,所以如要在频域中消弱其影响就要设法减弱这部分频率的分量,需要选择一个合适的 $H(u,v)$ 以得到消弱 $F(u,v)$

高频分量的 $G(u, v)$。

理想低通滤波器的转移函数为

$$H(u,v) = \begin{cases} 1, & D(u,v) \leqslant D_0 \\ 0, & D(u,v) > D_0 \end{cases} \qquad (10.15)$$

式中：D_0 为截断频率（非负整数）；$D(u, v)$ 为从点 (u, v) 到频率平面原点的距离。

然而理想低通滤波器在物理上是不可实现的，并且有抖动现象。实际中常采用的巴特沃斯低通滤波器在物理上可实现，也可以减少抖动现象。截断频率为 D_0 的 n 阶巴特沃斯低通滤波器的转移函数为

$$H(u,v) = \frac{1}{1 + \left[\dfrac{D(u,v)}{D_0}\right]^{2n}} \qquad (10.16)$$

理想低通滤波器和一阶巴特沃斯低通滤波器的转移函数图如图 10.5 所示。

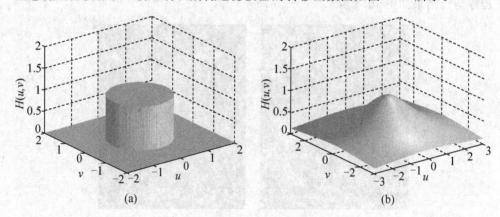

图 10.5 低通滤波器的转移函数三维图

(a) 理想低通滤波器；(b) 一阶巴特沃斯低通滤波器

2) 高通滤波器

图像经转换或传输后，质量可能下降，难免有些模糊。图像轮廓是灰度陡然变化的部分，包含着丰富的空间高频成分。把高频分量相对突出，显然可使轮廓清晰。这可以通过高通滤波器来实现。

理想高通滤波器的转移函数为

$$H(u,v) = \begin{cases} 0, & D(u,v) \leqslant D_0 \\ 1, & D(u,v) > D_0 \end{cases} \qquad (10.17)$$

和理想低通滤波器一样，理想高通滤波器也是不能用实际的电子器件实现的。

截断频率为 D_0 的 n 阶巴特沃斯高通滤波器的转移函数为

$$H(u,v) = \frac{1}{1 + \left[\dfrac{D_0}{D(u,v)}\right]^{2n}} \qquad (10.18)$$

理想高通滤波器和一阶巴特沃斯高通滤波器的转移函数图如图 10.6 所示。

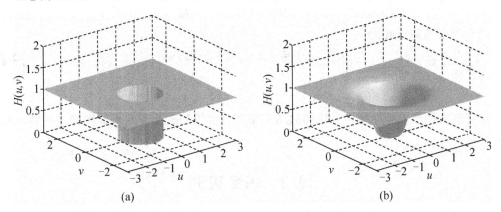

图 10.6　高通滤波器的转移函数三维图
(a) 理想高通滤波器；　(b) 一阶巴特沃斯高通滤波器

直接对图像进行高通滤波，由于滤除了大量的低频分量，虽然会使图像边缘得到加强，但是图像中灰度平滑的区域变暗甚至接近黑色。所以采用高频增强滤波器，使高频分量相对突出，而低频分量和甚高频分量则相对抑制。

设高通滤波器所用的转移函数为 $H(u,v)$，则高通滤波的输出图的傅里叶变换为 $G(u,v) = H(u,v)F(u,v)$。现在可以将高频增强滤波器的转移函数表示为

$$H_e(u,v) = k \times H(u,v) + c \tag{10.19}$$

则高频增强输出图的傅里叶变换为

$$G_e(u,v) = k \times G(u,v) + c \times F(u,v) \tag{10.20}$$

反变换回空域则有

$$g_e(x,y) = k \times g(x,y) + c \times f(x,y) \tag{10.21}$$

由此可见高频增强滤波的结果图像既包含有高通滤波的结果（使图像轮廓清晰），又包含了一部分原始图像（保留一定的图像低频部分）。

3) 同态滤波

图像的一种成像模型是将图像表示为照度分量 $i(x,y)$ 与反射分量 $r(x,y)$ 的乘积，即

$$f(x,y) = i(x,y)r(x,y) \tag{10.22}$$

图像的灰度由照度分量和反射分量合成。反射分量反映图像内容，随图像细节在不同空间上作快速变化。照度分量在空间上通常均具有缓慢变化的性质。照度分量的频谱落在空间低频区域，反射分量的频谱落在空间高频区域。若物体受到照度明暗不匀的时候，图像上对应照度暗的部分，其细节就较难辨别。同态滤波的目的就是消除不均匀照度的影响而又不损失图像细节。

下面是同态滤波的步骤。

(1) 两边取对数。

$$\ln f(x,y) = \ln i(x,y) + \ln r(x,y) \tag{10.23}$$

(2) 两边取傅里叶变换。

$$F(u,v) = I(u,v) + R(u,v) \tag{10.24}$$

(3) 用一频域函数 $H(u,v)$ 处理 $F(u,v)$。
$$H(u,v)F(u,v) = H(u,v)I(u,v) + H(u,v)R(u,v) \quad (10.25)$$
(4) 反变换到空域。
$$h_f(x,y) = h_i(x,y) + h_r(x,y) \quad (10.26)$$
(5) 两边取指数。
$$g(x,y) = e^{|h_f(x,y)|} = e^{|h_i(x,y)|} \cdot e^{|h_r(x,y)|} \quad (10.27)$$

同态滤波能消除乘性噪声，能同时压缩图像的整体动态范围和增加图像中相邻区域间的对比度。

10.3 综合实例

使用 MATLAB 软件对图像进行频域滤波处理。

(1) 对有噪声的图像进行低通滤波。

读入图像后，对图像增加椒盐噪声信号（双极性脉冲信号），采用二阶的巴特沃斯低通滤波器对图像进行滤波，滤波器的截止频率为 50。

下面是 MATLAB 程序。

```
f1= imread('liftingbody.png');        % 读入图像
figure, imshow(f1)
f2= imnoise(f1, 'salt & pepper');     % 给图像加上噪声
figure, imshow(f2)
f= double(f2);
F= fft2(f);                           % 对图像 f 进行傅里叶变换，得到频域图像 F
F= fftshift(F);
[N1, N2] = size(F);
n= 2;
d0= 50;
n1= fix(N1/2);
n2= fix(N2/2);
for i= 1: N1
for j= 1: N2
d= sqrt((i- n1)^2+ (j- n2)^2);
H= 1/(1+ 0.414* (d/d0)^(2* n));       % 设计巴特沃斯低通滤波器的转移函数
G(i, j)= H* F(i, j);                  % 频域相乘，滤波。G(x, y)= H(x, y)F(X, Y)
end
end
G= ifftshift(G);
g= ifft2(G);                          % 滤波后的频域图像反变换回空域
g2= uint8(real(g));
figure, imshow(g2)                    % 显示滤波结果
```

程序运行结果如图 10.7 所示。由图可见低通滤波起到了滤除噪声的作用，但同时整

个图像也由于低通滤波的平滑效果而降低了清晰度。这是因为图像的轮廓和噪声等灰度值变化较大的区域对应频域里高频的部分,而这部分被滤除掉了。

(a)

(b)

(c)

图 10.7 图像的低通滤波

(a)原始图像(由 MathWorks 公司提供);(b)加了噪声的图像;(c)低通滤波后的图像

(2) 对图像进行高通滤波和高频增强滤波。

采用二阶巴特沃斯高通滤波器和高频增强滤波器对图像进行滤波。在本例中,高频增强滤波器的转移函数为 $H_e(u,v) = 3 \times H(u,v) + 1$,其中 $H(u,v)$ 为二阶巴特沃斯高通滤波器的转移函数。

下面是 MATLAB 程序。

```
f= imread('liftingbody.png');
figure, imshow(f)
f= double(f);
F= fft2(f);
```

```matlab
F= fftshift(F);
[N1, N2] = size(F);
n= 2;
d0= 50;
n1= fix(N1/2);
n2= fix(N2/2);
for i= 1: N1
    for j= 1: N2
        d= sqrt((i- n1)^2+ (j- n2)^2);
        if d= = 0
            H1= = 0;
        else
            H1= 1/(1+ (d0/d)^(2* n));      % 设计巴特沃斯高通滤波器的转移函数
        end
        H2= 3* H1+ 1;                       % 设计高频增强滤波器的转移函数
        G1(i, j)= H1* F(i, j);
        G2(i, j)= H2* F(i, j);
    end
end
G1= ifftshift(G1);
g1= ifft2(G1);
g1= uint8(real(g1));
figure, imshow(g1)
G2= ifftshift(G2);
g2= ifft2(G2);
g2= uint8(real(g2));
figure, imshow(g2)
```

程序运行结果如图 10.8 所示。由于原始图像的背景和机身部分灰度值变化平缓，都对应频域里的低频部分，所以高通滤波器将其全部滤除掉，使得滤波后的图 10.8(b)将图 10.8(a)仅仅留下了机身轮廓。而高频增强滤波器则是在保留了原图像的同时，加强了图像轮廓，如图 10.8(c)所示。

第10章 数字信号处理的应用

(a)　　　　　　　　　　　　　　　　　(b)

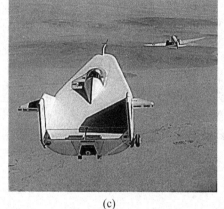

(c)

图 10.8　图像的高通滤波和高频增强滤波

(a)原始图像(由 Mathworks 公司提供)；(b)高通滤波后的图像；(c)高频增强滤波后的图像

小　　结

本章介绍了数字信号处理的两个应用领域：数字语音信号处理和数字图像处理的相关知识。数字语音信号处理简要地介绍了语音信号的数字化及预处理、语音合成和语音识别，数字图像处理着眼于图像增强技术的讲解，为学生进一步学习打下基础。

习　　题

1. 举例说明数字信号处理在语音信号处理方面的应用。
2. 举例说明数字信号处理在图像处理方面的应用。
3. 分别采用均值滤波和中值滤波，设计能滤除随机噪声的图像增强处理器。
4. 分别经过低通滤波器和高通滤波器滤波后的图像有怎样不同的效果？
5. 使用 MATLAB 软件设计一个巴特沃斯低通滤波器来对图像进行增强处理。

第11章 上机与实验

11.1 MATLAB 基本操作

11.1.1 实验目的

(1) 掌握 MATLAB 的基本操作、常用命令。

(2) 学会利用 MATLAB 图形用户界面设计工具，设计一个与整个实验内容配套的实验工作平台，进一步提高编程的能力和技巧。

11.1.2 实验原理

1. MATLAB 简介

MATLAB 于 1984 年由美国 MathWorks 公司推向市场。它是一种科学计算软件，专门以矩阵的形式处理数据。MATLAB 将高性能的数值计算和可视化集成在一起，并提供了大量的内置函数，从而被广泛地应用于科学计算、控制系统、信息处理等领域的分析、仿真和设计工作。

MATLAB 在信号处理中的应用主要包括符号运算和数值计算仿真分析。例如，解微分方程、傅里叶正反变换、拉普拉斯正反变换、z 正反变换、函数波形绘制、函数运算、单位脉冲响应与阶跃响应仿真分析、信号的时域分析、信号的频谱分析、零极点图绘制等内容。

作为强大的科学计算软件，MATLAB 提供了图形界面的设计与开发功能。由于其语句简练、功能强大、简单实用，现已成为面向科学与工程计算的大型优秀科技应用软件。

2. MATLAB 基本命令

1) 向量的生成

利用冒号(:)生成向量。

(1) X=j：k($j<k$)生成向量 $\boldsymbol{X}$= [j, $j+1$, $j+2$, …, $k-1$, k]。

(2) X=j：I：k 生成向量 $\boldsymbol{X}$= [j, $j+I$, $j+2I$, …, k]。

2) 矩阵的生成

(1) zeros 生成全 0 阵。

① B＝zeros(n)是生成 $n\times n$ 的全 0 矩阵。

② B＝zeros(m，n)是生成 $m\times n$ 的全 0 矩阵。

③ B＝zeros(Size(A))是生成与矩阵 $\boldsymbol{A}$ 大小相同的全 0 矩阵。

(2) ones 生成全 1 阵。

(3) rand 生成均匀分布的随机阵。

3) 矩阵的运算

① $\boldsymbol{A}+\boldsymbol{B}$ 是同维矩阵相加。

② $\boldsymbol{A}-\boldsymbol{B}$ 是同维矩阵相减。

③ $\boldsymbol{A}+3$ 是对于矩阵和标量(一个数)的加减运算。

④ $\boldsymbol{A}*\boldsymbol{B}$ 是数学中的矩阵乘法，遵循矩阵乘法规则。

⑤ $\boldsymbol{A}.*\boldsymbol{B}$ 是同维矩阵对应位置元素做乘法。

⑥ $\boldsymbol{B}$＝inv($\boldsymbol{A}$)是求矩阵的逆。

⑦ $\boldsymbol{A}/\boldsymbol{B}$ 是数学中的矩阵除法，遵循矩阵除法规则。

⑧ $\boldsymbol{A}./\boldsymbol{B}$ 是同维矩阵对应位置元素相除。

⑨ $\boldsymbol{A}^T$ 是表示矩阵的转置运算。

4) 数组函数

下面列举一些基本函数，它们的用法和格式都相同。sin(A)，cos(A)，exp(A)，log(A)相当于 ln，sgrt(A)开平方，abs(A)求模，real(A)求实部，imag(A)求虚部，angle()，式中 A 可以是标量也可以是矩阵。

5) 绘图

在数字信号处理中常用到的绘图指令有(只给出函数名，具体调用格式参阅 help)：figure()，plot()，stem()，axis()，grid on，title()，xlabel()，ylabel()，text()，hold on，subplot()。

如果要使向量的横纵坐标一一对应，则应写为 plot(t, A)。如不要横坐标对应时，可只写 plot(A)。如果A是一个矩阵不是向量，则在同一窗口中可绘出与矩阵行数相同的曲线且颜色不同。同时也可指定曲线的颜色和格式；如 plot(t, A, 'b.')，则原来的连续曲线就变成了蓝色的点线。常用的绘图选项参阅 help plot。

subplot(x, y, n)将一个窗口分割成 x 行、y 列，共 $x\times y$ 个窗口，取第 n 个窗口为当前窗口，例如 subplot(3, 2, 2)分割 3×2 个窗口。取第二个窗口；如果下面有绘图语句，就表示要在第二个窗口中绘图。

11.1.3 实验内容

MATLAB 基本操作如下。

(1) 生成向量 $X1$= [1 2 3 4 5]，$X2$= [1.000 1.500 2.000 2.500]，$X3$= [5 4 3 2 1]。

(2) 分别生成 3×3，3×4 的全 0 矩阵，全 1 矩阵和随机矩阵。

(3) 分别输入下面的矩阵。

$$A = \begin{bmatrix} 1 & 2 & 3 \\ 2 & 3 & 4 \\ 3 & 4 & 5 \end{bmatrix} \quad B = \begin{bmatrix} 1 & 2 & 3 \\ 4 & 5 & 3 \\ 7 & 8 & 9 \end{bmatrix}$$

① 分别计算 $A+B$，$A-B$，$A+3$，$A-4$，$A*B$，$A.*B$，$C=\text{inv}(A)$，A/B，$A./B$。

② 分别计算 $\sin(X1)$，$\cos(X1)$，$\exp(X1)$，$\lg(X2)$，$\text{sqrt}(X2)$。

(4) 产生一个正弦函数，并画图，参考程序如下。

```
t= 0:0.01:1;
y= sin(2* pi* t);
plot(t, y);
text(0.6, 0, 'y= sin(2* pi* t)');
```

11.1.4 实验分析

(1) 写出实验步骤。

(2) 写出各步输入语句和输出结果。

(3) 分析产生的效果。

11.1.5 实验总结

总结实验认识、过程、效果、问题、收获、体会、意见和建议。

11.2 典型离散信号及其 MATLAB 实现

11.2.1 实验目的

(1) 掌握 MATLAB 语言的基本操作，学习基本的编程功能。

(2) 掌握 MATLAB 产生常用离散时间信号的编程方法。

(3) 掌握 MATLAB 计算卷积的方法。

11.2.2 实验原理

1. MATLAB 常用离散时间信号

(1) 单位采样序列 $\delta(n) = \begin{cases} 1, & n=0 \\ 0, & n\neq 0 \end{cases}$ 在 MATLAB 中可以利用 zeros() 函数实现。

(2) 单位阶跃序列 $u(n) = \begin{cases} 1, & n\geq 0 \\ 0, & n<0 \end{cases}$ 在 MATLAB 中可以利用 ones() 函数实现。

(3) 正弦序列 $x(n) = A\sin(2\pi fn/Fs + \varphi)$ 在 MATLAB 中可以利用 sin() 函数实现。

(4) 复正弦序列 $x(n) = e^{j\omega n}$ 在 MATLAB 中可以利用 exp() 函数实现。

(5) 指数序列 $x(n) = a^n$　在 MATLAB 中可以利用 x=a.^n 命令实现。

(6) 下面的函数也可以产生特定的序列。

y=fliplr(x)——信号的翻转。

y=square(x)——产生方波信号。

y=sawtooth(x)——产生锯齿波信号。

y=sinc(x)——产生 sinc 函数信号。

2. 离散时间信号的卷积

由于系统的零状态响应是激励与系统的单位脉冲响应的卷积，因此卷积运算在离散时间信号处理领域被广泛应用。离散时间信号的卷积定义为

$$y(n) = x(n)h(n) = \sum_{m=-\infty}^{\infty} x(m)h(n-m)$$

可见，离散时间信号的卷积运算是求和运算，因而常称为"卷积和"。

MATLAB 求离散时间信号卷积和的命令为 conv，其语句格式为

$$y=conv(x, h)$$

其中：x 与 h 为离散时间信号值的向量；y 为卷积结果。用 MATLAB 进行卷积和运算时，无法实现无限的累加，只能计算时限信号的卷积。

11.2.3　实验内容

1. 离散信号的产生

离散信号的图形显示使用离散二维柱图函数 stem()。编写 MATLAB 程序，产生下列典型脉冲序列。

(1) 单位脉冲序列：起点 $n_0=0$，终点 $n_f=10$，在 $n_s=3$ 处有一单位脉冲。

(2) 单位阶跃序列：起点 $n_0=0$，终点 $n_f=10$，在 $n_s=3$ 前为 0，在 n_s 处及以后均为 1($n_0 \leqslant n_s \leqslant n_f$)。

(3) 实指数序列：$x_3 = (0.75)^n$。

(4) 复指数序列：$x_4 = e^{(-0.2+j0.7)n}$。

参考程序如下。

```
n0= 0;nf= 10;ns= 3;
n1= n0:nf;x1= [(n1- ns)= = 0];           % 单位脉冲序列
n2= n0: nf; x2= [(n2- ns)> = 0];         % 单位阶跃序列
n3= n0: nf; x3= (0.75).^n3;              % 实指数序列
n4= n0: nf; x4= exp((- 0.2+ 0.7j)* n4);  % 复指数序列
subplot(2, 2, 1), stem(n1, x1);
subplot(2, 2, 2), stem(n2, x2);
subplot(2, 2, 3) stem(n3, x3);
figure
subplot(2, 2, 1), stem(n4, real(x4));
```

```
subplot(2, 2, 2), stem(n4, imag(x4));
subplot(2, 2, 3), stem(n4, abs(x4));
subplot(2, 2, 4), stem(n4, angle(x4));
```

2. 离散时间信号的卷积

用 MATLAB 实现两个有限长度序列的卷积运算,参考程序如下。

```
x= [340- 2235];   %[x,nx]为第一个信号
nx= [- 3:3];
h= [145601];      %[h,nh]为第二个信号
nh= [N:N+ 5];     % N 是你的学号最后两位
ny1= nx(1)+ nh(1);
ny2= nx(length(x))+ nh(length(h));
ny= [ny1: ny2];
y= conv(x, h); % conv(x, h)可以实现两个有限长度序列的卷积
```

将学号最后两位带入后求出卷积结果。

11.2.4 实验分析

观察实验结果,掌握、分析典型的离散时间信号,分析卷积运算。

11.2.5 实验总结

总结实验认识、过程、效果、问题、收获、体会、意见和建议。

11.3 离散时间信号和离散时间系统

11.3.1 实验目的

(1) 掌握判断线性系统和时变系统的方法。
(2) 掌握计算线性时不变系统的单位脉冲响应的方法。
(3) 理解时域采样的概念及方法。

11.3.2 实验原理

1. 信号采样

采样就是利用周期性采样脉冲序列 $P_T(t)$,从连续信号 $x_a(t)$ 中抽取一系列的离散值,得到采样信号(或称采样数据信号)即离散时间信号。

2. 线性时不变离散时间系统

线性系统是满足线性叠加原理的系统。若 $y_1(n)$ 和 $y_2(n)$ 分别是输入序列 $x_1(n)$ 和 $x_2(n)$ 的响应,则输入 $x(n)=ax_1(n)+bx_2(n)$ 的输出响应为 $y(n)=ay_1(n)+by_2(n)$。

时不变系统是系统参数不随时间变化的系统,亦即系统对于输入信号的响应与信号加

于系统的时间无关。若 $y(n)$ 是 $x(n)$ 的响应，则 $y(n-m)$ 是输入 $x(n-m)$ 的响应，其中：m 是任意整数。

数字滤波器对单位样本序列 $\delta(n)$ 的响应称为单位脉冲响应，用 $h(n)$ 表示。线性时不变离散系统对输入信号 $x(n)$ 的响应 $y(n)$ 可用 $h(n)$ 来表示：$y(n) = \sum_{k=-\infty}^{\infty} h(k)x(n-k)$。

11.3.3 实验内容

1. 线性和非线性系统

设系统为 $y(n)-0.5y(n-1)+0.75y(n-2)=2.5x(n)+2.5x(n-1)+2x(n-2)$，输入 3 个不同的输入序列 $x_1(n)$，$x_2(n)$ 和 $x(n)=4x_1(n)-3x_2(n)$，计算并求出相应的输出响应 $y_1(n)$，$y_2(n)$ 和 $y(n)$，并判断该系统是否为线性系统。

参考程序如下。

```
n= 0:40;
a= 4;b= - 3;
x1= cos(2* pi* 0.1* n);
x2= cos(2* pi* 0.4* n);
x= a* x1+ b* x2;
num= [2.5 2.5 2];
den= [1 - 0.5 0.75];
y1= filter(num, den, x1);     % 计算输出 y1(n)
y2= filter(num, den, x2);     % 计算输出 y2(n)
y= filter(num, den, x);       % 计算输出 y(n)
yt= a* y1+ b* y2;
subplot(2, 1, 1)
stem(n, y);
ylabel('振幅');
title('加权输出');
subplot(2, 1, 2)
stem(n, yt);
ylabel('振幅')
title('输出加权')
xlabel('时间序号 n');
```

2. 时不变系统和时变系统

若上述系统输入两个不同的输入序列 $x(n)$ 和 $x(n-D)$，计算并画出相应的输出序列 $y_1(n)$，$y_2(n)$ 和 $y_1(n)-y_2(n+D)$，并判断该系统是否为时不变系统。

参考程序如下。

```
n= 0:40;D= 10;a= 4;b= - 3;
x= a* cos(2* pi* 0.1* n)+ b* cos(2* pi* 0.4* n);
xd= [zeros(1, D)x];
```

```
num= [2.5 2.5 2];
den= [1 - 0.5 0.75];
y= filter(num, den, x);           % 计算输出 y(n)
yd= filter(num, den, xd);         % 计算输出 yd(n)
d= y- yd(1+ D: 41+ D);            % 计算差值输出 d(n)
subplot(3, 1, 1)                  % 画出输出
stem(n, y);
ylabel('振幅');
title('输出 y(n)'); grid;
subplot(3, 1, 2)
stem(n, yd(1: 41));
ylabel('振幅');
title(['延时输入 x [n- ', num2str(D), '] 的输出']); grid;
subplot(3, 1, 3)
stem(n, d);
xlabel('时间序号 n'); ylabel('振幅');
title('差值信号'); grid;
```

3. 线性时不变系统的单位脉冲响应的计算

计算上述系统的单位脉冲响应。

参考程序如下。

```
N= 40;
num= [2.5 2.5 2];
den= [1 - 0.5 0.75];
y= impz(num, den, N);
stem(y);
xlabel('时间序号 n'); ylabel('振幅');
title('单位脉冲响应'); grid;
```

4. 时域采样

对连续正弦时间信号 $x(t)=\cos(2\pi ft)$ 进行采样，其中 $f=13$。

参考程序如下。

```
t= 0:0.0005:1;
f= 13;
xa= cos(2* pi* f* t);
subplot(2, 1, 1)
plot(t, xa); grid
xlabel('时间, msec'); ylabel('振幅');
title('连续时间信号');
axis([0 1 - 1.2 1.2])
subplot(2, 1, 2);
```

```
T= 0.1;
n= 0: T: 1;
xs= cos(2* pi* f* n);
k= 0: length(n)- 1;
stem(k, xs); grid
xlabel('时间序号 n'); ylabel('振幅');
title('离散时间信号');
axis( [0 length(n)- 1- 1.2 1.2])
```

11.3.4 实验分析

（1）观察实验结果，分析系统的线性、时不变性，求出系统的单位脉冲响应。
（2）对正弦信号进行采样。

11.3.5 实验总结

总结实验认识、过程、效果、问题、收获、体会、意见和建议。

11.4 离散时间信号的频域分析

11.4.1 实验目的

（1）学会运用 MATLAB 求离散时间信号的 z 变换和 z 反变换。
（2）学会运用 MATLAB 求信号的离散时间傅里叶变换。

11.4.2 实验原理

1. z 变换和逆 z 变换

序列 $x(n)$ 的 z 变换定义为

$$X(z) = \sum_{n=-\infty}^{\infty} x(n)z^{-n}$$

式中：z 为复变量。相应地，单边 z 变换定义为

$$X(z) = \sum_{n=0}^{\infty} x(n)z^{-n}$$

MATLAB 提供了计算离散时间信号单边 z 变换的函数 ztrans 和 z 反变换函数 iztrans，其格式分别为 $Z=$ ztrans(x) 和 $x=$ iztrans(Z)。上式中的 x 和 Z 分别为时域表达式和 z 域表达式的符号表示，可通过 sym 函数来定义。

如果信号的 z 域表示式 $X(z)$ 是有理函数，进行 z 反变换的另一个方法是对 $X(z)$ 进行部分分式展开，然后求各简单分式的 z 反变换。设 $X(z)$ 的有理分式表示为

$$X(z) = \frac{b_0 + b_1 z^{-1} + b_2 z^{-2} + \cdots + b_m z^{-m}}{1 + a_1 z^{-1} + a_2 z^{-2} + \cdots + a_n z^{-n}} = \frac{B(z)}{A(z)}$$

MATLAB 信号处理工具箱提供了一个对 $X(z)$ 进行部分分式展开的函数 residuez，其语句

格式为

[R,P,K]= residuez(B, A)

式中：B 和 A 分别为 $X(z)$ 的分子和分母多项式的系数向量；R 为部分分式的系数向量；P 为极点向量；K 为多项式的系数。若 $X(z)$ 为有理真分式，则 K 为零。

2. 离散时间傅里叶变换(DTFT)

(1) 序列 $x[n]$ 的离散时间傅里叶变换定义为 $X(e^{j\omega}) = \sum_{n=-\infty}^{\infty} x[n]e^{-j\omega n}$。$X(e^{j\omega})$ 的离散时间傅里叶逆变换为 $x[n] = \frac{1}{2\pi}\int_{-\pi}^{\pi} X(e^{j\omega})e^{j\omega n}d\omega$。

$X(e^{j\omega})$ 可写为实部和虚部相加的形式：$X(e^{j\omega}) = X_{re}(e^{j\omega}) + jX_{im}(e^{j\omega})$。$X(e^{j\omega})$ 也可以表示为：$X(e^{j\omega}) = |X(e^{j\omega})|e^{j\theta(\omega)}$。其中，$\theta(\omega) = \arg[X(e^{j\omega})]$。$|X(e^{j\omega})|$ 称为幅度函数，$\theta(\omega)$ 称为相位函数，又分别称为幅度谱和相位谱，都是 ω 的实函数。

(2) 由于 $X(e^{j\omega})$ 是变量 ω 的连续函数，而在 MATLAB 中数据只能以向量的形式存在，所以 $X(e^{j\omega})$ 只能在一个给定 L 个离散频率点的离散频率集合中计算，需要尽可能大地选取 L 的值以表示连续函数 $X(e^{j\omega})$。

11.4.3 实验内容

1. z 变换和 z 反变换

(1) 用 ztrans 函数求函数 $x(n) = a^n \cos(\pi n)u(n)$ 的 z 变换。
参考程序如下。

```
x= sym('a^n* cos(pi* n)');
Z1= ztrans(x);
Z= simplify(Z1);
```

(2) 用 iztrans 函数求函数 $X(z) = \dfrac{z(2z^2 - 11z + 12)}{(z-1)(z-2)^3}$ 的 z 反变换。
参考程序如下。

```
Z= sym('z* (2* z^2- 11* z+ 12)/(z- 1)/(z- 2)^3');
x= iztrans(Z);
simplify(x)
```

(3) 用 MATLAB 命令对函数 $X(z) = \dfrac{18}{18 + 3z^{-1} - 4z^{-2} - z^{-3}}$ 进行部分分式展开，并求出其 z 反变换。
参考程序如下。

```
B= [18];
A= [18,3,- 4,- 1];
[R,P,K]= residuez(B,A)
```

其运行结果为如下。

R=

```
        0.3600
        0.2400
        0.4000
P=
        0.5000
       -0.3333
       -0.3333
K=
        []
```

从运行结果可知,$p_2 = p_3$,表示系统有一个二重极点。所以,$X(z)$的部分分式展开为

$$X(z) = \frac{0.36}{1-0.5z^{-1}} + \frac{0.24}{1+0.3333z^{-1}} + \frac{0.4}{(1+0.3333z^{-1})^2}$$

因此,其 z 反变换为

$$x(n) = [0.36 \times (0.5)^n + 0.24 \times (-0.3333)^n + 0.4(n+1)(-0.3333)^n]u(n)$$

2. 序列的离散时间傅里叶变换

求序列 $x(n) = (-0.8)n$,$-10 \leqslant n \leqslant 10$ 的离散时间傅里叶变换,并画出它的实部、虚部、幅度和相位。

参考程序如下。

```
n= -10:10;
x= (-0.8).^n;
k= -200:200;
w= (pi/100)*k;
X= x*(exp(-j*pi/100)).^(n'*k);
subplot(4, 1, 1)
plot(w/pi, real(X)); grid;
title('X(e^{j\omega})实部')
xlabel('\omega/\pi');
ylabel('振幅');
subplot(4, 1, 2)
plot(w/pi, imag(X)); grid
title('X(e^{j\omega})虚部')
xlabel('\omega/\pi');
ylabel('振幅');
subplot(4, 1, 3)
plot(w/pi, abs(X)); grid
title('X(e^{j\omega})幅度谱')
xlabel('\omega/\pi');
ylabel('振幅');
subplot(4, 1, 4)
plot(w/pi, angle(X)); grid
```

```
title('相位谱 arg [X(e^ {j\ omega})] ')
xlabel('\ omega/\ pi');
ylabel('以弧度为单位的相位');
```

11.4.4 实验分析

（1）求出步骤 1 中的各 z 变换的表达式。
（2）观察步骤 2 离散时间信号的傅里叶变换的结果并分析。

11.4.5 实验总结

总结实验认识、过程、效果、问题、收获、体会、意见和建议。

11.5 离散傅里叶变换及其快速算法

11.5.1 实验目的

（1）理解 DFT 算法，并能用 MATLAB 实现 DFT。
（2）加深对 FFT 的理解，体会 DFT 和 FFT 之间的关系。
（3）熟悉应用 FFT 实现两个序列的线性卷积的方法。

11.5.2 实验原理

N 点序列 $x(n)$ 的 DFT 和 IDFT 分别定义为

$$X(k) = \sum_{n=0}^{N-1} x(n) e^{-j\frac{2\pi}{N}nk}$$

$$x(n) = \frac{1}{N}\sum_{k=0}^{N-1} X(k) e^{j\frac{2\pi}{N}nk}$$

若将 DFT 变换的定义写成矩阵形式，则得到 $X = A \cdot x$，其中 DFT 变换矩阵 A 为

$$A = \begin{Bmatrix} 1 & 1 & \cdots & 1 \\ 1 & W_N^1 & \cdots & W_N^{N-1} \\ \cdots & \cdots & \cdots & \cdots \\ 1 & W_N^{N-1} & \cdots & W_N^{(N-1)^2} \end{Bmatrix}$$

可以用函数 $U = \text{fft}(u, N)$ 和 $u = \text{ifft}(U, N)$ 计算 N 点序列的 DFT 正、反变换。

11.5.3 实验内容

1. 离散傅里叶变换

（1）用 MATLAB 求 $N=16$ 的有限序列 $x(n) = \sin(n\pi/8) + \sin(n\pi/4)$ 的 DFT 结果，并画出结果图。

参考程序如下。

```
N= 16;
```

```
n= 0:1:N-1;
xn= sin(n* pi/8)+ sin(n* pi/4);
k= 0: 1: N- 1;
WN= exp(- j* 2* pi/N);
nk= n'* k;
WNnk= WN.^nk;
Xk= xn* WNnk;
subplot(2, 1, 1)
stem(n, xn);
subplot(2, 1, 2)
stem(k, abs(Xk));
```

(2) 矩形序列 $x(n)=R_5(n)$，求 N 分别取 8、32 时的 DFT，最后绘出结果图形。

参考程序如下。

```
function[Xk]= dft(xn, N)
n= [0: 1: N- 1];              % n 的行向量
k= [0: 1: N- 1];              % k 的行向量
WN= exp(- j* 2* pi/N);        % 旋转因子
nk= n'* k;                    % 产生一个含 nk 值的 N 乘 N 维矩阵
WNnk= WN.^nk;                 % DFT 矩阵
Xk= xn* WNnk;                 % DFT 系数的行向量
```

调用上面函数解题。

```
N= 8;x= [ones(1, 5), zeros(1, N- 5)];
n= 0: N- 1;
X= dft(x, N);                                    % N=8 点离散傅立叶变换
magX= abs(X); phaX= angle(X)* 180/pi;
k= (0: length(magX)'- 1)* N/length(magX);
subplot(2, 2, 1); stem(n, x); ylabel('x(n)');
subplot(2, 2, 2); stem(k, magX); axis([0, 10, 0, 5]); ylabel('|X(k)|');
N= 32; x= [ones(1, 5), zeros(1, N- 5)];
n= 0: N- 1;
X= dft(x, N);                                    % N=32 点离散傅立叶变换
magX= abs(X); phaX= angle(X)* 180/pi;
k= (0: length(magX)'- 1)* N/length(magX);
subplot(2, 2, 3); stem(n, x); ylabel('x(n)');
subplot(2, 2, 4); stem(k, magX); axis([0, 32, 0, 5]); ylabel('|x(k)|');
```

2. 快速傅里叶变换

(1) 已知一个 8 点的时域非周期离散阶跃信号，其起点 $n_1=0$，终点 $n_2=7$，在 $n_0=4$ 前为 0，n_0 以后为 1。用 $N=32$ 点进行 FFT 变换，作其时域信号图及信号频谱图。

参考程序如下。

```
n1= 0;n0= 4;n2= 7;N= 32;
```

```
n= n1:n2;
w= [(n- n0)> = 0];        % 建立时间信号
subplot(2, 1, 1); stem(n, w);
i= 0: N- 1;               % 频率采样点从 0 开始
y= fft(w, N);             % 用快速算法计算 DFT
aw= abs(y);               % 求幅度值
subplot(2, 1, 2); stem(i, aw);
```

（2）利用 FFT 计算线性卷积。设 $x(n) = \{2, 3, 1, 4, 5\}$，$h(n) = \{2, 1, 7, 4, 5, 7, 2, 3\}$，计算两者的线性卷积。

参考程序如下。

```
x= [2 3 1 4 5];
h= [2 1 7 4 5 7 2 3];
Lenx= length(x);          % 求序列 x 的长度
Lenh= length(h);          % 求序列 h 的长度
N= Lenx+ Lenh- 1;
Xk= fft(x, N);            % 计算 x 序列的 DFT
Hk= fft(h, N);            % 计算 h 序列的 DFT
Yk= Xk.* Hk;
y= ifft(Yk)               % 求 IDFT
stem(y);
xlabel('n');
ylabel('y(n)');
title('x(n)* h(n)');
grid
```

11.5.4　实验分析

认真观察实验结果，记录结果，并画出结果图形，分析实验产生的现象的原因。

11.5.5　实验总结

总结实验认识、过程、效果及体会、意见建议。

11.6　IIR 数字滤波器的设计

11.6.1　实验目的

（1）熟悉巴特沃斯滤波器和切比雪夫滤波器的频率特性。

（2）掌握双线性变换法及脉冲响应不变法设计 IIR 数字滤波器的具体方法及其原理，熟悉用双线性变换法及脉冲响应不变法设计低通、高通和带通 IIR 数字滤波器的计算机编程。

（3）观察双线性变换及脉冲响应不变法设计的滤波器的频域特性，了解双线性变换法及脉冲响应不变法的特点。

11.6.2 实验原理

1. 脉冲响应不变法

用数字滤波器的单位脉冲响应序列 $h(n)$ 模仿模拟滤波器的冲激响应 $h_a(t)$，让 $h(n)$ 正好等于 $h_a(t)$ 的采样值，即

$$h(n) = h_a(nT)$$

其中：T 为采样间隔。如果以 $H_a(s)$ 及 $H(z)$ 分别表示 $h_a(t)$ 的拉普拉斯变换及 $h(n)$ 的 z 变换，则

$$H(z)|_{z=e^{sT}} = \frac{1}{T} \sum_{m=-\infty}^{\infty} H_a\left(s + j\frac{2\pi}{T}m\right)$$

2. 双线性变换法

s 平面与 z 平面之间满足以下映射关系

$$s = \frac{2}{T} \cdot \frac{1-z^{-1}}{1+z^{-1}}, \quad z = \frac{1+\frac{T_s}{2}}{1-\frac{T_s}{2}}, \quad s = \sigma + j\Omega; z = re^{j\omega}$$

s 平面的虚轴单值映射于 z 平面的单位圆上，s 平面的左半平面完全映射到 z 平面的单位圆内。双线性变换不存在混叠问题。双线性变换时一非线性变换 $\left[\tan\left(\frac{\omega}{2}\right) = \frac{\Omega T}{2}\right]$，这种非线性引起的幅频特性畸变可通过预畸得到校正。

11.6.3 实验内容

（1）设采样频率 $f_s = 4000 + sn*100$ Hz，其中 sn 为学号后两位。用脉冲响应不变法和双线性变换法设计一个三阶巴特沃斯滤波器，其 3dB 边界频率为 $f_c = 1$ kHz。

参考程序如下。

```
sn= ;           % 输入学号后两位
[B,A]= butter(3,2* pi* 1000,'s');
               % 巴特沃斯滤波器[b,a]= butter(n,Wn,'s'),n 为滤波器的阶数,Wn 为边界频率
               % 按 s 的降幂排列
fs= 4000+ sn* 100;
[num1,den1]= impinvar(B,A,fs);      % 脉冲响应不变法,4000 为采样频率
[h1,w]= freqz(num1,den1);            % 计算系统频率特性
[B,A]= butter(3,2/0.00025,'s');      % 2/0.00025 预畸变模拟滤波器边界频率
[num2,den2]= bilinear(B,A,fs);       % 双线性法
[h2,w]= freqz(num2,den2);
f= w/pi* 2000;
plot(f,abs(h1),'- .',f,abs(h2),'- ');
grid;xlabel('频率/Hz');ylabel('幅值/dB');
```

运行该程序，并绘出运行结果。

(2) 设计一数字高通滤波器,它的通带为 400~500 Hz,通带内允许有 0.5 dB 的波动,阻带内衰减在小于 317 Hz 的频带内至少为 19 dB,采样频率为 1000 Hz。

参考程序如下。

```
wc= 2* 1000* tan(2* pi* 400/(2* 1000));
wt= 2* 1000* tan(2* pi* 317/(2* 1000));
[N,wn]= cheb1ord(wc,wt,0.5,19,'s');
[B,A]= cheby1(N,0.5,wn,'high','s');
[num,den]= bilinear(B,A,1000);
[h,w]= freqz(num,den);
f= w/pi* 500;
plot(f,20* log10(abs(h)));
axis([0,500,-80,10]);
grid;
xlabel('频率/Hz')
ylabel('幅度/dB')
```

11.6.4 实验分析

分析巴特沃斯滤波器和切比雪夫滤波器的特性。

11.6.5 实验总结

总结实验认识、效果、收获及体会、意见、建议。

11.7 FIR 数字滤波器的设计

11.7.1 实验目的

(1) 掌握用窗函数法、频率采样法设计 FIR 数字滤波器的原理及方法,熟悉相应的计算机编程。

(2) 熟悉线性相位 FIR 数字滤波器的幅频特性和相频特性。

(3) 了解各种不同窗函数对滤波器性能的影响。

11.7.2 实验原理

1. 窗口法

窗函数法设计线性相位 FIR 滤波器步骤如下。

(1) 确定数字滤波器的性能要求:临界频率 $\{\omega_k\}$,滤波器单位脉冲响应长度 N。

(2) 根据性能要求,合理选择单位脉冲响应 $h(n)$ 的奇偶对称性,从而确定理想频率响应 $H_d(e^{j\omega})$ 的幅频特性和相频特性。

(3) 求理想单位脉冲响应 $h_d(n)$,在实际计算中,可对 $H_d(e^{j\omega})$ 按 M(M 远大于 N)点等距离采样,并对其求 IDFT 得 $h_M(n)$,用 $h_M(n)$ 代替 $h_d(n)$。

(4) 选择适当的窗函数 $w(n)$，根据 $h(n)=h_d(n)w(n)$ 求所需设计的 FIR 滤波器单位脉冲响应。

(5) 求 $H(e^{j\omega})$，分析其幅频特性，若不满足要求，可适当改变窗函数形式或长度 N，重复上述设计过程，以得到满意的结果。

窗函数的傅式变换 $W(e^{j\omega})$ 的主瓣决定了 $H(e^{j\omega})$ 过渡带宽。$W(e^{j\omega})$ 的旁瓣大小和多少决定了 $H(e^{j\omega})$ 在通带和阻带范围内波动幅度，常用的几种窗函数有

(1) 矩形窗　$w(n)=R_N(n)$。

(2) 汉宁窗　$w(n)=\dfrac{1}{2}\left[1-\cos\dfrac{2\pi n}{N-1}\right]R_N(n)$。

(3) 汉明窗　$w(n)=\left[0.54-0.46(\cos\dfrac{2\pi n}{N-1})\right]R_N(n)$。

(4) 布莱克曼窗　$w(n)=\left[0.42-0.5(\cos\dfrac{2\pi n}{N-1})+0.08\cos(\dfrac{4\pi n}{N-1})\right]R_N(n)$。

(5) 凯塞窗　$w(n)=\dfrac{I_0(\beta\sqrt{1-[2n/(N-1)-1]^2})}{I_0(\beta)}R_N(n)$。

其中：$I_0(x)$ 为零阶贝塞尔函数。

2. 频率采样法

频率采样法是从频域出发，将给定的理想频率响应 $H_d(e^{j\omega})$ 加以等间隔采样。

$$H_d(k)=H_d(e^{j\omega})\Big|_{\omega=\frac{2\pi}{N}k}, k=0,1,2,\cdots,N-1$$

然后以此 $H_d(k)$ 作为实际 FIR 数字滤波器的频率特性的采样值 $H(k)$，即令

$$H(k)=H_d(k)=H_d(e^{j\omega})\Big|_{\omega\frac{2\pi}{N}k}, k=0,1,2,\cdots,N-1$$

由 $H(k)$ 通过 IDFT 可得有限长序列 $h(n)$

$$h(n)=\frac{1}{N}\sum_{k=0}^{N-1}H_d(k)e^{j\frac{2\pi}{N}kn}, n=0,1,2,\cdots,N-1$$

将其代入到 z 变换中去可得

$$H(z)=\frac{1-z^{-N}}{N}\sum_{k=0}^{N-1}\frac{H(k)}{1-W^{-k}z^{-1}}$$

$$H(e^{j\omega})=\sum_{k=0}^{N-1}H(k)\varphi_k(e^{j\omega})$$

其中：$\varphi_k(e^{j\omega})$ 为内插函数。

11.7.3　设计指标

(1) 矩形窗设计线性相位低通滤波器(参数自主设定)。

(2) 改用汉宁窗，设计参数相同的低通滤波器。

11.7.4　实验要求

(1) 编写窗函数法 FIR 数字滤波器设计代码，观察幅频和相位特性的变化，注意长度 N 变化的影响。

(2) 观察并记录窗函数对滤波器幅频特性的影响，比较两种窗的特点。

(3) 要求所编的程序能正确运行。

(4) 画出波形，完成并提交实验报告。

11.7.5 调试及结果测试

提交带注释的(或给出每个操作所涉及的算法)且运行正确的源程序，说明在调试过程中所遇到的问题、解决方法及经验与体会。

11.7.6 实验报告要求

(1) 实验报告必须独立完成，抄袭、复制他人作无效处理。

(2) 实验报告的内容要求如下。

① 实验报告要注明姓名、学号、实验名称、完成日期。

② 内容不真实、不认真、不能按时完成的，不记成绩。

③ 简要说明设计题目、内容、原理。

(3) 附滤波器设计代码及要求的图形。对实验结果和实验中的现象进行简练明确的分析并作出结论或评价，对本人在实验全过程中的经验、教训、体会、收获等进行必要的小结。

(4) 报告要求独立完成，篇幅为 A4 纸，突出自己的设计。

(5) 对改进实验内容、安排、方法、设备等的建议和设想(此部分可选作)。

11.7.7 思考题

(1) 不同窗函数对滤波器性能的影响如何？

(2) 线性相位 FIR 数字滤波器的幅频特性和相频特性如何？

参考文献

[1] 沈伟光. 新战争论 [M]. 杭州：浙江大学出版社，2000.
[2] 梁威. 多通道脑电波信号测量电极的图像法坐标测取 [J]. 郑州大学学报（工学版），2004，25（2）：70—73.
[3] 郑君里. 信号与系统 [M]. 2 版. 北京：高等教育出版社，2000.
[4] 王宝祥. 信号与系统 [M]. 哈尔滨：哈尔滨工业大学出版社，2000.
[5] [日] 谷萩隆嗣. 数字信号处理基础理论 [M]. 薛培鼎，徐国鼐译. 北京：科学出版社，2003.
[6] http：//www.fedexcn.cn/shenzhen/195.Html. 深圳联邦快递，2008，（2）.
[7] 朱敏洁. 离散系统仿真技术在装备作战仿真中的应用 [J]. 计算机仿真，2001，18（6）.
[8] http：//www.ccaj.net/html1/2004/9/2/f37413.shtml. 长安街时报社信息中心制作，2004.
[9] [美] Paulo S. R. Diniz. 数字信号处理分析系统分析与设计 [M]. 门爱东，译. 北京：电子工业出版社，2004.
[10] 吴镇扬. 数字信号处理 [M]. 北京：高等教育出版社，2004.
[11] 程佩青. 数字信号处理教程 [M]. 2 版. 北京：清华大学出版社，2001.
[12] 丁玉美. 数字信号处理 [M]. 2 版. 西安：西安电子科技大学出版社，2001.
[13] 刘泉. 数字信号处理原理与实现. 北京：电子工业出版社，2005.
[14] 刘顺兰. 数字信号处理. 西安：西安电子科技大学出版社，2003.
[15] John G. Proakis, Dimitris G. Manolakis. *Digital Signal Processing*：*Principles*，*Algorithms*，*and Applications*. Third Edition. Prentice—Hall，Inc，1996.
[16] [美] John G. Proakis，Dimitris G. Manolakis. 数字信号处理原理：原理、算法与应用 [M]. 张晓林，等译. 北京：电子工业出版社，2004.
[17] 曹戈. Matlab 教程及实训 [M]. 北京：机械工业出版社，2008.
[18] 李启炎. 模拟信号处理 [M]. 北京：中国电力出版社，2005.
[19] [日] 森荣二. LC 滤波器设计与制作 [M]. 薛培鼎，译. 北京：科学出版社，2005.
[20] 胡广书. 数字信号处理——理论、算法与实现 [M]. 北京：清华大学出版社，1997.
[21] 黄席椿. 滤波器综合法设计原理 [M]. 北京：人民邮电出版社，1978.
[22] [美] 阿瑟·B·威廉斯. 电子滤波器设计手册 [M]. 喻春轩，译. 北京：电子工业出版社，1986.
[23] 李素芝. 时域离散信号处理 [M]. 长沙：国防科技大学出版社，1994.
[24] [美] 维纳·K·恩格尔. 数字信号处理——使用 MATLAB [M]. 刘树棠，译. 西安：西安交通大学出版社，2002.
[25] [美] Alan S. Oppenheim，Alan S. Wil. *Signals and Systems*. Second Edition. 北京：清华大学出版社，2002.
[26] Smith Steven. *Digital Signal Processing*. Newnes，2002.
[27] [美] A·V·奥本海姆. 离散时间信号处理 [M]. 2 版. 刘树棠，译. 北京：清华大学出版社，2002.
[28] 陈后金. 数字信号处理学习指导和习题精解 [M]. 北京：高等教育出版社，2005.
[29] 易克初. 语音信号处理 [M]. 北京：国防工业出版社，2000.
[30] 赵力. 语音信号处理 [M]. 北京：机械工业出版社，2003.
[31] 许开宇. 数字信号处理 [M]. 北京：电子工业出版社，2005.
[32] 章毓晋. 图像工程（上册）图像处理 [M]. 北京：清华大学出版社，2006.

[33] 飞思科技产品研发中心. MATLAB 6.5 辅助图像处理 [M]. 北京：电子工业出版社，2003.
[34] 孙即祥. 图像处理 [M]. 北京：科学出版社，2004.
[35] [美] Sanjit K Mitra. 数字信号处理实验指导书（MATLAB 版）[M]. 孙洪，译. 北京：电子工业出版社，2005.
[36] http：//www.zy61.com/articleDetail.asp? ID＝243."脑电反馈训练系统"——提高注意力的最新方法，上海中易心理健康研究所，2004.
[37] 刘健. 基于 HLA 的海战场综合环境仿真系统的开发 [J]. 系统仿真学报，2008，6：2876－2876.
[38] 王娅. 基于脑机接口技术的偏瘫辅助康复系统的研制 [D]. 天津：天津大学，2005.
[39] 徐丁峰. 基于脑电信号的脑——计算机接口 [J]. 北京生物医学工程，2002.
[40] 杨震伦. 脑电反馈系统中精度扩展的 IIR 数字滤波器实现 [J]. 计算机与现代化，2006.
[41] http：//tieba.baidu.com/f? kz＝573369354. 百度贴吧，二战吧，2009.
[42] 智泽英. 一种 FIR 滤波器的 TMS320F420 的实现方案 [J]. 科技情报开发与经济，2005.
[43] 夏大洪. 线性 FIR 数字滤波器设计新方法 [J]. 现代电力，1998.

北大版·本科电气类专业规划教材

图文案例　精美课件　在线答题　课程平台　教学视频

部分教材展示

大数据导论　信号与系统　自动控制原理　模拟电子技术　电路与模拟电子技术　电工技术

现代电子系统设计教程　物理光学理论与应用　光纤通信　电子工艺实习　大数据处理　集成电路版图设计

扫码进入电子书架查看更多专业教材，如需申请样书、获取配套教学资源或在使用过程中遇到任何问题，请添加客服咨询。